城市·建筑·形态·设计　研究论丛

主编　韩冬青

南京老城内河水系与物质空间形态关联解析

刘　华　韩冬青　著

东南大学出版社　南京

内容提要

本书基于城市设计视角，梳理和评析国内外城水互动方式，深入研究南京老城与内河互动演化特征，提出内河水系的多元价值导向，指出其在当代城市形态发展中的现实意义。在方法层面，本书聚焦水系与城市其他形态要素之间的关联，并观察随着时间的推移这种关联的变化与延续，理解形态变化背后的动因。在宏观、中观、微观三个尺度层级下，沿着“描述—解释—诠释”的基本路径读取滨河形态的特征。在技术层面，通过对内河的物质空间形态与滨河空间承载的人的行为活动的调查与比对，解读数据特征，呈现三个层级间的连续作用，揭示内河水系影响城市特色和活力的因素。在运用层面，对如何在三个层级的有序互动中规划和建构价值多元的内河、滨河空间提出建议，并通过多项城市设计实践中的思考与探索，展现内河及滨河空间作为城市设计要素的设计、管控与行动策略。

本书揭示了内河与城市形态之间的关联现象及其内涵，对滨河空间设计具有现实针对性，对南京老城的保护和发展亦有所启示。

图书在版编目(CIP)数据

南京老城内河水系与物质空间形态关联解析 / 刘华，韩冬青著. -- 南京：东南大学出版社，2023.12

（城市·建筑·形态·设计 研究论丛 / 韩冬青主编）

ISBN 978-7-5766-1176-2

Ⅰ. ①南… Ⅱ. ①刘… ②韩… Ⅲ. ①内河-水系-研究-南京 Ⅳ. ①P942.531.77

中国国家版本馆CIP数据核字(2023)第253120号

南京老城内河水系与物质空间形态关联解析

Nanjing Laocheng Neihe Shuixi Yu Wuzhi Kongjian Xingtai Guanlian Jiexi

---

著　　者：刘　华　韩冬青
责任编辑：戴　丽
责任校对：子雪莲
封面设计：皮志伟　韩雨晨　刘　华
责任印制：周荣虎
出版发行：东南大学出版社
出 版 人：白云飞
社　　址：南京市四牌楼 2 号　　邮编：210096　　电话：025-83793330
网　　址：http://www.seupress.com
邮　　箱：press@seupress.com
印　　刷：上海雅昌艺术印刷有限公司
开　　本：700 mm×1000 mm　1/16　印　张：15.5　字　数：370 千字
版 印 次：2023 年 12 月第 1 版　2023 年 12 月第 1 次印刷
书　　号：ISBN 978-7-5766-1176-2
定　　价：118.00 元

经　　销：全国各地新华书店
发行热线：025-83790519　83791830

---

*本社图书若有印装质量问题，请直接与营销部联系，电话：025-83791830。

形态研究与形态设计（代序）

19 世纪初期，地理、人文和城市学学者引入生物和医学领域的“形态”概念，将城市作为有机体，分析其构成与发展机制。自 1928 年美国人文地理学家雷利（J. B. Leighly）提出“城市形态学”（urban morphology）以来，形态描述与成因剖析一直都是两条彼此交织的发展线索，影响广泛而深远。加拿大地理学家吉里兰德（J. Gilliland）（2006）以“内部—外部”和“认知—规范”所构成的四个象限来概述城市形态学领域的研究格局。内部视角（internalist approach）的研究认为城市形态是相对独立的系统；外部视角（externalist approach）的研究则认为形态是各种外部因素作用的结果。认知目标（cognitive）的研究致力于提供形态的解释框架；而指向规则目标（normative）的研究则试图为形态的创建提供原则和方法。该分类架构形象地描绘了城市形态学领域内部既交叉又隔阂的纠结状态。形态学与设计学科的融合还远未实现。

1. 背景

城市形态学研究在 20 世纪中期进入中国，20 世纪 80 年代后日渐活跃并逐渐在地理学、城市规划、城市设计、建筑学等领域产生重要成果。然而，形态学理论研究与城市建筑的空间实践总体上还是缺少互动。20 世纪 90 年代后，我国全覆盖的控制性详细规划（以下简称“控规”）普遍缺乏形态设计意识，这与从业人员形态学知识和方法的不足是密切相关的。“格网 + 色块 + 指标”式的控规编制鲜有对物质空间形态质量的必要预期。城市设计作为控规编制中的必要章节，有不少几乎沦为一种程序后置的“八股文章”。更尴尬的状况是，一些城市设计成果只是取悦决策者视觉欢愉的形体拼贴图册。建筑工程创作对城市物质空间品质的影响显而易见。尽管系统的环境观已经成为建筑设计领域的普遍共识，但由于视野、知识和方法有限，许多建筑师对建筑的城市属性的认识依然局限于狭窄的外观形式视角，因而难以驾驭其所处的整体环境状态。我们或许可以苛刻地认为，规划编制中重“量”（index）轻“形”（form）与建筑设计实践中有“形”（shape）无“态”（frame）的状况，恰恰提供了反思城市中微观尺度物质空间失序的某种学理线索。城市物质空间具有层级性，物质空间是量、形、性的统一体。不同层级和类型的物质空间的量、形、性具有不同的表征，同时又存在于相互传递、约束、牵连的系统状态中。城市物质空间的规划与设计，自上而下构成一种控制与引导，自下而上则是一种物化与反馈，共同作用于城市物质空间形态结构与场所景观的生产与演化。因此，把握物质空间形态量、形、性的内涵，把握物质空间形态的关键要素与组织构造，把握城市物质空间层级之间的关联与交互，并不是某个专业的专属知识范畴，而是城市、建筑、基础设施等相关规划设计学科和行业共同拥有的知识区域。

2. 形态是城市物质空间环境的底层结构

城市建筑的空间实践既是规划问题，也是设计问题。齐康老师说“不懂城市的建筑师不是好建筑师”，也有学者说“要用设计去做规划”。城市与建筑的“整体—局部”关系并不是简单的树形结构，而是存在于多重交互的半网络结构之中，彼此是交互构造的，这正是城市建筑学（urban architecture）的基本要旨所在。城市中基于约束与需求的各种土地空间属“性”及其“量”化指标，并不能自动转化为物质空间适宜的“形”；反之，缺失了量与性的判断，形也就失去了存在的意义。量、形、性的关联判断是诸层级物质空间设计中的关键，城市设计如此，建筑设计也是如此。从实践角度看，设计的底层逻辑首先表现在对城镇空间环境诸尺度形态的驾驭。形态是承托并链接形体空间和场所的内在结构，形体空间和场所则是形态的外化显像。无论设计知识的外延多么丰富且复杂，一切都要转换为对物质空间“形”的设计。这与传统建筑学意义的“形”的设计既有联系，又有差异。形态设计首先是对物质空间要素间结构秩序的设计，是对可以预期的未来建成环境的结构性态势的驾驭。设计对象的尺度和物化深度一旦涉及微观且具体的功能空间建构，就踏入了建筑工程学的门槛。换言之，建筑工程所依托的环境及其公共性意义在于城市，而不仅仅是建筑本身。

3. 形态理解是形态设计的前提

物质空间的设计实践总是从既有环境的描述开始，经由分析、理解而明确背景、问题和目标，进而形成新的形态构造。形态设计以形态理解为前提，形态理解的内容与方法也必然与设计的问题和目标相联系。形态理解经由分析研究而达成。在城市设计和建筑设计的研究和实践演进中，已经积累了大量的形态本体分析“菜单”，如：基于自然地理的地形与地貌，基于生态架构的基底、斑块和廊道，城市基础设施的分布，由街道广场等构成的城市公共活动空间体系，城市物质空间的肌理、界面、场所特征，与街区及地块开发密度相联系的平面格局和竖向尺度分布，等等。这些菜单自身及彼此之间又构成复杂的结构关联，通常表现为纵向的层级关联和横向的要素组织。城市发展演进的历程已证明了形态的结构比要素具有更为恒久的稳定性，这也说明了形态理解对形态设计的意义。建筑与城市的空间实践，交叠孕育了城市建筑学。城市建筑学以某一局部层级的空间环境（如单体建筑、建筑群、城市街区、交通枢纽地段、历史地段等）为对象，通过发现与回应其内部和外部的环境结构来展开研究、设计与建造，设计结果具有影响乃至驾驭比其自身更大的环境整合的作用。以某种以工程形态存在的物质要素为例，在实现自身特定功能的基础上，其不仅承担整体所赋予的角色，而且要催化整体的系统发展。城市建筑于局部中展现整体，是一种小中见大、以局部塑造整体的渐进性建构，它基于对整体规则的主动发现，是更具个性的主动作为。

无论是城市设计还是建筑设计，对城市建筑的跨层级形态的理解都是形态设计的前提。这种理解的内涵包括三方面：其一，对形态层级构造的判断力，它对应了不同尺度的设计项目所必须选择的恰当的空间关联域。其二，对不同形态类别的结构本质及其内在动因的把握能力。其三，对不同形态类别之间相互作用的系统理解。形态设计是建立在对形态理解基础上的甄别、选择、综合和转化，继而在具体的条件下展开适宜的构型创造。值得一提的是，形态设计必须经由建设项目的物化，才能转化为现实的物质空间环境。设计者必须对其控制和引导下的未来建成环境的工程过程和结果有所预期，因此必须具备相关工程知识，才能实现系统设计目标。构型的创造一方面基于设计者对形态结构的诠释（interpretation of formal structure），另一方面又表现为对历史积淀的结构类型的各种变形（typical transformation）。在历史地段中，对既有形态结构的识别和传承显然具有关键意义，其意义不仅仅是保留了法定文物建筑等孤立的要素。而在新城区，与旧城的结构关联和适应新需求的形态转化则需并举、相得益彰。每当城市建筑面临重大的历史转型，就总是会产生面向未来的各种形态展望、设想和实验。

4. 形态研究与形态设计的互动

以物质空间的量、形、性展开其结构与类型描述，是形态认知的两个基本方向，同时也提供了形态设计的思维架构。形态认知从形态描述出发，回溯其背后的动因；形态设计从对动因和条件的理解中探寻形态的创建。形态谱系则在两者之间架设起互通的桥梁，这是形态研究与形态设计互动的基础性工具。形态研究与设计的互动性还表现在以下方面：其一，城市物质空间形态的尺度差异性和构型丰富性使其谱系的建立需要两个学科的知识融合。城市地理学领域的形态学研究者往往擅长宏观的二维平面，建筑师却更擅长三维空间。从形态成因的剖析看，经济地理和人文地理学者对社会、经济和人文维度的思考更具敏感性；而建筑师对行为需求、物质建构、环境物理等因素更为驾轻就熟。其二，形态学研究可以提供设计所需的结构和类型的谱系或范式，并为设计实践提供批评；而设计则为形态学研究提供城市空间实践中的第一手素材和遇到的问题。

形态研究与形态设计犹如一对镜子，既展现自身又映射对方。借此可以展望彼此的发展潜力和方向：第一，形态分析是本体与动因的统一。动因分析并不能取代形态本体分析。仅仅聚焦于动因，而不能在时空进程中揭示其在形态本体上的作用结果，就会背离形态研究的价值目标。反之，形态设计如若不能与其内在动因相关联，便成为徒有其貌的泡影。这一点已经在城市建筑实践的得失成败中不断地被证明。第二，形态理解是分解与整合的统一。分解是形态分析中的一种过程策略，其目的是厘清形态的梯级构造和同一梯级中的分项系统的状态。但分解不是形态认知的终极，更为重要的是揭示各分解项之间的联系与作用。在现有的形态学研究成果中，相对丰富的是那些易于切分的对象，而对那些具有聚合作用或复合特征的对象的研究则相对缺乏。形态研究往往各有专攻，但对局部与局部、局部与整体之间的联系缺乏整体的关照，这似乎是形态学研究领域的普遍现象。此外，形态分析服务于形态设计，而形态设计最重要的特征就在于联系和整合，整合也正是设计的难点所在。第三，形态是量、形、性的统一。所有的形态图式都含有量的约束和性的特征；反之，量和性的研究如果无法与相应的形相联系，也将无果而终。例如，城市的斑块肌理展现出某种特定的类型特征，但肌理恰恰是密度、高度、强度、尺度与几何方向性联合作用的结果。再如，在格网构型下的街区中，不同的地块格局会导致不同的街区形态。第四，诠释性分析是连接形态研究与形态设计的桥梁。形态诠释以科学理性为基础，但同时又是一种主观的观照，是潜藏了分析者的主观能动性的形态理解。诸如肌理“拼贴”或结构“层叠”一类的形态解析，本质上都是一种包含主观投射的形态理解。而恰恰是这些形态诠释思想，使形态分析可以反转为设计的策略。关于城市建筑形态认知与设计的辩证关系的体认，促发了设计领域对形态学的研究兴趣，而设计实践是形态学研究的动力和目标，这恰恰是构想本系列论丛的基本出发点。

5. 关于本系列论丛

城市建筑是笔者 30 年来研究和设计实践的主要议题之一。在城市设计和建筑创作实践中，笔者逐渐体悟到理论方法对设计实践的支撑作用。正是意识到形态学研究在设计实践中的核心价值，笔者在 1999 年完成《城市 • 建筑一体化设计》的出版后，从设计实践中触碰的问题出发，结合研究生学位论文的指导工作，逐步深入地进行城市形态学的学习和研究。本系列论丛的基础是诸位作者博士研究生学位论文的相关研究，绝大多数作者在获得博士学位后又成了我们学术团队的成员，从而有机会继续我们的研究和工程实践，并陆续补充、修改、完善，形成了本系列论丛目前所呈现的成果。这些研究总体上主要针对城市中微观物质空间形态进行探讨，在网络上覆盖了城市的水系、路网、基础设施等，在面域上覆盖了区段、街区和地块，在城区类型上既涉及城市拓展中的新区开发建设，也有针对老城历史地段的保护与再生。本系列论丛总体上具有以下几个特点：其一，强调设计实践对研究的源头意义。每个议题都有其特定的实践针对性，而不是纯粹的理论思考。其二，国际城市形态学领域的丰富成果构成了本系列论丛的重要基础，但我们更致力于从中国城市自身的条件和特征出发，结合其未来的发展趋向，形成具有本土适应性的科学方法和发展策略。其三，注重理论假设与实验实证的交织互动。与本系列论丛的相关研究工作密切关联的实践项目至少有 70 项，从而使本系列论丛具备了鲜明的实践指向性。其中：

《南京老城内河水系与物质空间形态关联解析》按照环境梯级尺度，展现了南京老城历史积淀下的秦淮水系和金川水系与城市物质空间形态的结构关联，进而从人的视角讨论了滨水空间的场所塑造策略。这项研究揭示了南京内河水系与老城物质空间形态诸要素的内在联系，以及内河水系对城市特色风貌和滨水场所活力的内在影响力。

《生活性街道的形态生成机制解析与设计》提出了生活性街道的多元价值意义，在回溯南京老城街道历史积淀和演变的基础上，梳理其形态的类型构成，从城市物质空间的形态“骨骼”和生活场所两个相互关联的视角，揭示了自上而下的规划建构与自下而上的修正维护共同作用于生活性街道的现实场景，提出了生活性街道的设计、管控与行动策略。

《自然地形和基础设施交叠影响下的城市公共空间形态》剖析了自然地形与基础设施的相互作用，以及其对城市公共空间形态的交叠影响，进而探讨在这种交叠影响下，总体和区段层级的城市公共空间形态建构的基本策略与方法。

《街区解码——城市街区形态结构的量化解析》吸收、修正并发展了西方城市形态学的相关成果，针对中国城市街区的特点及其面临的现实问题，从层级结构和路径结构两个方面重新建构了街区形态结构的科学表述方法，揭示了街道的整体网络及个体类型特征，形成了“网络—面域—几何—构型”综合解析架构。

《居住型历史地段保护再生中的形态类型学方法》直面南京小西湖街区等居住类历史地段在保护与再生实践中面临的现实问题，结合中国历史城市独特的营造理念和演变特征，对欧洲形态类型学理论方法进行了本土化的调适和发展，提出了以“权属类型学地图”为核心的新的形态类型学方法，展现了其在保护与再生设计实践中的运用成效。

《路网与功能——超级街区空间组织逻辑的形态学解读》面向我国面广量大的超级街区及其集约化发展目标，着力于城市道路网络与功能布局之间的关联解析，提出了数学统计分析、成因分析、价值判断互为补充的认知评析方法，揭示了超级街区中功能布局的层级性和构型性结构特征。

《集约型超级街区的路网构型》从集约型城市街区的形态结构特征出发，探索适用于中国超级街区路网构型的表述方法，比较了不同时代和规划背景下形成的超级街区路网的构型特征及其集约效能，形成了以构型为核心的集约型超级街区形态认知方法。

形态研究和形态设计都是在城镇发展进程中产生和演进的。从物质空间环境的建构角度看，城镇化进程不仅表现为物理尺度的增长或收缩，更意味着内外之间和内部各要素之间的重新构造和持续演变。中国的城市空间发展已进入以存量更新为主的时代。城市更新行动迫切需要城市建筑学提供跨层级的形态诠释理论和合纵连横的设计操作策略，这为城市建筑学的发展提供了难得的机遇，但无疑也是一项严峻的挑战。本系列论丛可算是在这个方向上的一种努力。这些研究试图在城市建成环境的形态组织与形态演化之间寻找关联，从而有助于建立理论研究与设计创作的联结互动。本系列论丛的每本专著有其相对独立的议题，但彼此间又相互联系、互为补充，并具备开放性和批判性潜力。我们团队共同的研究志趣和长期的合作机制为这些成果的孕育提供了良好的微观生态。十余年来，我们团队依托东南大学建筑设计研究院有限公司，在产学研一体的环境与机制中汲取滋养。我们的研究得到国内外难以尽列其名的机构和学者的指教。借此机会，向为这些研究提供指导和帮助的前辈、老师、同行和朋友们衷心致谢！

真诚期待诸位方家批评指正！

韩冬青

2023 年 12 月 2 日

于南京四牌楼 2 号中大院

前　言

内河是城市形态要素之一，与城市总体空间格局、内部多重结构、肌理风貌特征及微观场所营建都存在关联。随着时代的变迁，内河与滨河空间承载着越来越多样化的城市生活，传达出城市的品质与特色。在快速城市化背景下，老城内河蕴含城市营建发展印记，但滨河地段权属复杂，公共性不足，环境品质偏低；新城内河水系被其市政设施价值主导，城河形态关联方式及滨河空间模式化明显，活力不足。我国城市发展正处在由“量”向“质”的转型中，因此，如何解读城河之间的形态关联现象，如何使特定的城河关联方式融入当代生活，对老城内河及滨河地段的保护、传承与再生，对新城内河水系及滨河地段的特色塑造而言，都具有积极意义。

本书基于城市设计视角，梳理和评析国内外城水互动方式，深入研究南京老城与内河互动演化特征，提出内河水系的多元价值导向，指出其在当代城市形态发展中的现实意义。在**方法层面**，本书聚焦水系与城市其他形态要素之间的关联，并观察随着时间的推进这种关联如何变化与延续，理解形态变化背后的动因，在宏观、中观、微观三个尺度层级下，沿着“描述—解释—诠释”的基本路径读取滨河形态的特征；在**技术层面**，通过对内河的物质空间形态与滨河空间承载的人的行为活动的调查与比对，解读数据特征，呈现三个层级间的连续作用，揭示内河水系影响城市特色和活力的因素；在**运用层面**，对如何在三个层级有序互动中规划和建构价值多元的内河滨河空间提出建议，并通过多项城市设计实践中的思考与探索，展现内河及滨河空间作为城市设计要素的设计、管控与行动策略。

第一章　导论　剖析了城市内河与滨河形态的研究重点及价值，简述了形态学视角下城河关联的基本研究框架。

第二章　城市滨河形态解析的基本架构　一方面根据形态分析的基本目标取向，梳理城市形态学领域中适合的具体理论方法，为南京老城内河与城市形态的关联性研究提供基本的思路；另一方面针对城市内河这一特殊的形态要素，归纳时空维度下需要关注的具体内容，并讨论水系与城市形态关系的形成与变化背后的动因主要集中于哪些方面。这两方面研究的综合将形成针对南京内河形态解读的基本架构。

第三至五章在宏观、中观、微观三个尺度层级下解析城水关联。

第三章　南京老城内河水系与老城形态的交互与演化　在宏观视野下考察水系与老城整体形态在数千年的演化过程中如何相互作用，呈现南京城市水系与城市构成的格局特征，并通过切片的层叠与比较，诠释老城内河所蕴含的形态价值。

第四章　南京老城滨河地段的形态结构与类型　在中观视野下考察老城滨河地段的结构与类型特征，基于老城的层叠特性认知老城滨河地段的基本类型，观察和比较内河参与各类地段构型的模式。

第五章　南京老城的滨河空间与场所　在微观视野下考察老城水岸开敞空间形态特征，并加入南京新城水岸空间的研究作为对比，从中认知滨河空间形态的类型特征及其与公众认知和空间活力的关系。

第六、七章提出了城河形态关联的研究结论并将其应用于设计实践。

第六章　时空维度下的城水关联　探讨了水系在三个尺度层级内的形态作用，以及层级间是如何相互制约和渗透的，这实质上揭示了老城内河蕴含的形态价值，以及这些价值被感知的可能性。

第七章　设计实践　结合研究结论，着眼于设计实践，在老城滨河地段的保护与更新、新城滨河地段的规划建设上提出了具有可实施性的设计策略。

目录

第一章　导论

1.1　背景与问题

1.1.1　快速城镇化背景下的城市内河：从清晰到模糊，从独特到模式化

古今中外，很多城市因河而兴，与河流历代共生。城市内河及滨河地段记录了城市形态信息，承载了多样化的城市生活，呈现出城市的品质与特色。中国古代城镇对山、水、城之间的格局关系有特定的理解方式和组织方法。从被保护延续的城镇滨河空间和对古代滨河生活的描绘中，我们可以体会到城市内河在日常生活中扮演着多重角色，并辅助古代城镇形成了独特而美好的空间意象。

伴随着城镇化进程的加快，城市水平与垂直向上的边界被大幅拓展，曾深度参与城市营建和发展的山水相比之下成了小山小水，逐渐消隐在壮阔的城市中。在很多老城区，小尺度内河水系经历了局部填埋或改道，滨河地段普遍存在权属复杂、公共性不足、环境品质偏低等问题。对比南京市 1962 年的城市地图，由于城市规模的扩大，2004 年的城市地图的表达精度由建筑轮廓降低为街区轮廓，城市中小尺度水系也由完整显示水系结构转变为显示重要段落。城市地图是对城市形态结构性要素及其关系的二维图示，较小尺度内河信息的缺失，反映了对这一类水体和滨河地段认知程度的降低。在城市再生过程中，如果对特定历史城区的城河关联方式缺乏系统认知，难免会聚焦于当代的需求或微观场景的创建，而忽视形态结构特征的传承与发展。

在快速建设发展的新城区，大尺度水体及滨河区的生态修复和景观

塑造受到重视，小尺度内河水系的作用多以市政排涝为主。新城内河水系呈现出连贯通畅、线型笔直、宽度均匀、与干道并行、驳岸及绿地景观雷同等模式化特征。这样的内河水系有着公共性强和建设效率高的优点，也避免了对城市路网组织或土地切分形成干扰。但是，在相对单一的价值取向下，城河形态关联薄弱，特色与吸引力难以形成，新城滨河空间的活力往往不足。

1.1.2 南京老城及其内河水系的样本价值：代表性与独特性

南京城市在营建之初和历代发展过程中总是与山水地理条件紧密联系，因此人文社会、历史地理、城市规划、景观生态等不同学科领域同时关注着南京城市形态与山水环境间的关系，并尝试从中寻求对历史城市保护与文脉传承的启示。

以明城墙为边界的老城是南京的核心，面积约为 40 平方千米。自公元 3 世纪以来，先后有东吴、东晋和南朝的宋、齐、梁、陈，以及南唐、明、太平天国、中华民国 10 个朝代和政权在南京地区建都立国。历代城市建设总体上呈现出由西向东、由南向北的拓展过程，但主要建设集中在老城范围之内，使之在形态上显示出清晰的层叠与错位关系。今天的老城面积在主城总面积中的占比不到 20%，却集中了主城 50%以上的人口、65%左右的就业岗位和 80%左右的高层建筑[1]。这些因素在给老城带来繁荣的同时，也在改变着老城的传统风貌和历史韵味。

南京老城内河水系与老城历代共生，呈现出迭代并存的社会经济文化信息以及相应的空间形态特征。对于中国历史城市而言，南京老城城河关联具有代表性，本研究中的解析方法与揭示出的关联特征对其他历史城市将有一定借鉴意义。与此同时，由于南京城市营建与发展历程的复杂性，老城内河水系与城市形态的具体关联方式也具有独特性。在形态解析中获取的城河形态关联认知，将为南京老城滨河地段在再生过程中理解、传承与发展特定时空下的城水关系提供基础，也将为南京新城如何构建具有深刻关联和地方特色的滨河形态提供启示。

1.1.3 研究问题聚焦

现代城市生活需要的是可被感知的特色和融入生活的内河，而不是

1. 周岚，童本勤．老城保护与更新规划编制办法探讨：以南京老城为例 [J]. 规划师，2005（1）: 40-42.

可复制的场景和停留于意识层面的怀旧情结。我们需要通过植根于中国城市滨河形态现象的具体研究，认识老城内河与物质空间形态之间的具体关联方式，及其在城市的演化中如何变化或叠加，揭示并呈现其蕴含的形态特色，并讨论影响滨河空间活力的因素，理解滨河形态的形成过程，继而寻找具有针对性的优化策略。

在这一研究目标的引导下，本书试图探究这样一些具体问题：

如何建构解析框架——如果说理性的形态分析及呈现是设计操作的前提和基础，那么我们可以用哪些理论方法来解读城市内河与物质空间形态的关联性呢？

如何解读形态关联——在以南京为代表的中国历史城市中，其内河与滨河地段经历了怎样的形态演化过程？能否寻找到滨河形态形成和变化的一般规律？

如何导入形态设计——对形态价值和演化规律的研究该如何指向形态设计方法，以塑造属于中国当代城市生活的、体现城市内在空间品质与特色的滨河形态？

1.2　对象与内涵

城市内河是指处于一个城市边界范围内的江、河、湾，以及呈线状特征的湖、塘等水域。由于城市边界的可变性，城市内河的概念也并非绝对。城市内河可以从其水域功能、尺度、人工干预程度等角度进行分类或分级，其中，水体的尺度差异会对城市社会、经济和文化带来不同程度的影响，这些差异也会直观地反映在城市滨河地段形态的结构性特征中。

从水利学的角度看，河道尺度包含两方面的内涵，一是河道的流域面积，二是河道的局部面宽。流域面积及其影响范围是水利部针对城市河湖防洪排涝功能划分河道等级的基本标准，一般分为五级[1]；而河道面宽则是基于生态修复和水环境质量改善技术划分河道等级的基本依据，分为一级（河道面宽 B 不小于 100 米）、二级（河道面宽 B 不小于 10 米，小于 100 米）和三级（河道面宽 B 小于 10 米），也可称大尺度、中尺

1. 中华人民共和国水利部 . 河道等级划分方法 [Z]. 1994.

1. 中华人民共和国水利部 . 城市水系规划导则 [S]. 北京：中国水利水电出版社，2009.

2. 杨春侠 . 城市跨河形态与设计 [M]. 南京：东南大学出版社，2006: 47.

3. MOUDON A V. Urban morphology as an emerging interdisciplinary field[J]. Urban morphology, 1997 (1): 3−10.

度和小尺度[1]。从视觉体验的角度来看，河道的面宽与人的视觉体验直接相关，河宽越小，对岸景观的易见性和清晰度越高。可以根据能否看清对岸景观细部、景观层次和景观轮廓，将所对应的河流宽度大致分为 100 米以内、100 ~ 1200 米以及 1200 米以上三类[2]。当河宽不足 100 米时，一般可以看清景观细部，分辨出人的表情和建筑的外装饰等，两岸空间能够形成较强的整体感。

在城市发展过程中，较小尺度的内河易于改造和跨越，其滨河区通常有着漫长而复杂的发展历程。在古代城市中，这一类水体一般有着防御、运输、供水和排水等重要功能，并在滨河地段形态中留下痕迹。近现代以来，城市内河很容易因适应社会变革、技术创新和城市建设发展的需要，成为改造或填埋的对象。一般而言，中小尺度的内河通常有着较低的生态修复难度、丰富多样的城市活动潜力，以及与城市形态演化历史之间的密切联系。通常情况下，老城内河水系面宽在 10 ~ 50 米不等，属于中小尺度内河。

城市内河滨河区指城市中与内河水域相连的一定范围的陆域空间区域中各构成要素的空间分布模式，其中包括空间组合的具体物态环境和反映各要素相互关系的抽象的结构模式。城市内河滨河形态是物质空间要素的类型特征与要素间组织结构特征的统一。书中对形态的研究一方面沿着历史纵深的方向探究其动态演变过程，以深入理解研究对象的过去、现在和未来的完整序列关系；另一方面循着层级的变化方向，在不同的视野尺度中观察形态结构与元素的特征及其变化。在此基础上，尝试分析和了解社会、历史、政治、经济、文化等相关非物质因素对物质环境的影响。

1.3 平台与方法：在城市形态学视角下研究城河关联

1.3.1 形态研究的三个维度：要素与结构、尺度层级、历时变化

城市形态学的研究横跨地理学、历史学、考古学、建筑学和城市规划等诸多领域，同时涉及人文学科、社会学科，又涉及职业、研究与行动、知识与决定、描述与规定等多方面内容。目前形成了一些相对稳定的共识，以此作为城市形态学领域研究的基本理论[3]：1）城市形态通过三种基础的物质元素来定义——建筑物以及与它们相关的开放空间、地块和

街道。2）城市形态能够在不同的分辨率水平上理解。一般而言，可以分为建筑和地块（building and lot）、街道和街区（street and block）、城市（city）、区域（region）四种。3）只能用历史的眼光来理解城市形态，因为组成它的元素经历着连续的转换和演替过程。因而，形态（form）、分辨率（scale）和时间（time）构成了城市形态学研究的三个基本维度。这三个维度之间的错综关联，导致了城市形态学研究中的学科交叉。可以认为，对城市内河滨河形态研究的首要前提就是界定形式要素（form elements）、研究层面（scale hierarchy）和时间区段（time）。

1.3.2　滨河形态研究的相关理论方法

本书尝试跨越不同的视野层级观察水系与城市其他形态要素间的关系，探讨其成因，归纳其内在的形态规律，并指向实践策略。这一研究过程将主要包含对滨河形态的描述、解释、评价和设计（诠释）。笔者基于上述研究内容在目前重要的城市形态学研究理论方法中进行整理，将之归为表 1–1 中的四类。

表 1–1　城市形态学中与滨河形态解读相关的理论方法

研究取向	描述性研究	成因性研究	诠释性研究	对形态的感知和评价
目标	呈现物质空间形态特征及其变化	解释形态现象的内在动因和生成机制	个性化的理解引向设计	通过体验形成判断并建立理想形态的 标准
主客观	客观	客观	客观和主观	主观
主要的学科领域	建筑学、地理学、历史学	社会学、政治经济学、历史学、生态学	建筑学	环境心理学、环境行为学
代表人物	M.R.G. Conzen A.V. Moudon B. Hiller S. Muratori G. Caniggia A. Rossi C. Aymonino Versailles 学院	芝加哥学派 H. Lefebvre Kostof I. McHarg	Colin Rowe S. Muratori G. Canniggia A. Rossi G. Cullen Krier S. Allen Alexander	K.Lynch J. Jacobs Rapoport Gehl Whyte

描述性研究　这种研究为了认知和呈现出形态现象在物质空间方面的特征，以及这种特征随着时间流逝所发生的转换，属于相对客观的研究。代表人物如 M. R. G. Conzen、Muratori、Canniggia 等，代表文献如 M. R. G.

1.CONZEN M R G. Alnwick, Northumberland: a study in town-plan analysis. [M]. London: Institute of British Geographers, 1960.

2.JACOBS A B. Great streets[M]. Cambridge: The MIT Press, 1993.

3.KOSTOF S. The city shaped : urban patterns and meanings through history[M]. Boston: Little, Brown and Co., 1991.

4.艾伦 . 点 + 线：关于城市的图解与设计 [M]. 任浩译 . 北京：中国建筑工业出版社，2007.

5.ROWE C. KOETTER F. Collage city[M]. Cambridge: MIT Press, 1978.

6.LYNCH K. A theory of good city form[M]. Cambridge: MIT Press, 1981.

7.LYNCH K. The image of the city[M]. Cambridge: MIT Press, 1960.

Conzen 的 *Alnwick，Northumberland: A Study in town - Plan Analysis*（1960），书中以规划平面、用地模型和建筑平面构成框架对城镇形态进行描述[1]；又如 Allen B. Jacobs 的 *Great Streets*（1993），书中以城市设计的视角描述了诸多高品质街道的形态特征，其中也包含了作为街道的运河[2]。

成因性研究 在形态描述基础上，以客观的立场在非物质领域中寻求形态现象产生和变化的深层动因，一般关注社会、政治、经济和文化等因素如何从根本上作用于城市形态。代表文献如 Spiro Kostof 的 *The City Shaped:Urban Patterns and Meanings Through History*（1991），书中提及不同社会背景下城市形态与自然水系之间的相互作用方式[3]。

诠释性研究 在形态描述基础上，针对形态形成和变化的自身规律形成较为主观的分析方法，建立与设计策略间的关系。如斯坦 · 艾伦（Stan Allen）以点和线为基本脉络发展了一系列诠释场所文脉和城市基础设施的图解策略[4]；Colin Rowe 等在 *Collage City* 中以“拼贴”诠释城市肌理的组合现象，并以此作为一种城市设计方法把割断的历史形态重新连接起来[5]。

对形态的感知和评价 关注的是滨河形态与人的心理和行为的交互关系，在研究过程中往往会形成对形态质量的判断，并以此建立好的形态的标准，为形态设计树立价值观。如 K. Lynch 在 *A Theory of Good City Form* 中对城市空间环境提出可识别性和可意向性的要求[6]，在 *The Image of the City* 中进一步归纳了认知要素的构成和组合方式对公众认知与体验环境的影响[7]。

在以城市设计策略为导向的城市形态研究中，四种取向的理论方法彼此间形成了如图 1-1 所示的关系。形态诠释在相对客观的描述形态和相对主观的形态设计之间建立起联系的桥梁；对形态内在成因的分析通常也建立在形态描述的基础之上，它揭示了形态产生和变化的内在合理性，同时也可能成为设计策略的验证手段；主观化的感知和评价来源于形态本身或对形态的呈现，它为好的形态设计树立起符合特定社会背景的价值观。从这一系列城市形态学理论方法之间的关系中可以看到，从对形态现象的描述到诠释，再到城市设计策略的生成，四种取向的理论方法之间可以建立起比较直接的关系。其中，成因性研究和对形态的感知评价方面的研究通常是对设计成果合理性的验证或是对设计原则的催化，而不能直接作用于设计方法的产生。

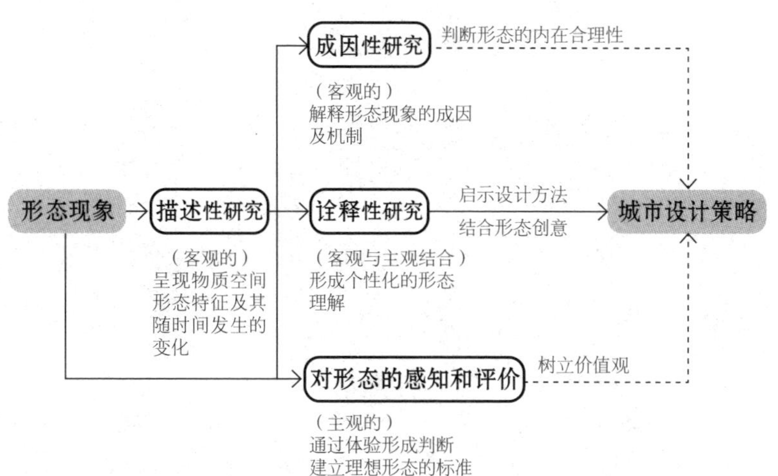

图 1-1　四类城市形态相关理论方法与设计策略的关系示意图

1.3.3　滨河形态研究的基本层级

物质空间形态存在着不同层级间的梯级互动关系。城市由道路、街区和开敞空间构成。街区由地块组合构成。地块则由建筑和场地构成。整体自上而下约束局部，整体比局部更稳定；局部与局部经过结构的组织形成整体。整体由局部填充，也随局部的变化而被修正，甚至由局部的催化而发生连续的重大变化。

本书关注形态在各个研究尺度层级间的渗透关系，以及历史维度的连续变化。在宏观视野下，关注历史进程中城市和内河的总体形态互动过程；在中观视野下，关注城市不同形态区域的滨河地段中路网结构、功能组织、肌理类型及这些特征在有限历史时期的变化；在微观视野下，基于现场调研关注滨河空间形态的类型和结构特征现状。三个视野层级的切换以中观为核心，以物质层面的研究为主体，意在揭示形态现象本身及其形成过程，进而探索内在规律。

第二章　城市滨河形态解析的基本架构

对城市内河与物质空间形态关联性的解读有着复杂的背景。从研究内容上看，城市内河往往随着城市形态的形成、发展和演化而经历复杂的变化，与城市其他物质空间要素建立多样联系；从观察视野的角度来看，研究滨河地段形态要素、结构及其演化的视野，从相对宏观的城市层面到中观的滨河地段层面，直至微观视角下的滨河空间层面，具有极大的跨度；从涉及的学科领域上看，对这些形态现象和成因的研究又会涉及城市规划学、建筑学、城市地理学、城市社会学、城市历史学等诸多学科领域。因此，如何建立起系统有效的解析架构，理解南京老城内河水系与物质空间形态之间的关联，为城市设计提供认识基础，是本书研究的首要问题。

本章将从两方面为南京老城内河与物质空间形态的关联性解读提供理论基础。首先，在城市形态学已有的理论方法中，按照形态描述、解释和诠释的进程和目标进行梳理和选择；其次，针对城市与河流的形态关系问题，明确解析内容并提供基础认识。其中包含：在空间维度研究城水形态关系涉及的尺度层级，以及不同层级下的结构与类型问题；在时间维度下讨论水系与城市形态关系的变化方式，并讨论形态关系的建立与变化的背后存在哪些方面的动因。这个多维立体的解读框架将为读取南京老城内河与物质空间形态的关联性指明路径（图 2–1）。

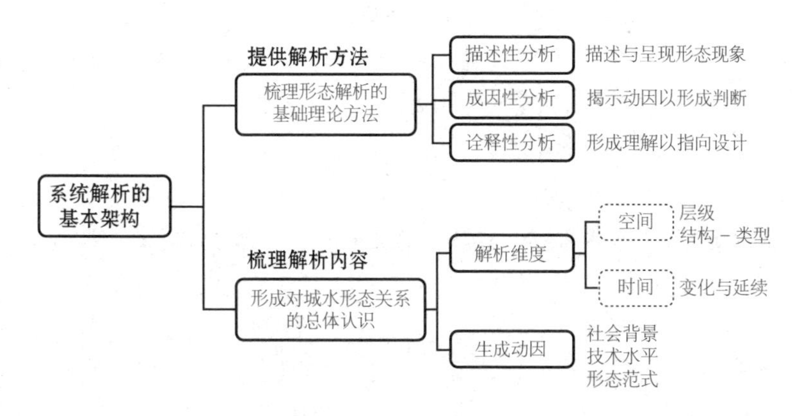

图 2–1　系统解析的基本架构

2.1 形态解析的三种取向

就城市形态而言，非物质因素的诸多关联影响最终都将以在物质空间留下痕迹的方式显现。物质空间的存在状态是城市形态学领域不同学科和专业研究的现象起点[1]。因此，形态解读的基础性研究是对形态的分析与呈现，即描述性分析（formal description）。在此基础上有两种取向的深度分析，一是探求形态现象背后隐性因素的客观作用，即成因性分析（formal causation）；二是以分析者的个性化理解为依托的对物质空间形态的理解和推断，即诠释性分析（formal interpretation）。成因性分析揭示了形态特征内在的合理性，而诠释性分析则成为联系设计与操作的桥梁。

2.1.1 描述性分析

克里斯蒂安·诺伯格－舒尔茨（Christian Norberg-Schulz）在《建筑的逻辑系统》一书中提出了针对形态系统的描述方法。他提出任何形态一方面都能分解为“元素”，另一方面也能分解为“联系”，后者确保了整体的协调性。相应的形态分析一是对形态元素的分解和描述；二是对元素关系本质，即结构的描述，这些结构关系确保了各种元素之间不同类型的联系；三是描述关系的变化特征，也就是描述结构关系的变化或元素的相互对抗后产生的元素[2]。换言之，描述性分析即聚焦于形态现象本身，以客观呈现环境形态的局部和整体关系及其历史演变过程为目标，包含要素分析、结构分析和历时演变分析三部分内容。

1）要素分析

城市形态的要素比结构具有更大的选择性和灵活性，虽是设计操作程序的末端，却是人们认知城市环境的起点。要素分析以物质空间的基本元素及其类型特征的呈现为目标。城市建成环境中的物质空间要素是复杂多样的，总体上看，城市形态要素普遍具有对比性和层级性两方面特征。对比性表现在进入分析视野的城市形态要素可以被分化为结构性要素和填充性要素两类。结构性要素通常指具有公众集聚特征的场所，往往对形态的识别性产生显在的影响，并与结构系统密切关联，如城市交通动线和水体等自然要素。填充性要素在城市中广泛存在，如住宅区建筑、工业区建筑或常规的办公区建筑。填充性要素通常与城市肌理相

1. 韩冬青，刘华．城市滨河区物质空间形态的分析与呈现 [J]. 城市建筑，2010（2）: 12-14.

2. 博里，米克洛尼，皮农．建筑与城市规划：形态与变形 [M]. 李婵，译．沈阳：辽宁科学技术出版社，2011: 37.

联系，类型特征的呈现是填充性要素的主要评价标准，根据类型进行取样分析则是描述填充性要素的基本方法。

层级性与观察城市形态的视野相关，不同尺度视野下的形态显示出不同精度的信息，所关注的要素内容也将随视野尺度的变化而转换。例如，在宏观视野下，城市建成区成为与山体、水体等自然要素相并列的结构性要素之一；在中观视野下，建成区中滨河地段内的路网组织和街区—地块—建筑的联动关系等成为形态要素；而在微观的视野下，滨河街道的内部构成和滨河建筑的临河垂直面等细节内容成为相应的形态要素。可以看出，随着观察视野的拓宽，形态分辨率逐渐降低，观察到的“形态要素”转化为低层级形态要素的组合方式。

要素分析的基本方法首先是以在实际调研和地图研究过程中的注记和统计的方式对其进行客观记录。在此基础上，类型形态学方法使繁杂的元素现象有可能呈现出其抽象化的本质特征，并提供了揭示其与历史记忆、地域特征和行为模式相关的内涵特征的技术支持。在分类学的基础上，将要素转换为代码所绘制的编码地图（code mapping）可用以描述不同要素在空间中的分离、集结和镶嵌格局，由于取消了物质空间的影像特征，其空间格局的逻辑特征便得到了相对充分的显现[1]。图 2–2 以某种填充图案描述城市部分用地，并呈现其空间分布特征[2]。

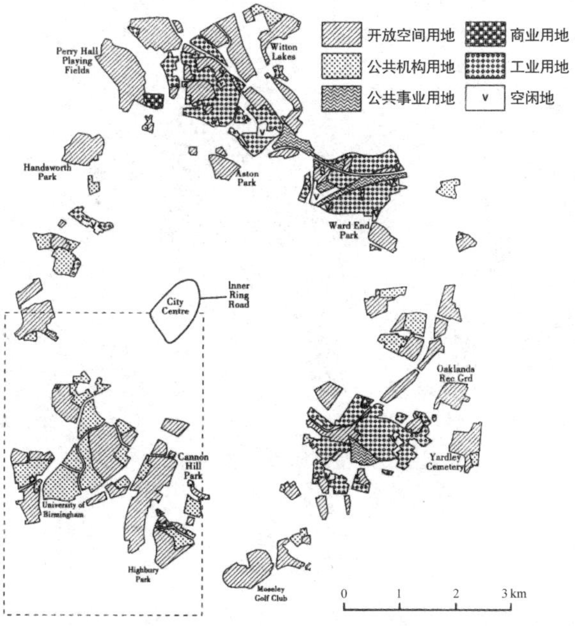

图 2–2　1955 年伯明翰 Edwardia 边缘带用地分布

（注：因专业需要，本书引用的插图中的英文不翻译成中文。）

1. 韩冬青 . 设计城市：从形态理解到形态设计 [J]. 建筑师，2013（4）：60–65.

2.WHITEHAND J W R, MORTON N J. Fringe belts and the recycling of urban land: an academic concept and planning practice[J]. Environment and Planning B, 2003(30): 824.

2）结构分析

“结构”这一术语体现了定义形态的要素系统及其相互关系，对结构的解析是研究“滨河形态”中“逻辑”的内涵属性的重要方法。结构分析以揭示空间环境中形态元素之间的关系以及这种关系所表达的秩序特征为目标，是探索形态规律的过程中最为有效的解读手段，因此成为滨河地段描述性分析的核心内容。针对城市滨河地段的结构分析，在具体内容上跟随分析的尺度层级，在每一层级上描述水体与其他相关要素的相互作用。由于结构分析倾向于说明物质空间形态所隐含的基本组织关系，因此在理论方法上与诠释性分析紧密相关，有着向城市设计方法过渡的倾向。

结构分析方法非常多样，如诺利地图是经典的结构分析方法之一。乔凡尼·巴蒂斯塔·诺利（Giambattista Nolli）于 1748 年出版的《罗马总体规划》将街道、广场、大型教堂以及宫廷内院这种连续的公共空间与大量紧凑的私人住宅区分开，显示出公共空间的轮廓，让观者看到了一座伟大的都市中心在其最显耀之时的日常生活的生动画卷（图 2-3）。由于最近 250 年间罗马的历史中心并没有发生结构性的变化，诺利地图至今仍是了解罗马城市空间的最佳资料之一[1]。这种基于地图绘制的图形－背景分析可以鲜明地呈现出特定城市空间格局在时间跨度中所形成的密度、尺度、几何等肌理特征，但更可贵的是在一张二维的地图中建立了规划与体验之间的联系，呈现出市民公共空间的连续性。

1.SALAT S. 城市与形态：关于可持续城市化的研究 [M]. 陆阳，张艳，译 . 北京：中国建筑工业出版社，2012.

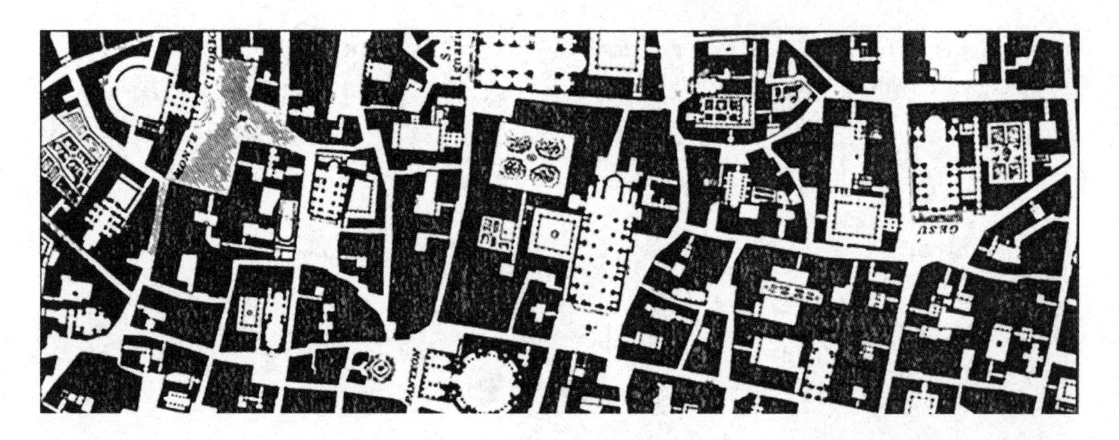

图 2-3 乔凡尼·巴蒂斯塔·诺利的《罗马总体规划》局部

王建国教授的相关线－域面分析方法也提供了有效的定形分析途径。该方法以城市空间结构中的“线”作为基本分析变量，并形成从“线”到“域面”的分析逻辑。其中，线包含了物质线、心理线、行为线和人为线四类。

这一分析途径具有抽象的特点，类似于针对城市形态要素的分层－叠合方法。因其综合了空间、形体、交通、市政工程、社会、行为和心理等变量,具有针对城市设计的实效性特征。就其内在思想和方法论特点而言，比较接近系统方法，基本上是一种同时态的横向分析[1]。

另有一部分结构分析方法侧重于定量研究，如通过对道路空间的量化分析来判断城市空间结构的内在逻辑，或通过对密度的量化来描述城市肌理特征。比尔・希列尔（Bill Hillier）开创的空间句法对于城市空间结构的内在逻辑及其活力分析和判断具有现实价值。他认为正是空间的整体组织特性才使城市成为产生、维护和控制人的结构，对空间逻辑的呈现成为启发、评价和预测设计成果的有效工具[2]。空间句法在中微观的层面从图论角度看待城市形态和城市生活，针对城市滨河地段中的步行街道的计算分析可以显示出步行空间的聚合度，并在社会逻辑与个人感知之间建立有效的关联。

1. 王建国．城市设计 [M]. 南京：东南大学出版社，2004: 215-216.

2. 希利尔．空间是机器：建筑组构理论 [M]. 杨滔，等译．北京：中国建筑工业出版社，2008.

3）历时演变分析

历时演变分析是在要素分析和结构分析的基础上叠加时间的因素，在历史时段中连续观察形态的生长和进化历程，并以图示语言使那些恒久不变或连续变异的局部特征得以显现，以此作为成因性分析的基础。

该分析的基础方法主要是文本研究、历史地图比对和现场调研。其中，不同时期的城镇地图研究及相关的叠图以及类型形态学方法是其核心内容。目前，在城市形态学领域，这一类分析方法重点关注城市形态的基本构成部分——城市肌理。无论是地理学中的“平面格局”还是建筑学所说的“肌理”，都是指建筑物以及与它们相关的开放空间、地块和街道的集合。这些方法以城市平面图为基础，对城市肌理进行描述、解释，进而形成可行的城市形态评估方法。其中，地理学方法以描述和解释为基本目的，而建筑学方法更强调城市设计，通过深刻理解调整城市结构的历史过程，试图在建筑学和城市规划之间的缝隙上架起一座桥梁。这些理论方法一方面为滨河地段肌理特征的历时演化提供了分析方法和认知基础，另一方面也明晰了“主导类型”“形态区域”等概念，为理解其他层级要素和结构的演化过程提供了有效途径。

1.CONZEN M R G. Alnwick, Northumberland: a study in town - plan analysis[M]. London: Institute of British Geographers, 1960.

2.CONZEN M R G. The plan analysis of an English city centre[C]// WHITEHAND J W R. The urban landscape: historical development and management. London: Academic Press, 1981: 26.

平面格局分析——Conzen 学派的城镇平面图格局

植根于经济地理学的德英学派起源于 19 世纪末德国以 Schluter 为代表的“形态基因”研究（morphogenesis），以 1960 年代 M. R. G. Conzen 的贡献最为突出，其研究方法经过英国城市形态研究小组（UMRG）的继承和发展，逐渐影响了整个西方乃至全球的城市研究学术领域。Conzen 对形态结构及其演变过程的分析通过形态区域（morphological regions）、形态框架 (morphological frame)、形态时期（morphological period）、地块开发周期（plot redevelopment cycles）、城镇边缘带（fringe belts）等概念方法得到呈现[1]。其中，他在地理学中传统悠久的城镇平面图描述方法的基础上进一步识别出城市用地模型和建筑组构，提出了“平面单元”（plan unit）概念。他将城镇平面图分为街道、地块和建筑物三种要素，认为三种要素可以形成可辨别并富有个性的组合（图 2–4）。同时，类型方法的引用显示出特定区域下三种要素及其相互关系的内在规则[2]。目前，Conzen 的分析方法已经成为被城市形态学广泛认可的基础理论之一，也是本书对滨河地段形态描述的基础性理论方法。

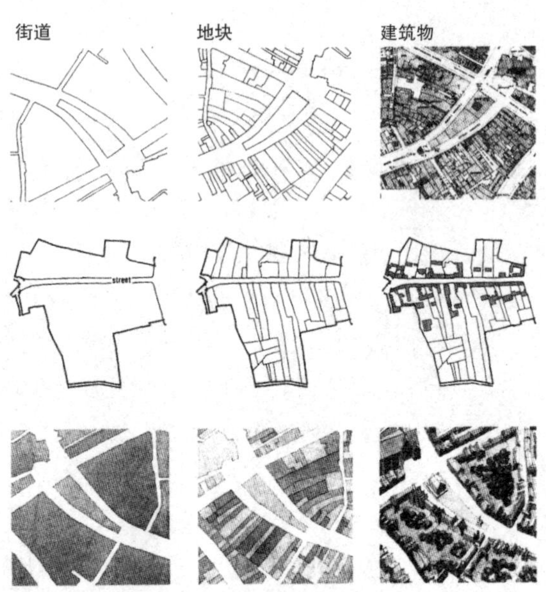

图 2–4 城镇平面图三要素示意图（三种表达）

形态演替（场所—文脉）分析——Muratori–Caniggia 学派的发展类型学

意大利城市形态学传统总是认为传统与革新之间存在着一种紧密的联系，而类型学有助于研究传统和革新之间、前工业的和现代的城市形态研究方法之间可能的连续性。因此，意大利城市形态学研究主要由建筑学科来完成。在这种文脉中，环境预先存在的概念明显地表达了在设计、历史和区域特性之间保持连续性的意图。S. Muratori 通过重构建筑形态和城市形态从先前的建成结构到最近的复杂构形的起源过程，来调查历史理性。他特别强调的概念是：建筑物按照不同水平上的层次结构相互联系起来。他将这种层次结构定义为尺度。因此，他认为如果不连续地观察层次架构所包含的要素以及该结构所从属的更高层次结构，就很难理解城市形态的丰富内涵。

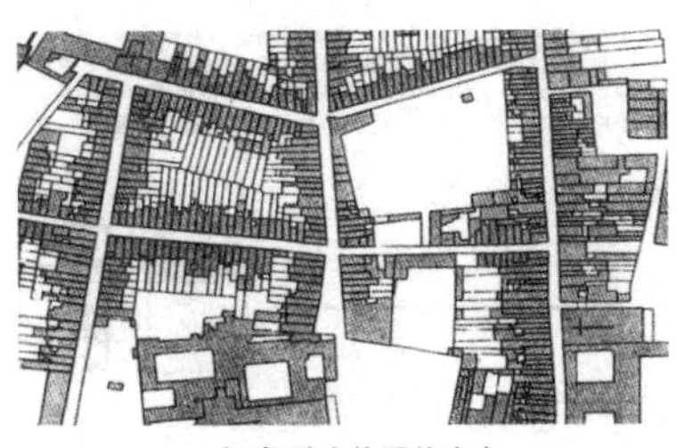

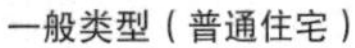

一般类型（普通住宅）

特殊类型（重要公共建筑）

图 2–5　G. Caniggia 提出的城市形态中的“一般类型”与“特殊类型”

1960年代，G.Caniggia在检查和发展了Muratori的类型、类型学、结构、肌理、系列和系列性等概念的基础上引进了“类型学过程”（procedural typology）的概念来描述建筑物类型的形态学转换过程，建立“发展类型学”方法，这包括一般类型（basic type）、特殊类型（special type）、主导类型（leading type）、共时变量、历时转换和类型产出等概念，按照类型演化以及这些类型所产生的城市组构，提出一种城镇形成历时模型。如图 2–5 中显示了以住宅为代表的、城市形态中普遍存在的构成要素和以公共建筑为代表的、作为城市标志物的要素，它们分别对应了“一般类型”与“特殊类型”[1]。图 2–6 则是某一类住宅，其在形态上具有主导型，能够衍化生成繁多的类型，因此为“主导类型”[2]。

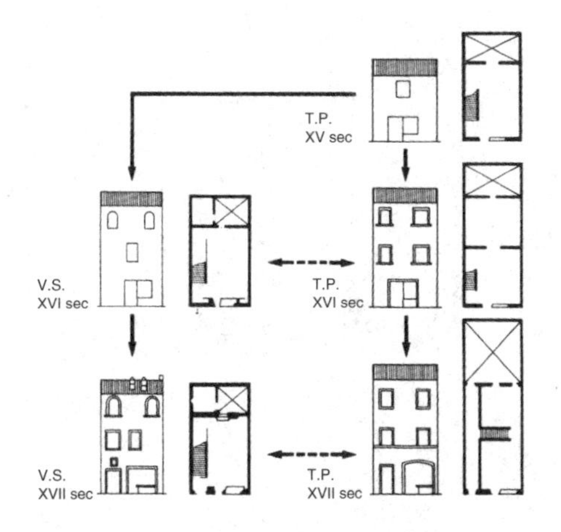

图 2–6　G.Caniggia 提出的“主导类型”概念

1.CANIGGIA G, MAFFEI G L. Composizione architettonica e tipologia edilizia vol.1: Lettura dell'edilizia di base [M]. Venezia:Marsilio,1979.

2.SAMUELS I. Architecture practice and urban morphology[C]// SLATER T R. The built form of western cities. Leicester: Leicester University Press, 1990: 419.

A. Rossi 和 C. Aymonino 在 Muratori-Caniggia 学派的理论和目标基础上于 20 世纪 60 年代发展出建筑学领域的类型形态学方法，使类型形态的研究成为城市设计中积极的组成要素，而这一理论方法对法国和英国城市形态研究产生重要影响。类型形态学（typo-morphology）是类型学（typology）和形态学（morphology）的合称。两者的结合意味着一种建筑类型学和城市形态学的整合性思维，同时反映了空间与时间两方面的大跨度连续性研究过程：在空间尺度上形成了建筑内部—建筑单体—地块—街区—城市地段—整体城市—区域的尺度层级；而在时间进程中，则将城市形态看作无限发展过程中的一个过渡阶段，因此研究者着力于考察不同形态元素类型的连续性变化过程。

街区变形过程分析

在凡尔赛建筑学院，城市形态学研究围绕在 J. Castex 和 Ph. Panerai 两位建筑师周围进行。社会学家 J.C. Depaule 后来也参加到他们当中。在 20 世纪 60 年代末，他们在凡尔赛创立了建筑学派，将其作为美术分解的一部分。这个学派起源于 C. Aymonino 和 A. Rossi 以及 S. Muratori，并深受社会学家 H. Lefebvre 的影响。他们的最初研究集中在五大城市的扩展或转换过程上：巴黎的 Haussmann 式改建、R. Unwin 和 B. Park 的莱奇伍斯和汉普斯蒂德设计、H. P. Berlage 的阿姆斯特丹规划、E. May 在法兰克福中涉及的工人阶级区以及柯布的光辉城市和居住单元。在这种研究基础上，又以 E. May 的研究和设计为例，解读了城市街区在 1900 年左右形成的四个步骤[1]（图 2-7）。研究显示这座"启蒙时代的花园城市"在演化过程中逐渐成为一座"普通城市"，即起初由独立贵族官邸所占据的大型地块后来逐渐被公寓楼填充。这项研究从单体建筑延伸到整个城市，并显示了城市街区是如何从逐渐开放到完全消失的。

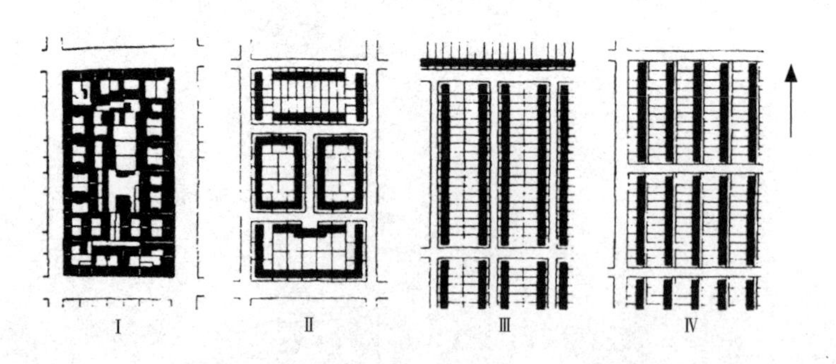

图 2-7 城市街区的演变过程示意图

1.PHILIPPE P, CASTEX J, DEPAULE J C, et al. Urban forms : death and life of the urban block[M]. Oxford: Architectural Press, 2004.

2.1.2 成因性分析

空间环境总是与其意义相联系，这些意义可能是多样的、矛盾的和变化的。城市作为各种力量共存和角逐的场所，必然显现出不同价值观影响下的权力较量和资源分配的痕迹。成因性分析试图从建成环境与政治、经济、文化的关联性方面揭示现实形态现象背后的复杂动因，它以“人－社会－环境”组成的复合认识标准为前提。城市内河滨河地段是城市中融合了人工与自然、生活与生产、文化传承与经济效率等多方面发展推动因素的区域，其形态敏感性往往超越一般城市地段。因此，其形态填充与衰落交替变化背后的动因也会相对复杂。城市滨河地段形态的成因研究主要涉及城市历史文化研究、社会经济分析和生态分析等多个方面。在这些领域内的深层探讨是一个复杂而庞大的课题，本书在这些方面的研究仅限于揭示滨河形态的历史文化、社会经济、生态等形成的基本原因，相对偏重历史文化方面的研究。

相较于描述性分析中对形态要素与结构在不同历史时期的演变过程的并置观察，这里的历史研究内容由可被图解比对的形态现象引向现象背后的隐形规则。这些作用于空间组织的隐形规则由价值、信仰、世界观及其遗传所建立的文化体系所支撑。这种将具体的形态现象与其背后的特定背景直接建立联系的形态解读理论与文化生态观的基本价值观相对应，即城市设计应更多地关心要素之间及其与隐形规则之间的联系。不同的文化地域均有其或隐或显的结构形态，而不能彼此互为标准。历史文化研究以文献梳理和解读为基本手段，基于对形态要素及结构历时演变的描述，选取形态发生重要变化的切片，在相应时期的历史文献中探寻导致现象产生的政治、文化方面的变革或重大事件，从而解释创造和改变城市形态的主要因素，寻找推动形态变化或维持稳定的内在力量。成因性分析通常伴随着对空间形态的历时演变分析过程。

2.1.3 诠释性分析

诠释性分析是在描述性分析的基础上对物质空间形态生成逻辑的个性化理解，它以人对环境的能动作用为理性基础。如果说描述性与成因性两种分析主要以其客观性作为判断标准，那么物质空间的诠释性分析则有明显的主观投射特征[1]。城市设计是在对现实物质空间环境的全面理

1. 韩冬青，刘华．城市滨河区物质空间形态的分析与呈现 [J]. 城市建筑，2010（2）: 12-14.

解基础上针对整体或局部进行的形态优化与设计，因此必然兼有理性与感性的特性。描述性分析的目的在于“客观”地呈现形态现实，成因性分析的目的在于揭示形态变化背后的动因从而达到与价值判断相联系的理性认识。而形态诠释以客观描述为基础，并将客观描述的结果转化为形态生成的图解机制，其实质是一种设计进程中以形式策略为导向的形态生成假设。这种以客观呈现为基础的主观特征，使其能够向城市设计策略转化[1]。

诠释性分析的方法以地图术（mapping）和类型形态学为基础。地图术带有特定的主观意图，是最为明显的诠释性地形理解；类型形态学则有效归纳了城市形态元素的特性，为共时状态下特性的拼贴，或历时状态中不同特性的层叠建立了基础。在历时演变分析中的很多理论方法同样具有诠释形态的潜力，如穆拉托里学派发展的运用类型学在描述类型发展演化的同时，也可以用来影响设计师对类型发展趋势的判断，从而推动创造性设计；而康泽恩等人的形态学架构不仅提供了与土地利用密切联系的城市景观形态的调研分析框架，其形态术语体系也可以转换成城市斑块平面的设计线索。在这些理论和方法基础上，诠释性分析方法中比较典型的有范式与变形、拼贴与层叠、基底与镶嵌等三个方面，这些方法同样能够作为城市设计的基本方法。

1）范式与变形

知识总是被抽象成各种理论范式。对于城市物质空间形态的设计而言，“范式—结构—要素”由内而外逐步显现，形成了一种经典的设计策略。范式（paradigm）来源于知识领域长期的理论与实践积累，它作为一种模式常常是比较稳定的，是一定阶段内关于城市形态的认识成果。在范式转化为具体形态结构的过程中，现实条件、资源约束和开发意图等各种主客观因素成为结构调试的修正性因素，这一过程实质是一种拓扑变形（transformation）过程[2]。在城市形态历经千百年的有机生长或整体规划之后，不同范式指导下的形态结构原型及其多样化的变形路径将彼此叠合，演化为现状中纷繁复杂的形态现象。因此，把握城市发展过程中的理论范式及相应的形态原型，同时对变形的基本模式加以归纳，将更为清晰地显示出看似复杂且偶然的形态现象背后隐藏的内在必然性。

水系在城市形态结构中扮演的角色，以及与其他结构要素相互作用

1. 韩冬青 . 设计城市：从形态理解到形态设计 [J]. 建筑师，2013（4）：60-65.

2. 同上 .

的方式，往往受到特定社会背景下某种形态范式的影响。当一座城市经历了复杂的形态演化过程，其内河水系与城市形态之间建立的关系可能受到了多个时期形态范式的影响，因此只有梳理出城市水系形成与发展的重要阶段，在每一阶段中探寻影响滨河形态的营建或规划模式，并研究其中的继承或置换关系，才可能揭示水系与物质空间形态的本质关联。

2）拼贴与层叠

拼贴和层叠概念本身含有明确的主观诠释性，因此在作为形态规律的分析手段的同时有着激发设计思维的潜力。拼贴是从共时的维度对城市物质空间形态形成多样特征并存的理解。阿尔多・罗西（A. Rossi）将城市形态看作拼贴的结果，他正视这种不同特性的共存，因为每一种特性都包含了城市形态特定时期的印迹[1]。拼贴的具体方式蕴含了城市各局部区域接受或抵制某种形态改变的内在规律，相应地显示了不同局部稳定延续的能力。因此，通过拼贴，我们可以梳理导致不同稳定性特质的抽象规则，以此了解形态共存的本质规律。层叠则兼有共时和历时两种可能的视角。从共时的维度看，复杂景观系统可以被理解为参与其建构的各项子系统的空间复合现象。根据分类原则将各单项系统分解为层（layer），用以观察其自身的量、形、质，进而通过相互叠加研究各子系统之间的交互影响及组织关系。从历时的维度看，将各子系统在不同时间片段中呈现的形态特征分层显示，通过彼此叠合，观察不同时间切片叠合后显示的形态演化过程和规律。

从拼贴的角度理解滨河地段形态，可以在呈现地段内不同形态板块组合特征的基础上，研究水系对每一类板块中的形态作用，并进行比较；以层叠关系诠释滨河地段，一方面可以在同时态中分解地段内复杂多样的景观元素，分别观察这些元素的形态特征及其与水系的相互关系，另一方面可以在历时维度下讨论各要素随着时间的推移发生的消解、替换或并置现象，从中获取形态演化的一般规律。

3）基底与镶嵌

在对基底形成认知的基础上，以某种发展目标为导向，进行局部的镶嵌式设计是城市设计的重要方法之一，同时也是认识和评价设计成效的诠释性方法之一。嵌入意味着对整体的改变，这种改变具体表现为包

1. 罗西．城市建筑学 [M]. 黄士钧，译．北京：中国建筑工业出版社，2006: 64.

括量、形、质三方面形态干预的方向、方式和程度，而方向和程度决定了干预的方式。据此，可以把嵌入式设计分为填充、缝合与催化三大类别。填充的前提是整体基底被高度肯定而具有继承价值，如历史地段或街区；缝合的对象往往是因各种历史原因导致破碎断裂的形态模糊区域；催化则是为城市注入有连锁刺激作用的新元素，这种新元素自身所具备的功能和形态的活力特性有可能促使其周边甚至远程的土地利用和空间形态产生积极而有序的更新。

对于滨河地段的城市设计，就其城市背景而言，涉及旧城更新和新城设计。旧城中对滨河地段的更新作为局部的设计存在于较之更大的整体城市背景之中。如果把这种整体作为一种基底，那么相对局部的城市设计则可被视为一种嵌入式的形态干预方式。在历经了长久而复杂的生长轨迹的历史城市中，城市内河及其滨河地段往往与重要的历史地段、街区、遗迹相联系，在城市发展建设过程中有着明显的起伏阶段，而其现状则呈现出模糊断裂的特征。因此，与旧城滨河地段相关的嵌入式设计很可能与填充、缝合、催化三类方式都有联系。对于目前的中国新城而言，新城区内河及滨河地段一方面被纳入城市设计的整体框架，另一方面也作为含有自然元素的特殊地段被专项设计，其滨河地段明显具有提高整体城市活力的潜力。面对当前大量的国内外城市内河滨河地段更新案例，对其内在嵌入方式和实效的诠释性分析有助于设计者从更大范围理解滨河地段的形态价值和操作方法，避免将含有特殊背景的局部与整体的结构关联设计简化为结构图形或微观元素的复制。

总之，城市设计的策略综合了相对客观的研究物质空间形态的生成逻辑和主观性的赋予形态创意两个方面，而研究生成逻辑和赋予形态创意都将以诠释性分析为基础。因此，诠释性分析在相对客观的描述性分析及成因性分析与具体的形态设计策略之间形成桥梁。

2.2 滨河形态的解析维度与生成动因

本节针对城市与河流的形态关系问题，明确解析内容并提供基础认识。其中包含在空间维度中研究城水形态关系涉及的尺度层级，以及不同层级下的结构与类型问题，在时间维度下讨论水系与城市形态关系的变化方式，并讨论形态关系的形成与变化的背后存在哪些方面的动因。

2.2.1 空间维度

城市形态学研究的基础理论平台包含形态要素、分辨率和时间三个方面。这决定了对滨河地段的形态研究首先需要界定形式要素（form elements）、研究层面（resolution）和时间区段（time）[1]。城市形态学研究的分辨率一般分为建筑和地块、街道和街区、城市、区域四种。从城市形态认知的一般尺度层级上看，建筑和地块与微观视野相联系，街道和街区是中观视野下地段研究的核心内容，城市和区域则与宏观视野相对应。

城市设计所涉及的形态理解和形态设计大部分处于中观和微观的层级。因此对城市滨河地段的形态研究以对滨河地段街道、街区、地块、建筑及以河道为核心的开敞空间的形态特征为主要内容。但由于城市水系及其流域的空间形态作用力可以延展至城市甚至区域等宏观层面，因此这个城市特殊地段的研究层面应由宏观城市向中观滨河地段和微观空间逐层递进。本节针对三个认知尺度，在明确研究的空间范围和时间范围的基础上界定各层面所对应的内容。

1）宏观城市层面

在宏观尺度下认知城市与内河的形态关系，其空间范围涉及整体城市，时间范围则为城市建设发展的全过程，研究还涉及城市建设之前的山水地理概况。在这一层面进入分析视野的形态要素是山体、水体与人工城市建设区域。在人为力量还不足以改变自然的农耕时代，自然山水的形态造就并限定了很多城市的平面形态，其有序性和可描述性取决于二者结合的方式。对前工业时期形成的城市，主要应从空间形态的角度审视山、水、城之间形成的总体几何关系，即空间形态格局关系。现代城市的发展与工业化紧密联系在一起，它的发展动力和方向多与经济运作及政治决策密切相关，经济发展因素逐渐替代了自然环境成为现代城市形态构成的主导因素[2]。此时对山水与城市建设区格局关系的研究，主要是立足于景观生态的角度寻求城市整体生态格局的优化和平衡。因此，在宏观城市层面解读城水形态关系，主要内容由空间基本格局特征和景观生态格局特征两方面构成。在规划设计的范畴中，目前这些城市格局关系的定位主要通过城市总体规划、总体城市设计和生态专项规划等规划设计程序决定。

1. 梁江，孙晖 . 模式与动因：中国城市中心区的形态演变 [M]. 北京：中国建筑工业出版社，2007: 9.

2. 丁沃沃，刘青昊 . 城市物质空间形态的认知尺度解析 [J]. 现代城市研究，2007（8）: 32-41.

水系与城市空间格局

水系与城市建设区的空间基本格局特征表现在平面关系和立体关系两方面。

城河之间的平面形态关系可以分为四类。单一河道型：一条主要河流在城市形态的发展过程中起主导作用，如伦敦的泰晤士河、巴黎的塞纳河、罗马的台伯河、柏林的施普雷河及天津的海河等。多河道型：数条河道同时穿越城市，对城市形态的影响程度比较相似，如平壤的两河、宁波的三河等。水网型：城市内河网密度较大，与道路形成交错分布的关系，城市中的大部分区域均可以作为滨河地段，如威尼斯、福特·朗岱尔、阿姆斯特丹和苏州等，其中一些水网型城市内也可能有主导型水系，如阿姆斯特丹的艾河或威尼斯的白河。环水域零星布局型：水域为主，零星分布陆地、岛屿，彼此连缀形成整体城市，如斯德哥尔摩和香港等。

城河之间的立体形态关系，可以分为两类。平原型：城市主要在河流两侧平原地带发展，城市范围内地形平坦，河道底面高程变化平缓，城市空间形态主要取决于人工建筑物的高度变化，如长三角平原水网地区的南京、上海、苏州等。山地型：城市用地范围内山地起伏，水系由城内或周边山体汇水形成，河道底面高程变化剧烈，水位和流速随汛期及降雨明显变化，城市整体轮廓以起伏的地形为基底，叠加人工建筑物后共同形成，如布拉格、布里斯班、武汉等。

水系与景观生态格局

从景观生态学意义上来说，景观是由不同生态系统组成的镶嵌体，其组成单元为景观要素。从空间形态、轮廓和分布等基本特征入手，可以区分为斑块（patch）、廊道（corridor）、基质（matrix）、网络（net）、边缘（edge）等空间类型。一般来说，斑块和廊道是最重要的景观类型。城市内河是景观生态系统中的重要组成部分，也是城市内部构成廊道和斑块的核心元素。20 世纪 80 年代，理查德·福尔曼（Richard T. T. Forman）提出了“斑块－廊道－基质”模式，以此来分析区域的景观格局。研究表明自然过程的流动创造了不同类型的格局，而这种格局同时会反过来影响自然过程的流动。这对与此相关的规划设计理论方法产生了深远的影响，目前已有很多城市在宏观上试图构建城市蓝带网络，因地制宜地修复和完善生态系统，寻求可持续发展的城市生态空间形态特征。

2）中观滨河地段层面

在中观尺度下认知滨河地段形态，由于地段的空间范围有着明显的不确定性，研究之初可以将由水际线向陆域垂直延伸400~500米作为理论范围。这一范围表明了城市内河对于城市公共生活至少能够产生的渗透深度，通过将这一理论范围与在调研分析的基础上获取的滨河感知范围进行比较，可以有力揭示城市内河滨河地段的真实特性。随着城市历史的演进，水系的内在作用与城市的整体作用在滨河地段这一特殊区域彼此交叠，产生了有别于城市其他地段的形态结构特征，这种特征由地段整体结构一直渗透到城市形态的，即街道、地块、建筑三者的联动模式之中。因此，滨河地段的路网、功能、街区和开敞空间是这一层面形态解读的基本要素。研究的主要内容一方面是考察特定时期城市对形态要素产生的整体控制，另一方面是观察水系如何促使路网结构、功能组织、街区单元和开敞空间的布局发生变形或转换。在规划设计的范畴上，地段层面的形态研究对应于控制性详细规划和地段城市设计，具体成果将由实施细则表达。

水系与路网结构

水体可能干预地段路网的等级、密度和方向，不同的干预方式决定了滨河区基本的形态架构。其中，平行于水岸线和垂直于水岸线的道路所受到的形态影响应分别讨论。对于有交通意义的内河而言，陆路与水路的接驳方式很大程度上影响了滨河地段关键性节点的位置。路网与街区轮廓有着唇齿相依的关系，路网形态决定了街区的尺度特征，而街区的边界特征定义了道路的界面特征。水体形态对路网的干预，将直接影响到滨河区内街区尺度及边界。在对地段路网的定量研究中，空间句法提供了有益补充。运用空间句法对滨河区步行系统和车行系统的分析，可以显示出城市滨河地段的步行空间聚合度和车行可达性，从中发现或验证滨河街道或街区活力的形态逻辑。

水系与用地功能

水体对城市功能的作用包含对土地利用的性质、强度及其空间分布特征等方面的影响。水体的自然变化及对周边自然环境的影响吸引了包括人类在内的大量生命活动，因此水体和滨河地段具有吸引特殊事件与庆祝活动的潜力。前工业社会城市内河在生活和交通运输方面的重要意义促使滨河地段沿河自然形成生活的中心地带；工业社会对城市水运和排污的利用方式则使滨河地段汇集了与工业生产相关而与城市生活脱离的功能；现代城市对水系价值的重新认识，促使滨河区在功能上倾向于在满足景观生态系统的内在需求的同时，汇聚城市丰富多样的公共活动和提供舒适的滨河居住环境。

因此，以内河为骨架的滨河地段可以被诠释为镶嵌于城市内部的带状区域，对城市整体物质空间有着特殊的催化作用。地段或其局部所具备的功能和形态的活力特性有可能导致其周边甚至远程的土地利用和空间形态的积极而有序的更新[1]。总的来说，较高的公共性和较强的混合程度有利于提升滨河区的活力，沿岸土地的高强度利用则有可能阻断岸线对纵深方向的积极影响。

1. 韩冬青 . 设计城市：从形态理解到形态设计 [J]. 建筑师，2013（4）：60–65.

水系与平面单元

滨河地段包含一系列城市街区，有直接滨河的街区，也有处于地段边缘与城市内陆区域紧密相连的街区。研究内容聚焦于三个方面：滨河街区与内陆街区的差异性特征，如功能构成、平面几何形式、三维尺度、街区界面等方面；滨河区内部街区彼此间的差异性特征，包含了街区随岸线段落方向的差异性特征和相邻街区的连续过渡或拼贴关系；滨河街区、地块及建筑间的关联特征，这一特征正是 Conzen 学派借以研究城市形态的重要途径，也是目前城市形态学研究中的基础要素。水体影响下街区内部地块的组合模式以及建筑对地块的占据方式从根源上显示出滨河街区的形态特征。

在整体地段路网和功能布局分析的前提下，街区形态分析进一步揭示了城市滨河区的内在特征。在分析方法上，城市肌理研究和地理类型学成为主导方法。城市肌理研究本身属于传统的图形 – 背景分析方法，是对城市实体与空间相互关系的直接观察。在图底分析的基础上，依据街区的不同区位进行类型取样是街区分析的惯常方法。类型解析显示出区域内肌理要素可能存在的细胞类型、组合模式和分布规律，对于在历史进程中不断沉积和更替突变而呈现出拼贴特征的滨河区域的研究最为有效。

开敞空间

滨河地段内的绿地系统是城市总体生态格局在滨河区内部的细致表达。沿河展开的带状绿地系统与城市其他区域的绿地通过滨河地段内的绿廊或绿块彼此衔接。这一系统的研究包含绿地系统的连接特征和绿廊与绿块的几何特征两方面，这将影响滨河区的生态连续性和滨河岸线对城市活力的刺激深度。例如，相比于平行岸线的开放空间，垂直于岸线的楔形开放空间会将滨河区的影响范围向城市腹地延伸得更远。

3）微观滨河空间层面

在微观尺度下认知滨河空间的形态特征，其空间范围的选取与人对滨河物质空间的感知能力有关，总体上以沿水系展开的开敞空间为主。由于开敞空间的界面与滨河地块或街区特性相关，因此在界面成因的探索上对水岸空间的研究范围会向地块或街区范围扩展。相比于宏观尺度和中观尺度下的分析和表达，微观尺度下对水岸空间的认知是以人的尺度去观察城市的物质空间现象，其有着更高的表述难度。

以微观尺度研究城市滨河地段，宏观尺度所表述的人工建设区、山体和水体总体格局关系是不能显现的；中观尺度下对地段内部路网、功能、街区肌理和开敞空间的结构性理解则会转换成微观尺度下对由垂直面界定的局部空间的感知；而微观尺度下的物质空间元素相比于中观尺度的观察通常会表现出高度的复杂性和多样性。本书将这一层面的形态要素归纳为水体与岸线、滨河道路、滨河绿地和滨河建筑，而要素之间的组合关系类型将揭示出微观尺度下滨河空间形态的本质特征。在规划设计的范畴上，水岸空间层面的形态研究对应于控制性详细规划、修建性详细规划和针对沿河开敞空间的城市设计，具体成果兼有实施细则、工程和产品的表达。

滨河空间形态特征

在这个层面上对物质空间要素的提取必然是经过抽象和概括的，关注的是其基本的等级、尺度与位置特征，以便捕捉到最基本的组构规律。相比于滨河空间要素的复杂性与多样性，滨河要素之间的组合方式决定了滨河空间环境的基本形态特征。以对南京内秦淮河滨河空间形态的分析为例，在含有水体的各部分用地中，以 100 米边长的正方形用地作为标准进行取样，研究每块用地中水体与岸线、滨河绿地、滨河道路及其滨河建筑的组合方式，以要素的抽象代码表达后合并同类，得到基本的滨河空间形态类型表。传统城镇滨河区的要素组合常具有丰富多样的类型，而在目前一些新城的滨河空间形态规划中，蓝线、绿线、道路红线和建筑红线呈单一的平行线组合控制模式，容易导致城市内河滨河空间的单一形态。一般来说，在要素组合上出现的形态缺陷将难以依靠滨河绿地内部的丰富设计而得到弥补。

滨河空间中的公共活动

微观尺度的研究将物质空间形态的种种特征与空间中人的活动联系起来。因此在这一层级上的解析，也包含对人的活动方式的观察，并将其与形态特征彼此对照，从中得到的规律将指引形态设计更符合人的实际需求，实现公众心目中“好的形态”。

2.2.2 时间维度

在历史的进程中，城市与河流在不同空间尺度下的形态关系总是发生着剧烈的演变或保持着动态平衡。这种变化一方面源于水系作为自然要素，有其自身的动态特性；另一方面源于城市作为人工产物，随着人类社会的变迁而出现整体性的生长与变化。

1）自然水系结构的变迁

河流的本质特征在于流动性，在漫长的时空中，每一条河流都会以多种形式作用于周边的景观系统，同时周边的物质环境也综合了多样的因素作用于河流的形状，这种强大的动力对城市形态的影响通常需要通过长时间的观察而得知。河流的流动特性与其所在的流域相关，而在同一流域的不同河段也有所差异，即使是同一河段也会随着时间的变化呈现出不同的面貌。这些变化从本质上影响了城市的选址和发展进程。

首先，水系网络是一个同时含有物理的、化学的以及生物的等多种彼此联系的作用的复杂生态系统，其自然特性随着地理区位不同而有所不同。1980 年，维诺特（Vannote）等人提出了河流连续体概念 (river continuum concept)，他们采用生态学原理，把河流网络看作一个连续的整体系统，认为上游生态系统过程直接影响下游生态系统的结构和功能[1]。在此基础上，1989 年，沃德（Ward）将河流系统描述为四维系统，即具有纵向、横向、竖向和时间尺度的生态系统（图 2-8）。纵向上，河流从河源到河口均发生物理、化学和生物变化；横向上，自然的水文循环产生洪水漫溢与回落过程，这是一个脉冲式的水文过程；竖向上，与河流发生相互作用的垂直范围不仅包括地下水对河流水文要素和化学成分的影响，还包括生活在下层土壤中的有机体与河流的相互作用；在时间尺度上，每一个河流生态系统都有特定的演进历史和特征[2]。

1.VANNOTE R L, MINSHALL G W, CUMMINS K W, et al. The river continuum concept[J]. Canadian journal of fisheries and aqutic sciences, 1980（37）: 130–137.

2.WARD J V. The four–dimensional nature of lotic ecosystems[J]. Journal of the north American benthological society, 1989（8）: 2–8.

其次，在同一流域中，河流景观因水流在上、中、下游具有不同的动力作用而有本质的差异（图 2-9）。上游河谷一般在水流不间断的侵蚀作用下显露出深邃陡峭的景观特征，侵蚀的程度由地质条件和水流速度决定，通常没有可供辨识的河湾景观；当河流到达山麓之类较为平缓的中游地带后，水流开始有所分流，从上游携带而来的泥沙碎石等物质有一部分在这里沉积下来，同时携带上这里的泥沙流向下游地区，在这一过程中，河流塑造出相对稳定的河床，并维持其物质平衡；水流到达下游平原地区，流量增多但流速变缓，河流的宽度和深度也随之增加，从上游和中游被水流带来的沉积物的粒径在不断的磨损中减小。缓慢的流速和大量的沉积使下游地面缓缓升高，但也塑造出低地平原和三角洲地区平静优美的河湾景观。

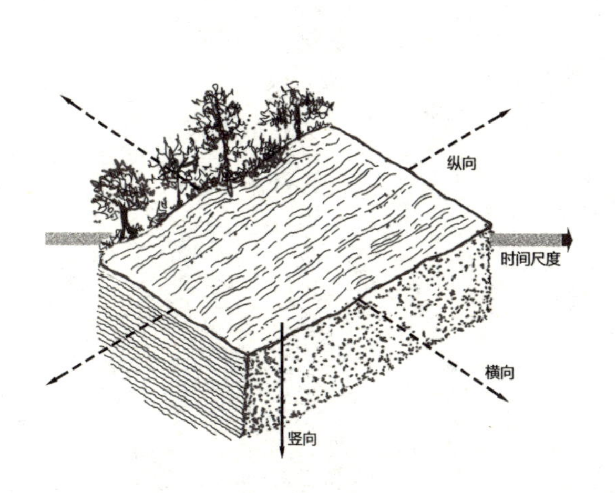

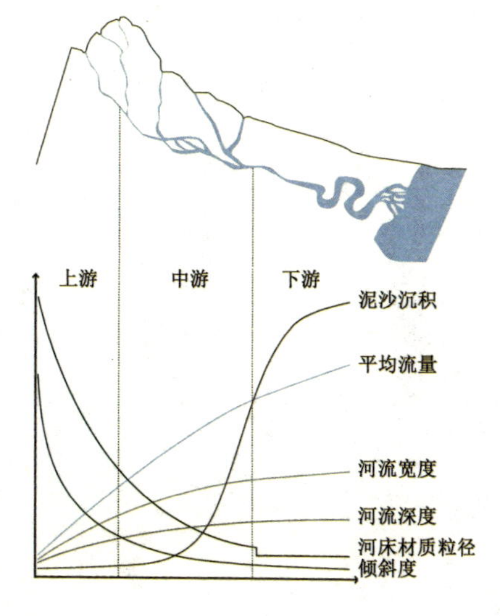

图 2-8　河流四维模型示意（左）

图 2-9　河流上、中、下游水体主要特征比较（右）

最后，对于同一河段而言，水体流动过程中的物理作用对滨河地段物质空间形态特征产生了重要的影响，主要包含水体流量变化对水域范围的影响和水体动力对河床的影响两个方面[1]。

1.PROMINSKI M, STOKMAN A, ZELLER S, et al. River. Space. Design: planning strategies, methods and projects for urban rivers[M]. Switzerland: Birkhauser, 2012: 25–27.

水体流量对水位的影响　水体在自然动力下表现出周期性的涨退，形成了河流空间短期内的剧烈变化。这种变化既体现在竖向水位的升降变化上，也体现在横向蔓延与收缩的宽幅变化上（图 2–10）。水位的高低变化对沿岸的生态系统和人类活动都会产生显著的影响：洪水泛滥不仅威胁了两岸的居民，也可能永久性地改变流域内生态系统的物种构成；而过低的水位则影响航运和冷却发电系统的正常运行。

水体动力对河床的形态作用　每一条自然河流河床的生成和发展都是极为复杂的过程，但基本上都存在这样的规律：在河流前行的过程中，位于边缘的水流因河岸的阻挡，其流速会低于河道中部的水流。这个现象在水体内部产生了次级的流动，从水体横向断面上看，内部水流从底部被推向岸边，再从水面返回水体中心而下降（图 2–11）。在水道弯曲的部分，上述水流作用在水道弯曲的内侧形成沉积，而在外侧则进行侵蚀。如图 2–12 所示，侵蚀作用和沉积作用不断改变着自然河床的深度和形状，在河湾处会不断侵蚀河湾外侧的土地。因此河湾的曲度会不断加强，当弯曲到一定限度之后，U 形河道逐渐与本体脱离，成为河道洪泛时期的积水区。这种变化在下游地区尤为明显。

图 2–10　水体流量引起水位变化（上左）

图 2–11　水体动力引起河床变化（上右）

图 2–12　水流动力引起的河床变化（下）

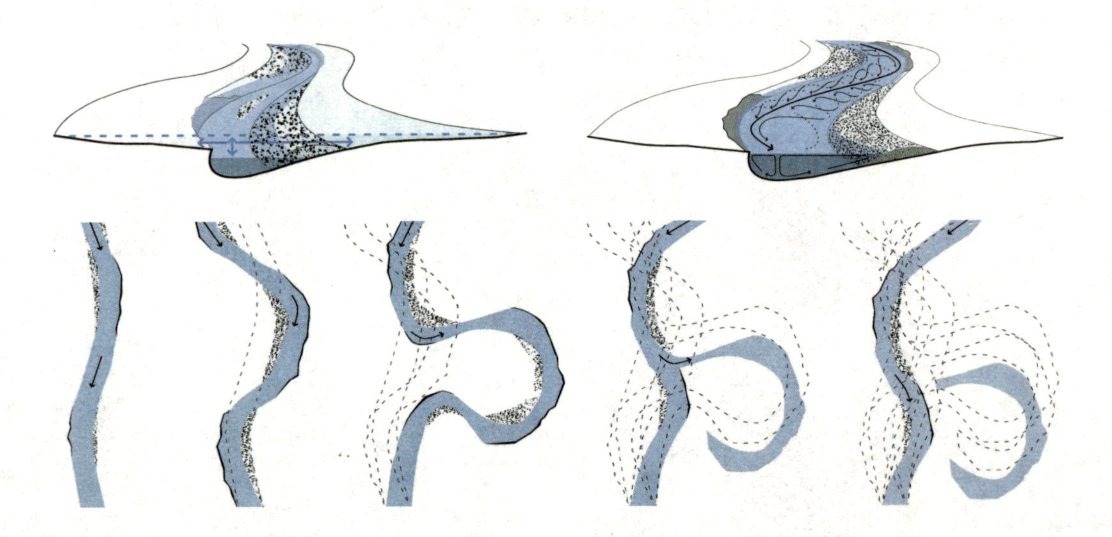

从城市与河流的关系上看，水体的涨退和河床的变化既有可能对城市的选址和发展产生推动作用，也可能对城市土地利用、农业发展、航道运输和水力发电等造成不利影响。因此，城市通常会对这两种变化采

取不同程度的约束。

1. 杨春侠．城市跨河形态与设计[M]. 南京：东南大学出版社，2006: 28.

2）城市整体结构的变迁

城市物质空间总是在历史的进程中时断时续地拓展或萎缩，在这一过程中，水系与不同尺度层级下的物质空间形态要素之间的关联方式也在发生着变化。一般来说，在城市的形成和扩张的过程中，会将自然河流逐步纳入内部，使之与其他形态要素相互作用，在滨河地带留下某些历史时期建设发展的痕迹。仅从城市发展过程中与河流的动态演进关系上看，大体上存在四种模式[1]（图 2–13）。

图 2–13　跨河城市形态演进模式

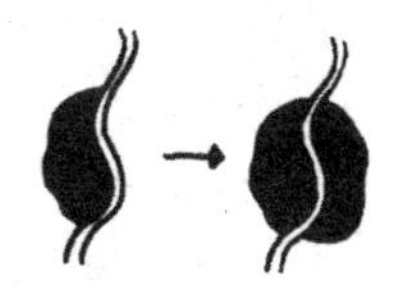
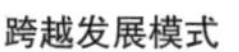

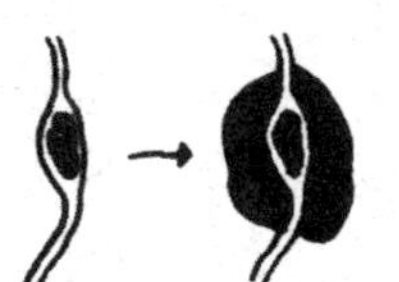
中心向外模式

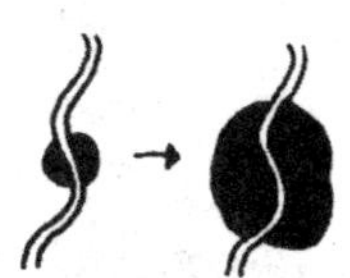
协同发展模式

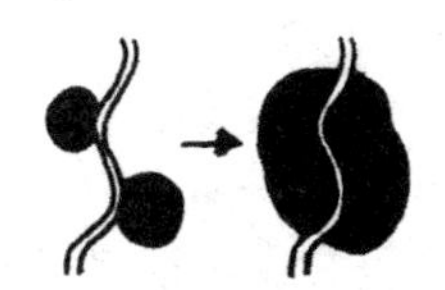
独立组合模式

跨越发展模式　指城市最初受较大尺度河流的阻碍，于河流单侧形成并有所发展，待条件成熟后跨越河流发展至对岸。这是最为普遍的一类演进模式，在跨越发展过程中两岸形态由不均衡逐步走向均衡。如开罗、维也纳、佛罗伦萨、布吕格、上海、天津、重庆等。

中心向外模式　最初起源于河流中央的岛屿，后以岛屿上的老城区为中心向四周发展，城市跨越河流并占据两侧的用地。如巴黎源于西岱岛，纽约源于曼哈顿岛，圣・彼得堡源于兔子岛，斯德哥尔摩源于木头岛等。

协同发展模式　城市于形成之初即位于城市主要河流的两岸，在演进过程中保持双岸的同步建设，这种模式可以进一步分为自然演进的协同型和规划指引的协同型。如洛阳、伦敦、威尼斯等。

独立组合模式　城市的两岸城区早期独立发展，后通过行政建制变革或其他因素的推动，这些相对独立的建设区被组合成一个整体。如布达佩斯由早期的布达、佩斯及欧布达组成，武汉由武昌、汉口及汉阳组成，杭州由原杭州城、萧山和余杭组成。

2.2.3 形态动因

不同空间尺度层级下显现出的城水形态关系，都不会凭空产生，而是被其背后的一系列主客观因素所牵制，与当时的政治、社会、经济、技术、文化、生活方式等条件密切相关。城市在持续的更新过程中，必然在上述因素的影响下，不断调整城市与水系的形态关系，使之更为接近时代的需求。因此，对形态成因的追溯，目的在于透过表层的形态现象，读取特定历史时期和地理环境下的合理原则与适宜形式。

水系与城市形态的交互关系主要受三个相互联系方面的共同作用：首先是特定社会背景下的价值取向，这是基于政治、经济、文化等方面综合形成的关于城水关系的基本观念；其次是科学技术的作用，这为调整、控制或改造河流与城市形态的关系提供了技术支持；最后是某种空间形态范式的引导，这是在特定的价值取向和技术发展水平的基础上，形成的具有广泛影响的模式或策略。

1）特定社会背景下的价值取向

在古今中外的很多含有内河的城市中，可以看到非常多样的城水形态交互方式。在具体的构型现象背后，隐含着多种可能的价值取向，如利用水系的图形特征以突出某种政治含义、改造水系网络结构以适应经济发展的需求、顺应水系自然属性以优化景观生态系统等。

水系作为某种政治象征

水系形态与特定的政治含义紧密关联通常出现在国家首都或省会等有突出政治意义的城市。这类城市有时会将集中性的政权与城市的轴线联系在一起，并利用河流定位或强化空间轴线。如东晋建康城（今南京）、唐长安（今西安）和汉洛阳（今洛阳）等古代都城或皇城为体现封建帝王宗法礼制而设立的城市中轴线，一般是城市北部山体和南侧河流之间的连线（图 2–14）。在现代城市中则以巴西首都巴西利亚最为典型，其纪念性主轴线利用了山水之间的张拉关系，从山顶的电视塔延伸到俯瞰湖泊的三权广场，明显与帕拉诺阿湖的水湾形态有图形上的联系（图 2–15）。澳大利亚首都堪培拉的核心“地轴”位于东北部安斯利山和西南部的宾贝里山之间；与之垂直的“水轴”从黑山开始，朝东南方向延伸，穿过一系列

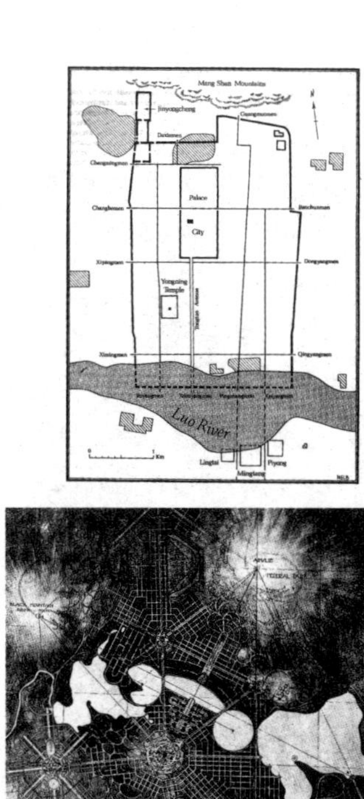

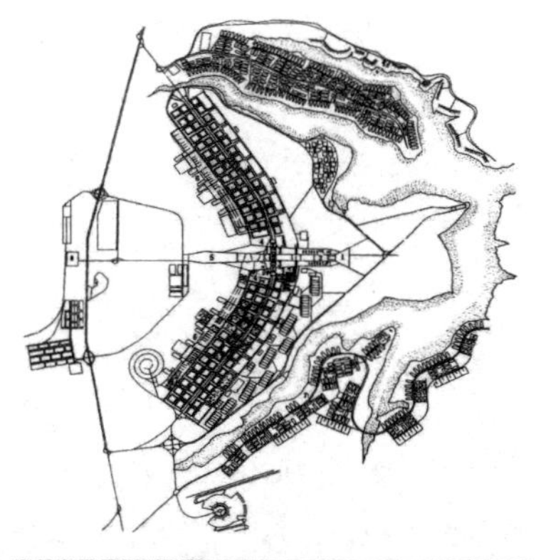

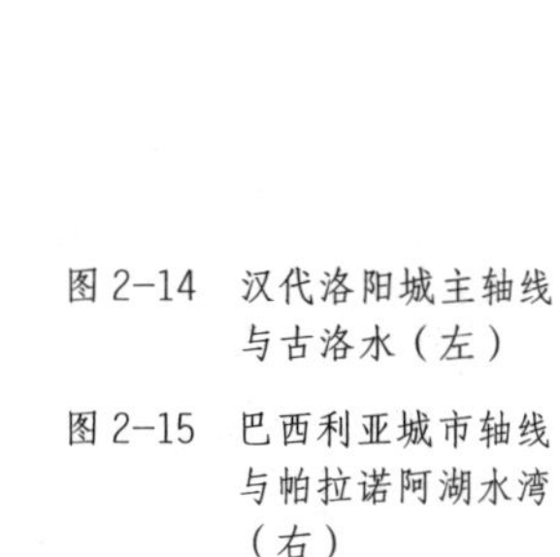

图 2-14　汉代洛阳城主轴线与古洛水（左）

图 2-15　巴西利亚城市轴线与帕拉诺阿湖水湾（右）

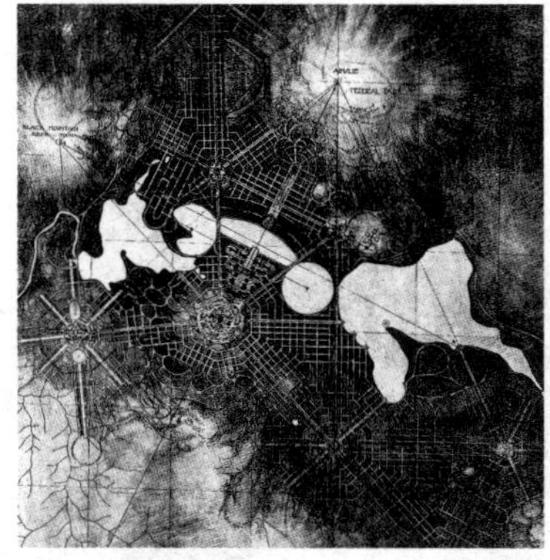

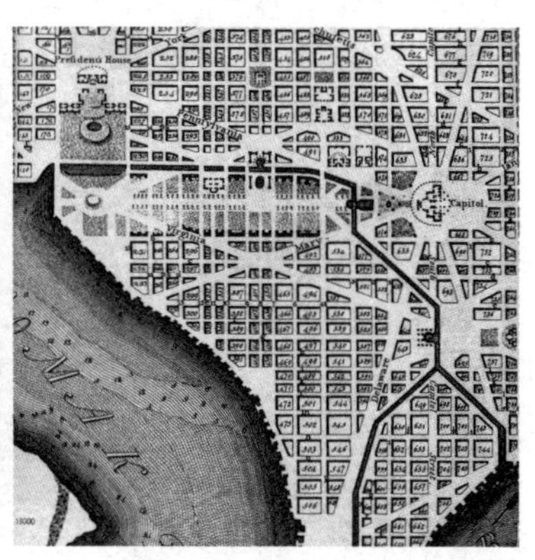

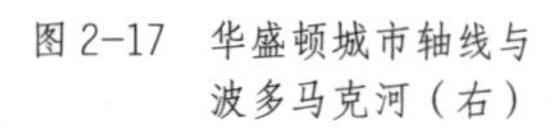

图 2-16　堪培拉的“水轴”与“地轴”（左）

图 2-17　华盛顿城市轴线与波多马克河（右）

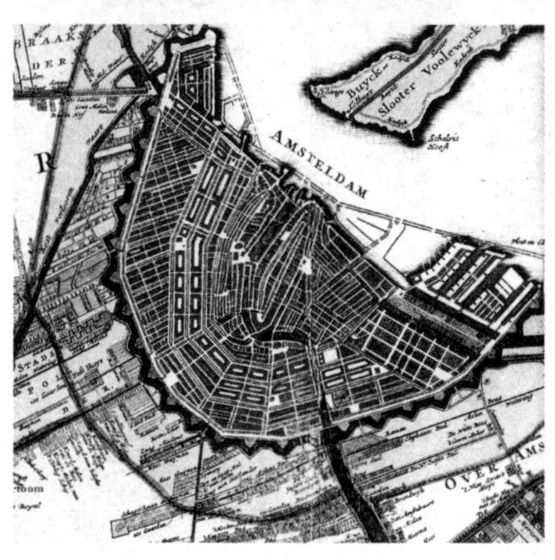

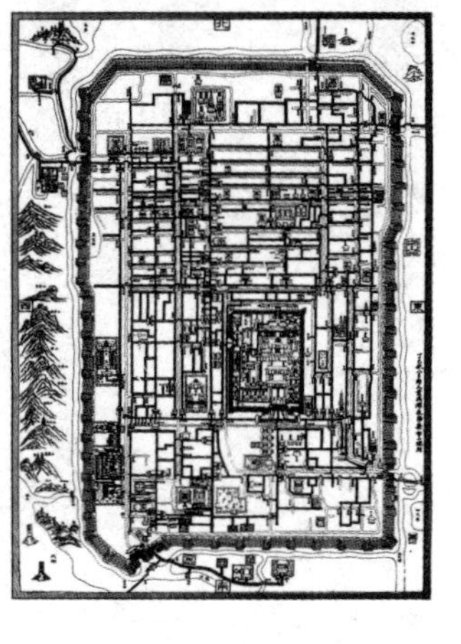

图 2-18　阿姆斯特丹老城的运河网与路网（左）

图 2-19　宋代平江府城的运河网与路网（右）

水面，来到因在莫龙河上游筑坝而形成的人工湖[1]（图 2-16）。又如华盛顿（图 2-17），规划认为华盛顿设计的原动力在于城市与水的结合，因此以波多马克河和向城市延伸的自然内河划定城市最重要的两条轴线位置[2]。

水系作为经济动力之一

内河水系对城市经济发展的推动作用突出体现于运河城市中。运河网

1.KOSTOF S. The city shaped : urban patterns and meanings through history[M]. Boston: Little, Brown and Co., 1991.

2.BACON E N. Design of cities[M]. New York: Viking Press, 1974.

络的生成往往以加强交通运输效率为原则，因此河道系统与城市主要道路系统在形态上往往彼此牵制，互相叠合，构成城市内部建设和发展的主体框架，反映城市水陆并重的交通运输特点，例如以阿姆斯特丹为代表的荷兰运河城市与中国宋代的平江府城（今苏州）（图 2-18、图 2-19）。

水系作为景观生态要素

在工业革命后的一百多年里，人们怀着对城市与自然结合的梦想，不断探索着理想的城市模式，从乌托邦到花园城市、公园城市、生态城市，从回归自然到把自然引入城市，在多种多样的尝试中，水域空间的价值被重新发现。尽管很多理想城市未被实现或未能解决城市问题，但获得了一些认识上的进步。20 世纪 60—70 年代，如何实现人与自然的和谐共处成为全球性的焦点问题，很多城市在尊重和保护滨河环境的指导思想下，展开对城市内河生态环境的整治工程。典型者如德国慕尼黑以“重返自然”为目标对其母亲河——伊萨尔河所做的保护与更新实践。城市内河逐步从城市的强制束缚中得到释放，成为多样化的、蕴含着自然变化规律的生态廊道（图 2-20）。

图 2-20 慕尼黑伊萨尔河以恢复河流自然景观为目标的更新实践

2）科学技术的双向作用

纵观人类发展历程，河流在生活生产、交通运输、水利、安全防御、景观生态等方面的综合价值，及其对各阶层人群在活动方面的吸引力，使水不仅与人类最早的文明起源相关，也伴随着大多数城市的形成与发展。与城市内河相关的科学技术主要体现于城市防洪排涝和交通运输技术两方面。防洪排涝技术水平的高低决定了城市是否能将河流纳入城市范畴；交通运输技术水平的高低决定了沿河方向的水上交通方式与两岸之间相互联系的可能和方式。观察不同历史阶段中河流与城市形态的交互方式，可以发现科学技术的发展水平实质上是一把双刃剑。它一方面为城市从河流获取利益的同时免受其害提供了保障，另一方面为城市过度控制河流从而破坏水系的生态结构提供了可能。

从科学技术对城河形态关系的推动作用上看，防洪与交通两方面的技术水平的进步共同促进着大尺度的自然河流与城市形态密切交融。中国古代一些城市的布局在文化观念的影响下，为彰显"帝王之气"盲目追求河流宽度而脱离其科学技术背景。如秦咸阳和隋唐洛阳分别建于渭河、洛河之上，尽管两个城市在当时都已经具有较强的经济基础，但对水患灾害认知的不足和防洪技术的不成熟致使城市水灾不断，洛水上的天津桥也多次被洪水冲毁，两岸城市建设和往来联系均受到严重影响[1]。现代防洪技术的进步可以有效防范大尺度江河对城市的洪水威胁，同时以较高密度的桥梁和隧道等交通设施为两岸建立便捷联系。因此许多新兴城市或原先偏于江河一岸的城市都将大尺度江河纳入城市范围，甚至以其作为城市形态发展的中心，如纽约跨越宽度约 1300 米的哈德逊河、首尔跨越宽约 1000 米的汉江、杭州跨越宽约 1200 米的钱塘江、武汉跨越宽约 1200 米的长江等。

反观工业时代，科学技术的快速进步同样也可以将城市内河从公众的视野范围中剥离，对其进行高度的控制和改造，造成难以修复的景观生态破坏。在 19 世纪早期，由于工业技术水平提高与航运发展的相互作用，大量河流主干道被截弯取直，支流则被规整扩充成运河网，以适应航运需求。Johann Gottfried Tulla 是这一时期欧洲最闻名的工程师之一，被称为"莱茵河的驯化师"。1809 年，他提出了被称为"莱茵河整形"的水利规划。规划将莱茵河很多河段进行截弯取直，大幅度改造了洪泛区，迁移了超过 2000 座岛屿，这是当时最大的工程[2]。这一时期的自然河流被强行约束在堤坝之间从而发挥最大限度的功用，对河流自身的动力机制产生了长久的副作用：河道的直线化和与滞水区的隔离令水速加快，水体对水岸和河床的侵蚀作用显著加强，导致水深增加，而周边地区地下水位随之降低，进一步加剧了中下游洪水的威胁；相应建立的更稳定的防洪堤坝系统隔离了河道的景观；水坝、瀑布以及运河化的河道断面弱化了生态渗透作用，阻碍了大部分水生动植物的繁衍生息。尽管在城市中全面彻底恢复河流的自然属性既不可行也无意义，但是过去的教训表明对自然河流的人为约束和改造必然是有限度的。

1. 杨春侠 . 城市跨河形态与设计 [M]. 南京：东南大学出版社，2006: 49.

2. PROMINSKI M, STOKMAN A, ZELLER S, et al. River. Space. Design: planning strategies, methods and projects for urban rivers[M]. Switzerland: Birkhauser, 2012: 29–30.

1. 段进，季松，王海宁 . 城镇空间解析：太湖流域古镇空间结构与形态 [M]. 北京：中国建筑工业出版社，2002.

3）空间形态范式的引导

城市与内河的形态发展建设，主要存在两种方式，即自发生成和规划建设，两者贯穿城市与内河的形态发展全过程，交替出现或兼而有之。这两种建设方式都受到与特定社会背景相适应的价值诉求的深刻影响，也受到自然地理条件和科学技术水平的制约。在具体的建设过程中，往往还会接受来自地方建造规则、规划设计理论、传统文化观念等转化的形态范式的引导。

密集水网与有机模式

在密集河网地区生成的有机网络，通常会在某种建造模式指导下形成与河网彼此交融的肌理特征。无论这种具体的形态模式是完全自发生成的，还有带有规划痕迹，它总是体现着被当地社会普遍认可的内在秩序，一般与当地居民的生活习俗、地方性的建造法律以及普遍性的宗教法规相关。在同一地区，水系以相似和持久的方式作用于道路和街区的组织模式、地块的划分以及建筑在地块内的布局，以及建筑内部的空间组织。

例如，威尼斯是在中世纪自发更新形成的，而中国太湖流域的很多城镇则是基于一种“定式”组织而成[1]（图 2-21、图 2-22），两者的微观形态要素都是独特的，但形态结构却比较接近，这是因为两者的生成机制具有一些相似性——以水系作为骨架，以当地社会的内在秩序作为建设的标准，自下而上地编织整体结构。在水系推动城镇形态生成与发展的同时，水系自身的脉络特征也得到了强化。

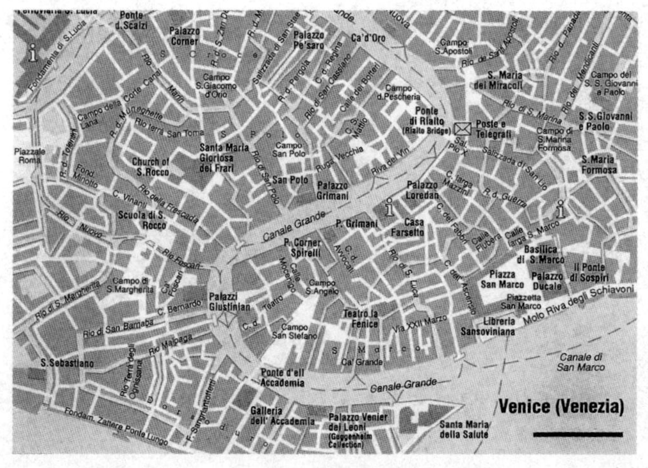

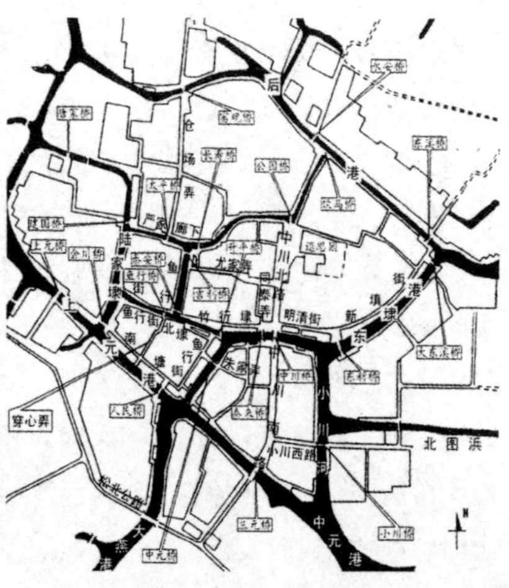

图 2-21　威尼斯城市局部平面（左）

图 2-22　同里镇总平面（右）

港口城市与运河街模式

对于在运输方面有着天然优势的河网地区，也存在一些由规划设计赋予的形态模式。这种城河形态关系上的明确秩序来源于某种关于理想城市的理论，而不是像大多数有机网络那样，在潜在的社会秩序中经历漫长的时期逐步更新而成。

1600 年，荷兰的城市理论家西蒙 · 施特温（Simon Stevin）提出了港口城市的理想模式（图 2–23）[1]。他认为港口城市得以繁荣的关键在于它们拥有滨河地带，而运河显然是延伸港口优势的最佳办法。所以施特温采取了一种以运河街为结构骨架，兼顾防卫和延展的网格。几条相互贯穿的运河街在长方向横穿城市，并持续延伸到城外。这样，网格可以在城市新吸收的土地上进一步发展，郊区也能够理性地与核心城市相结合[2]。这个以运河街为形态骨架的理想模式影响了博尔瑟勒 (Borssele)、威廉斯塔德（Willemstad）等荷兰很多城市的规划建设，其中的运河宽度多在 20 米左右。有意思的是，形态范式只有在相似的价值目标下才会被采纳。荷兰的实践影响了丹麦和瑞典，但在斯德哥尔摩的重新规划当中，运河系统被刻意地从网格中去除，因为运河使人联想到荷兰的商业主义，而与皇家首都的形象极不相称[3]。

1.FEDDES F. A millennium of Amsterdam: spatial history of a marvellous city[M]. Bussum: Thoth Publishers, 2012: 97.

2.HOOIMEIJER F, MEYER H, NIENHUIS A. Atlas of dutch water cities[M]. Seoul: SUN Publ., 2009: 26–27.

3.KOSTOF S. The city shaped : urban patterns and meanings through history[M]. Boston: Little, Brown and Co., 1991.

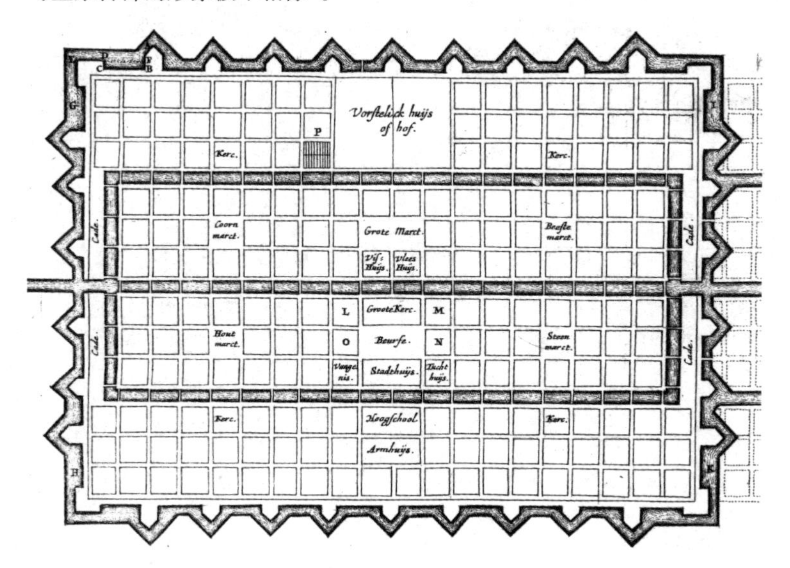

图 2–23　港口城市的理想模式

河流水湾与建设选址原则

在相当长的历史时期内，河床的变化与迁移过程在受周边地形地质的影响的同时，也对其流域范围内的整体地形产生着塑形作用。在农耕时代，行市或聚落在选址上利用了这种由水体的自然动力形成的位移规律。但因为各地区河流自身性质以及地方文化的差异，也产生了不同的选址策略。例如在中国古代的城镇和乡村，水害促使人们总结出了许多合理选址和建筑以防御水患的措施，如在河流弯曲成弓形的内侧选址建设，使基地为水流三面环绕。这种形势被称为“金带环抱”，在风水学中又被称为“冠带水”“眠弓水”，是风水水形中的大吉形势，所以从皇家（如故宫中的金水河、颐和园万寿山前的冠带泊岸）到庙学前的泮池，再到民宅前的半月形风水池均由此衍出[1]（图 2-24）。

1. 汪霞 . 城市理水：水域空间景观规划与建设 [M]. 郑州：郑州大学出版社，2009. 19.

2. 法雷尔 . 伦敦城市构型形成与发展 [M]. 杨至德，杨军，魏彤春，译 . 武汉：华中科技大学出版社，2010: 22-24.

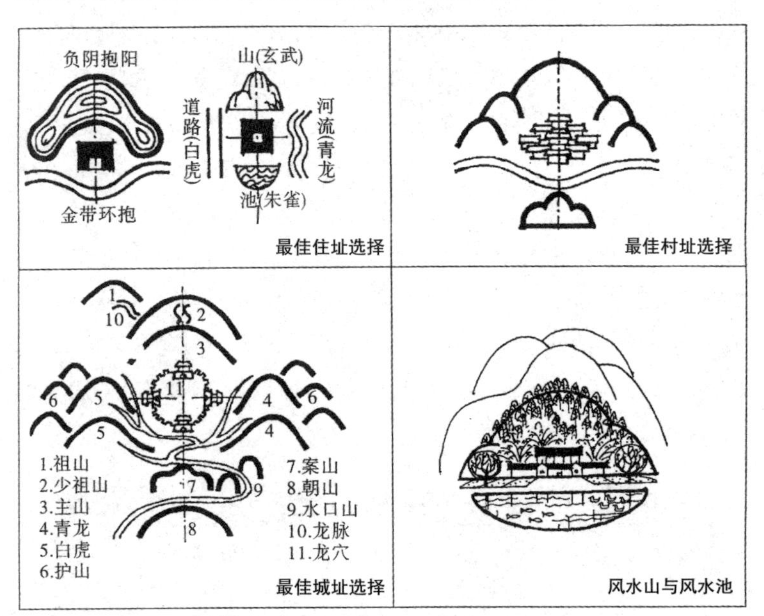

图 2-24　中国传统风水学中的择水

与之不同的是，泰晤士河两岸早期的居民则选择在水湾外侧的浅滩地带定居。在上泰晤士河的乡村地带，今天仍可以看到如图 2-25 与图 2-26 所示的分布规律：汉普顿、泰晤士迪顿、肯辛顿、特丁顿、特威肯汉姆等城镇和乡村位于河湾外侧冲击而成的肥沃的低洼地，而河湾内侧的突出部分则是一系列开放空间，如赫斯特 · 布什公园、汉普顿宫公园、皮特汉姆公园、汉姆兰兹公园等[2]。

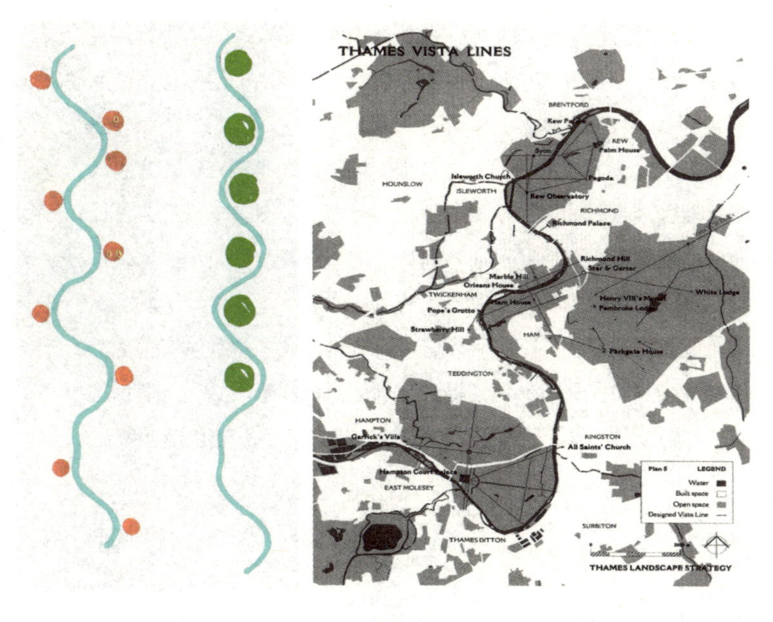

图 2-25　泰晤士河沿岸公园和村庄的分布规律（河湾内侧为开放空间，外侧为村镇）（左）

图 2-26　1994 年泰晤士河景观规划中的开放空间系统（右）

2.3　本章小结

本章一方面根据形态分析的基本目标取向，梳理城市形态学领域中与之相适应的具体理论方法，为南京老城内河与城市形态的关联性研究提供基本的思路；另一方面针对城市内河这一特殊的形态要素，归纳时空维度下需要关注的具体内容，并讨论其背后的动因主要集中于哪些方面。这两方面研究的综合将构成本书针对南京内河滨河地段形态解读的基本框架（图 2-27）。

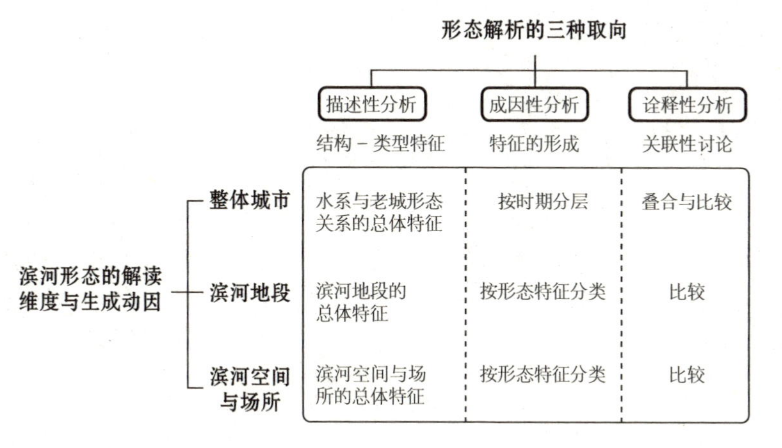

图 2-27　南京老城内河水系与物质空间形态关联性解析的基本框架

滨河形态的解析需要在空间和时间两个相互关联的维度下观察形态特征，并解释形态形成背后的动因。对南京老城的研究将以尺度层级为主要线索，分为整体城市、滨河地段、滨河空间与场所三个尺度层级，首先关注水系与相关的形态要素构成的结构与类型特征；其次随着时间的转换观察不同的形态结构与类型如何形成、变迁与延续，并探索其背后的动因；最后，通过不同时间切片的叠合或不同类型的比较，讨论水系在这一层级内与其他形态要素的关联方式。上述过程实质上是沿着由描述性分析到成因性分析再到诠释性分析的路径，从对形态现象的客观呈现，到对形态背后的成因揭示，继而对滨河形态的生成逻辑进行诠释理解。城市形态学中既有的理论方法对研究给予了相应的支持。

第三章　南京老城内河水系与老城形态的交互与演化

南京作为中国著名古都，有着近 2500 年建城史和约 450 年建都史[1]。从城市形态的角度上看，南京是典型的层叠型历史城市。从东吴建业、六朝建康、南唐江宁府城、明初应天府城直到民国南京，城市的建设范围总体上呈现出由西向东、由南向北的拓展过程，但主要建设集中在老城范围之内，使老城形态上显示出清晰的层叠与错位关系[2]。因此，当我们试图去解读像老城内河水系与老城整体形态的交互关系时，沿着时间的线索进行形态分层并探求相应的成因，继而将各层信息叠合以呈现演变中的规律，势必会成为有效的手段。

1. 南京市地方志编纂委员会 . 南京城市规划志 [M]. 南京：江苏人民出版社，2008: 407. 从公元前 473 年越国在长干里筑"越城"起，南京已有近 2500 年的建城史。自东吴起，东晋及南朝的宋、齐、梁、陈，南唐、明、太平天国和中华民国在此建都，南京约有 450 年的建都史。

2. 陈薇 . 历史城市保护方法二探：让地层说话：以扬州城址的保护范围和特色保护策略为例 [J]. 建筑师，2013（4）: 66−74.

本章研究将在相对宏观的视野下进行。首先，描述和呈现南京城市现状水系与城市构成的格局特征，以及水系自身的结构特征；其次，梳理南京水系与城市形态关系的演化过程，在特定的社会背景下观察水系对城市的形态作用；最后，通过形态的叠合与比较，揭示内河所蕴含的形态价值（图 3−1）。

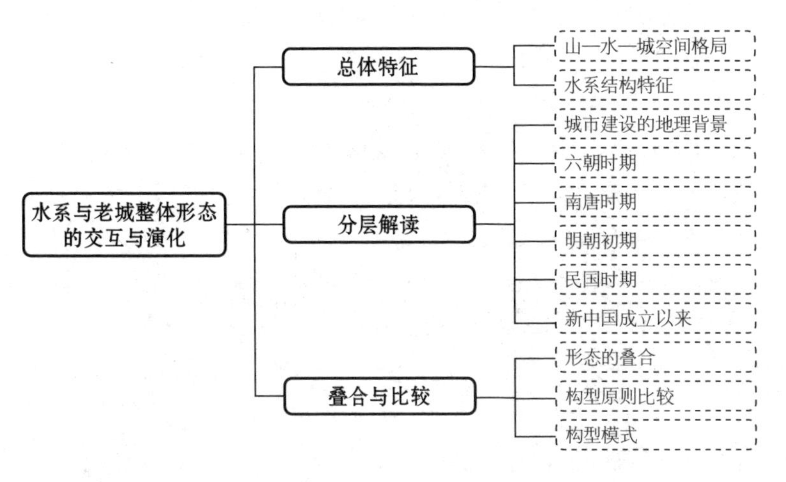

图 3−1　水系与老城整体形态的交互与演化的研究思路

3.1 水系与老城形态的总体特征

水系是城市形态中的结构性要素，本节一方面讨论这一要素与山体和城市建设区三者之间建立的空间结构关系，另一方面讨论水系自身的地理结构特征。这两方面的讨论都将跃出老城的空间范围，以更加宏观和整体的视角进行观察。

3.1.1 南京山—水—城空间格局

古代南京依托自然山水和地形地貌创造了中国历史上为数不多的非对称的应顺自然的都城整体格局。从南京城市建设区域的发展演化过程上看，一直到 1970 年代，南京城建设开发的范围仍主要集中在明城墙以内。而在此之后的三十余年中，城市发展突飞猛进，其主要建设范围不断拓展和调整。目前南京市域范围大约为 6582 平方千米[1]，这与老城约 40 平方千米的范围形成了剧烈的尺度差距。可以认为，南京城市整体的山—水—城格局早已突破古代历次建都时期所依附的山水框架，形成了更为宏大的空间格局特征。

1）南京总体山—水—城格局：三个圈层，两级绿楔

南京城市的建设发展总体上以老城为核心，并以主城、中心城区、都市区渐次扩张，具有明显的圈层结构。与之对应，东南大学王建国教授于 2009 年主持完成的“南京城市总体规划专题研究之一・南京总体城市设计专题”中将当代南京城市开敞空间的宏观格局定义为“三个圈层”和“两级绿楔”。其中，三个圈层为由东平山、老山、牛首—祖堂山、青龙山等形成的外围郊野山水环，由紫金山、雨花台—菊花台、幕府山、秦淮河等形成的环主城山水环，由明城墙、护城河、玄武湖、白鹭洲等形成的明城墙山水环。绿楔中的一级绿楔由连续密集的大型绿色斑块构成，体量较大，并联系三个圈层；二级绿楔体量较小，呈楔形方式渗透，楔入城区内部，在局部联系各个圈层，是楔入城市集中建设地区的绿地（图 3–2）。规划建议山—水—城格局按照圈层辐射的模式进一步发展，由内至外为明城墙山水圈层、环主城山水圈层、外围郊野山水圈层，开敞性、生态开放性逐层增加，渗透发展，以重要城市绿楔串联整合。

随着南京城市范围不断拓展，以秦淮河、玄武湖、钟山为代表的位

1. 参见《南京市城市总体规划（2011—2020 年）》.

于内层的小型山水格局和以长江、老山、牛首山、青龙山等为代表的位于外层的大型山水格局逐渐形成（图 3-3）。

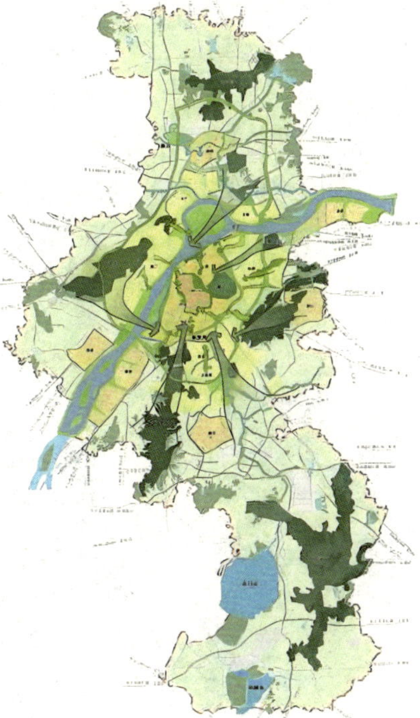

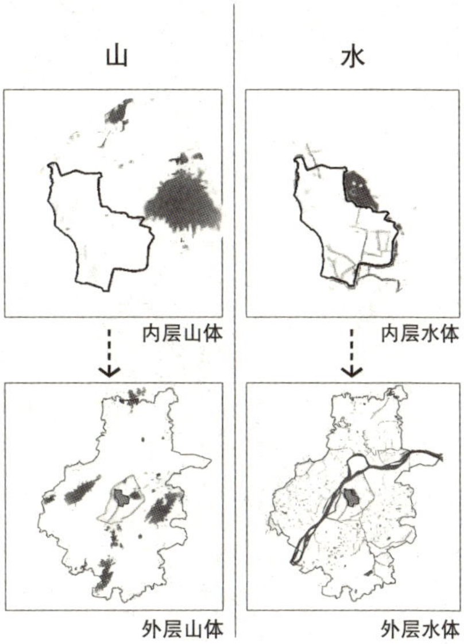

图 3-2　南京市域范围山—水—城格局（左）

图 3-3　不同空间范围内的山水要素（右）

山　水

内层山体　内层水体

外层山体　外层水体

2）老城山—水—城格局：两重山水环护，古都环套并置

南京老城作为历代建都的核心区域，有着“襟江带湖、山水相依、龙盘虎踞”的地理形胜，古代南京城市的建设和发展则在其中留下了“环套并置”的历代都城城郭、历史轴线、街巷格局和历史风貌[1]。而城郭的几何特征、轴线的定位、街巷的走势以及风貌的区域特征都与山水有着密切的关系，山水与城市构成了紧相依存的空间格局（图 3-4）。

从地理特征上看，南京老城坐落在长江南岸秦淮河与长江共同作用形成的高河漫滩地上，对于老城而言最主要的地理结构是：3 组来自江南宁镇山脉的低山丘陵；2 条河流，南部秦淮河与北部金川河；3 个湖泊，为玄武湖、莫愁湖和燕雀湖。南京从其诞生到后来城市几次大的变化都是依据这个自然地理系统而构思规划的[2]。自镇江逶迤而来的江南宁镇山脉在南京市区东侧分成 3 支：北支龙潭山、栖霞山、幕府山、狮子山沿江而立，这系列山岭位于古南京外围郊区，古代在这系列山岭多处建有战略城堡，有“白石垒”“幕府”“石头城”等，其中最著名的军事要塞

1. 参见《南京历史文化名城保护规划（2010—2020）》.

2. 姚亦锋 . 从南京城市地理格局研究古都风貌规划 [J]. 人文地理，2007（3）: 92-97.

是石头城；中支钟山盘踞于市区东郊，其余脉富贵山、九华山、鸡笼山、鼓楼岗、五台山、清凉山等一直深入市区中心，这个第二道系列山岭呈半圆形拱卫，古代顺应这系列山岭建设城墙、寺庙、山庄、园林等，这个第二道系列山岭之中形成小型盆地[1]；南支汤山、青龙山、牛首山、祖堂山和云台山环绕着市区南郊，牛首山有自然双峰凸起，位于城郭中轴线南端，东晋时期被宰相王导指定为城市“天阙”。低山、丘陵两侧的山前坡麓大都延伸着海拔 10~50 米的冈地，波状起伏，顶部相对平坦[2]。

1. 姚亦锋 . 从南京城市地理格局研究古都风貌规划 [J]. 人文地理，2007（3）: 92−97.

2. 南京市地方志编纂委员会 . 南京城市规划志 [M]. 南京：江苏人民出版社，2008: 12.

3. 南京市地方志编纂委员会 . 南京城市规划志 [M]. 南京：江苏人民出版社，2008: 13.

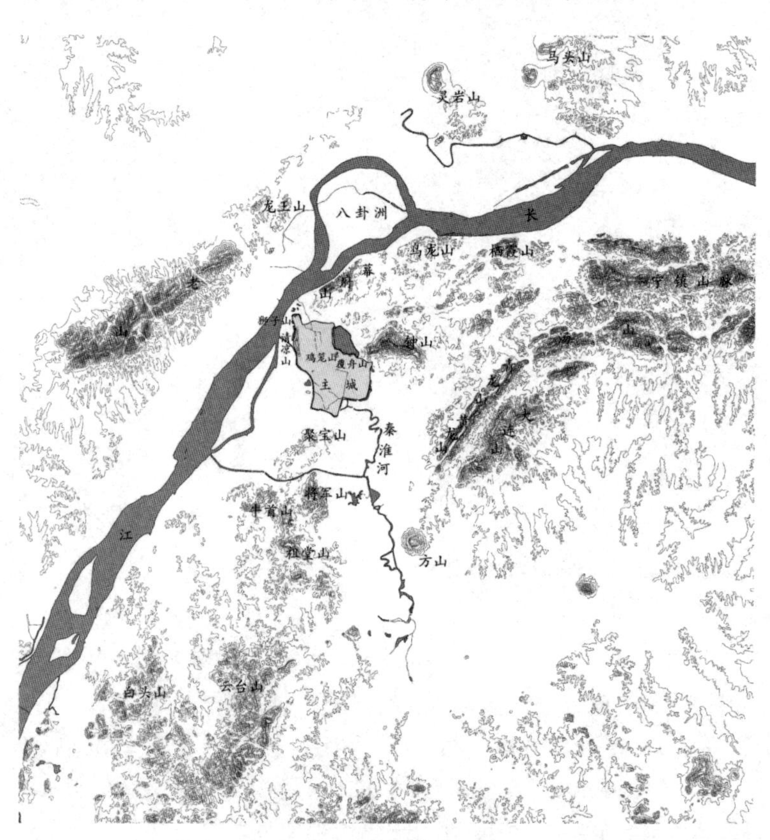

图 3-4 南京城市山水格局

以中支山脉为分水岭，秦淮河、金川河南北 2 片冲积形成的河谷平原海拔一般在 10 米上下。新石器时代原始居民村落遗址也分布在这两河的沿岸。秦淮河河谷平原位于秦淮河及其支流沿岸两侧，上游平原狭窄；中游自江宁湖熟至周岗、禄口一线向北，经东山镇到光华门南，平原宽展，两侧地势渐高，与黄土岗地连接；下游受南京城墙等人为因素的控制，其中城内水西门、浮桥、逸仙桥、瑞金新村、通济门一线以南，属秦淮河河谷平原。金川河河谷平原位于鼓楼以北金川河沿岸，南界大致为大方巷、萨家湾、兴中门一线，北界在许府巷、紫竹林、四平路一线。平原范围狭小，为古秦淮河平原的组成部分[3]。

老城的山水地理特征是其成为古都的外在条件，这一条件与中国其他古都相比，除具有背山面水等都城选址方面的内在相似性之外，同时也存在一些特殊性。在著名的四大古都中，西安、洛阳和北京都位于北方黄河流域，其周围多有高山峻岭，城市建于海拔较高的平原之上，而南京则位于南方的长江流域的低山丘陵区，城市建在海拔较低的丘陵岗地上。这样的总体地理形势，在古代有着“钟山龙蟠，石头虎踞”的鲜明特征，因而多次成为“帝王之宅”。但是，随着近现代南京城市的发展，城市中的低山丘陵和并不宽大的河网与现代城市的其他元素相比在尺度上和形体上都没有优势，逐渐隐没在城市的道路与高楼之中。尤其是城市内河水系，伴随着城市设施的发展，原有的功用消退的同时，甚至成为污染物的载体。确切地说，曾经造就南京城的山和水几乎被现代城市建筑的崛起所淹没[1]。

1. 丁沃沃 . 南京城市特色构成及表达策略研究 [R]. 南京：南京大学建筑研究所，2004.

2. 南京市地方志编纂委员会 . 南京市志丛书 · 自然地理志 [M]. 南京：南京出版社，1992: 220−221.

3. 杨新华，王宝林 . 南京山水城林 [M]. 南京：南京大学出版社，2007: 113.

3.1.2　水系结构特征

1）南京总体水系特征

南京市境内有长江、淮河、太湖三大水系，其中长江水系是主要水系。由于南京地处长江下游干流流域，江流平缓，海潮顶托，泥沙沉积作用显著，因此江中沙洲众多。长江自天门山到今狮子山一带，近乎南北流向，因而中原人士称这段长江以东的地区为“江东”“江左”（图 3-5）。

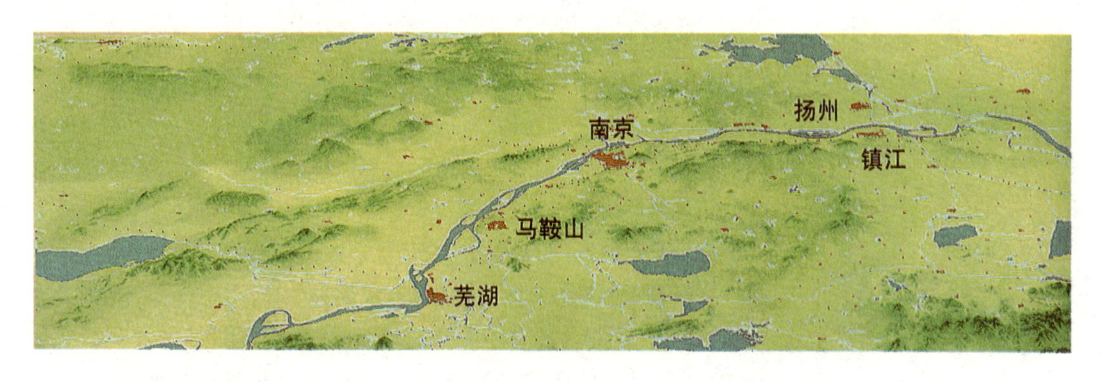

图 3−5　长江走势与南京位置

历史上长江河床摆动，古沙洲（白鹭洲）自南唐以后与市区相连成陆，即今之秦淮河西地区（简称“河西”）。南京市境内水系有沿江小流域水系、滁河水系、秦淮河水系、水阳江水系、淮河水系、太湖水系 6 条水系[2]（图 3-6、图 3-7），各水系流域面积之和占全市总面积的 95.45%[3]。老城以鼓楼岗等中支山脉为分水线，南部河系属于秦淮河水系，北部金川河水系属于沿江小流域水系。

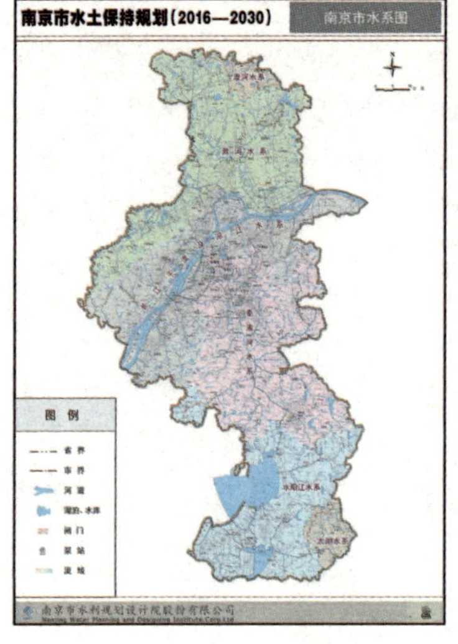

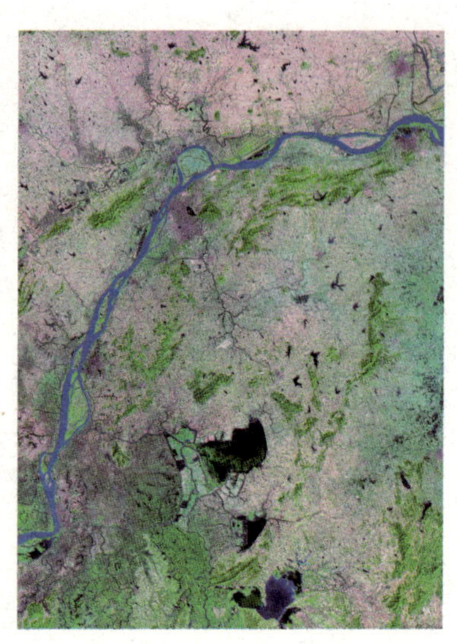

图 3-6 南京市水系图（左）

图 3-7 南京市水系航拍图(右）

秦淮河水系

秦淮河在晋至隋时称龙藏浦，又名淮水，唐以前未见“秦淮”之名。近现代考古、地质学者证实秦淮河是自然河流，而不是传说为秦始皇东巡至秣陵而下令“凿断长陇”以“泄金陵王气”的人工河道，但不排除前代曾对局部河段进行过开挖整治[1]。秦淮河位于长江下游南岸，淮水沿岸支津众多，诸水汇处，往往有城郭、乡邑和关津分布（图 3-8）[2]。秦淮河水系跨镇江、南京两市，流域总面积 2658 平方千米，除隶属镇江市的句容县外，覆盖南京市的 10 个区县。南京市境内的秦淮河水系河道由秦淮河干流、秦淮新河分洪道、12 条 1 级支流、9 条 2 级支流河道共同组成[3]。

秦淮河有两源，东源出自句容西北的宝华山和东南的茅山，南源出自溧水县东南的东庐山。出于两源的淮水至江宁区方山附近的西北村汇成一流，河床渐宽，水量增大，成为秦淮河干流，有云台山河、牛首山河及郊区的运粮河、紫金山沟等汇入。干流自绕城公路的七桥瓮进入南京市区，至武定门节制闸附近分为内外两支：一支从东水关进入城内称内秦淮河；一支绕明城垣向南、向西再向北作为护城河的一部分，称外秦淮河。两支在西水关汇合后流入长江。外秦淮是秦淮河下游主要的泄水通道，全长约 18 千米。秦淮新河是秦淮河下游用于解决泄洪、排涝和抗旱、通航等多种功能的人工河道。自 1975 年冬至 1980 年春，历时四年半开挖完成。秦淮新河开凿之后，根治了洪水灾害。

1. 南京市地方志编纂委员会 . 南京市志 [M]. 北京：方志出版社，2010.

2. 武廷海 . 六朝建康规画 [M]. 北京：清华大学出版社，2011: 63.

3. 南京市水务局 .《南京市水土保持规划（2016-2030 年）》（报批稿）

老城内的秦淮河水系也称内秦淮水系，指明代城墙以内鼓楼岗以南的各水道形成的网络（图 3-9）。内秦淮河水系分为南、中、东、北四段，并有珍珠河、清溪河、玉带河、香林寺沟、明御河等几条支流相互沟通，另有已经被填盖的进香河与九华山沟两条河道（表 3-1）。其中，南段为原秦淮河主流，系天然河，史称“十里秦淮”。水系全长 23.647 千米，汇水面积 24.27 平方千米。流域内地势东北高而西南低，因此河道在流向上多为自北向南、自东向西，是老城鼓楼岗以南地区雨水和污水排放总渠[1]。

1. 南京市地方志编纂委员会 . 南京市政建设志 [M]. 深圳：海天出版社，1994: 201.

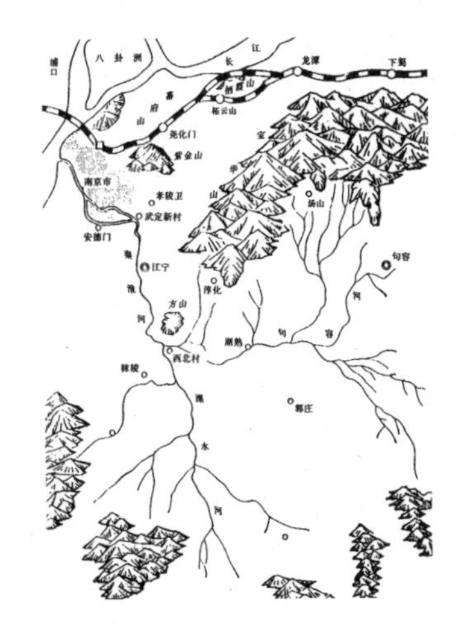

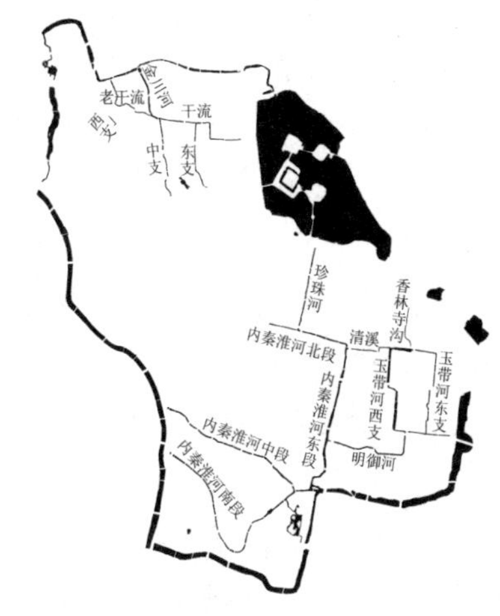

图 3-8 秦淮河流域示意图（左）

图 3-9 老城现状内河及名称（右）

表 3-1 老城秦淮河水系河道基本情况表

序号	河道名称	起止地点	河道长度 / 米
1	内秦淮河北段	中山路—竺桥	2048.0
2	内秦淮河东段	竺桥—东水关	2668.0
3	内秦淮河中段	张公桥—铁窗棂	3000.0
4	内秦淮河南段	东水关—西水关	4400.0
5	进香河（已填）	气象台—秦淮河北段	980.0
6	珍珠河	武庙闸—秦淮河北段	1463.0
7	清溪河	玉带河—秦淮河东段	875.0
8	香林寺沟	军区—玉带河	760.0
9	九华山沟（已填）	九华山—秦淮河北段	1710.0
10	玉带河西支	后宰门路—后标营路	2178.0
11	玉带河东支	后宰门路—后标营路	1930.0
12	明御河	铜芯管闸—秦淮河东段	2751.0

1. 南京市水务局.《南京市水土保持规划(2016—2030年)》(报批稿)

2. 杨新华, 王宝林. 南京山水城林 [M]. 南京：南京大学出版社，2007: 139−140.

3. 南京市地方志编纂委员会编纂. 南京市政建设志 [M]. 深圳：海天出版社，1994: 212.

金川河水系

金川河是长江南京段一级支流，位于南京老城西北部，因流经金川门而得名，向北流入长江。该水系主要包含金川河及其支流和惠民河，全长10.8千米，流域面积26平方千米[1]。惠民河已于2001年被改为惠民大道。

金川河有两源，一为鼓楼岗北麓，一为五台山和清凉山北麓，两源之水于今山西路附近相汇。清代以前清凉山一源位于今清凉寺后，如今已移至北京西路与宁海路交叉口的东南侧。目前的走向是沿宁海路东侧，经北京西路、大方巷、山西路、虹桥、三牌楼，在今南京邮电大学内与其东面的支流汇合，然后经福建路北面的原金川门水门出城，与护城河交汇，再北经建宁路、大桥南路，至宝塔桥入江。其东支通玄武湖，经玄武门北的大树根水闸沟通湖水，为明代玄武湖沟通长江的两个出口之一(另一为今和平门附近的护城河)[2]。

明代修都城始分金川河于内外，使其水面面积逐步缩小，但其位置与今河道无大出入。老城以内的金川河即内金川河，由金川河干流、东支、中支、西支和老干流构成(表3–2)，汇水面积18.3平方千米[3](图3–9)。

表3–2 老城金川河水系河道基本情况表

序号	名称	起止地点	河道长度/米
1	金川河干流	中央路涵西口—长江口	5748.0
2	金川河东支	丁家桥涵—干流	1229.0
3	金川河中支	宁海中学—老干流	2418.0
4	金川河西支	回龙桥—行政院门前	1141.0
5	金川河老干流	干流—西北护城河	1274.0

2)老城内河特征

目前南京主城区水系总体上是相互分隔的。从自然水系的变化上看，2000多年以来，随着长江水位上升，南京地区的河湖及地下水位出水受到顶托，加上来自秦淮河上游的泥沙也不断在河湖中沉积，形成淤塞；从人为防洪筑堤的影响上看，伴随水位的上升，特别是洪水位的上升，南京的防洪工程也不断完善。但是，江堤、河堤、内外秦淮河上的多道水闸以及湖堤都直接导致了河湖水系连通出现障碍。最终，南京主城区内形成了互相分隔的 7 河 4 湖水系，即外秦淮河、北护城河、西护城河、内秦淮河(水系)、金川河、河西新城区沟渠体系、南十里长沟以及玄武湖、莫愁湖、月牙湖、南湖等[1]。

从老城内河水面宽度特征上看，其上口线宽度可以分为 10 米以内、10~20 米和 20~50 米三类。其中以 10~20 米的河道宽度为主，约占总河系长度的 77%；宽度在 10 米以内的河道为杨吴城濠北段局部和香林寺沟，约占总河系长度的 5.6%；宽度在 20 米以上的河道分为四处：一处为城北金川河主干河道，一处在秦淮河北段和东段，一处为玉带河北段和西段，另有南唐运渎局部河段，总长约占总河系长度的 17.4%。现河面最宽处约为 56 米，属于玉带河北段，位于珠江路南侧与北安门街交会处；河面最窄处约为 4.5 米，属于香林寺沟的一段，位于香林寺路西侧。

3.2　水系与老城形态的分层解读

南京老城与其内河的空间关系是在漫长的历史时空中累加形成的。在城市开始营建之前，山形水势已经几经起伏，发生过剧烈的变迁，对城市选址和营建产生重要影响。在近 2500 年的城市建设历史中，老城形态的重要变迁主要发生在 4 个历史阶段[2]——六朝时期、南唐时期、明朝初期和民国时期，老城的内河也随之经历了较大的变迁。新中国成立后，尤其是 20 世纪 80 年代之后，城市建设突飞猛进，但就老城范围内看，老城形态与内河的总体形态关系延续了此前的基本格局。

3.2.1　城市建设的地理背景

在南京作为城市出现之前，长江、秦淮河与金川河都已有过重要的变化。这些变化的结果塑造了南京地区的地形特征，为东吴建业城的布局建设提供了有着明确起伏特征的基底条件和江河环境。在此后的城市建设发展中，尽管自然地理环境依然发生着缓慢的变化，城市也在对内部的地形地貌不断进行利用和改造，但南京城在营建时期所具备的很多地理特征一直延续至今。

1. 杨达源，徐永辉，和艳 . 南京主城区水系变迁研究 [J]. 人民长江，2007(11)：103－104+142.

2. 蒋赞初 . 南京史话 [M]. 南京：南京人民出版社，1984: 8−38.

1. 姚亦锋．南京城市水系变迁以及现代景观研究 [J]. 城市规划，2009,（11）: 39-43.

2. 杨怀仁，徐馨，杨达源，等．长江中下游环境变迁与地生态系统 [M]. 南京：河海大学出版社，1995.

3. 徐世芳，李博．地震学辞典 [M]. 北京：地震出版社，2000. 第四纪分为更新世和全新世两个阶段，从更新世结束，即从 10 000 年前至现在属全新世时期。它是更新世最后一次冰期消融后的时期，所以又称冰后期。最近国内外对全新世的下限有往下划的趋势，如 12 000 ～ 14 000 年间。

4. 武廷海．六朝建康规画 [M]. 北京：清华大学出版社，2011: 61.

1）长江

长江在南京城市的形成与发展过程中，扮演了极为重要的角色。一方面，长江及其支流的侵蚀作用是塑造南京地理形势的重要外动力；另一方面，长江作为天堑，在古时抵御北方民族南侵的过程中起到了决定性的作用。

史前时期，长江经常泛滥，形成南京地区河网纵横的支流，支流的下游与长江交汇处常常泥沙淤积，不适合定居，新石器时期的居民出现在长江支流的上游方向。原始居民选择秦淮河与金川河的中上游沿岸台地建立村寨，这些地段近水源，又不会被洪水淹没[1]。约距今约 6000 年前，气温达到冰后期最高值，比现在高 3～4℃，海平面上升也达到高峰，比现在高约 2 米，长江河口西退至今扬州、镇江一带，今南京所在地位于河口地段，因此这个河口海湾又被称作“南京湾”[2]（图 3-10）。

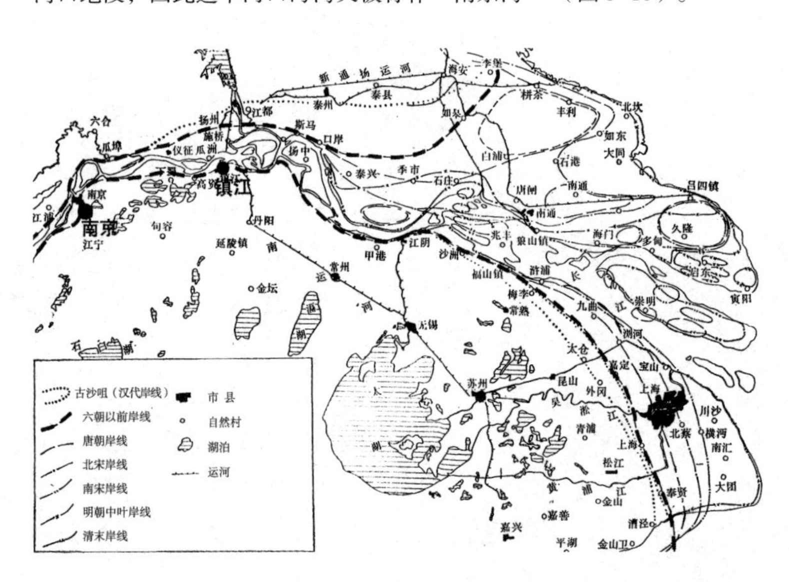

图 3-10 史前时期长江三角洲演变示意图

此时南京地区江面辽阔，波涛汹涌，两岸相距可达 15 千米，江水直抵两岸山丘岗地的坡麓。如今通过建立数字高程模型，可以复原全新世[3]高海面时洪水位时的淹没情景（图 3-11）。先秦以后，江中沙洲不断涌现、靠岸，江面逐渐缩狭。尽管如此，直到魏晋时期，今镇江、扬州一带仍距海不远，当时流行“北固望海，广陵观涛”，北固即今镇江北固山，广陵即今扬州[4]。

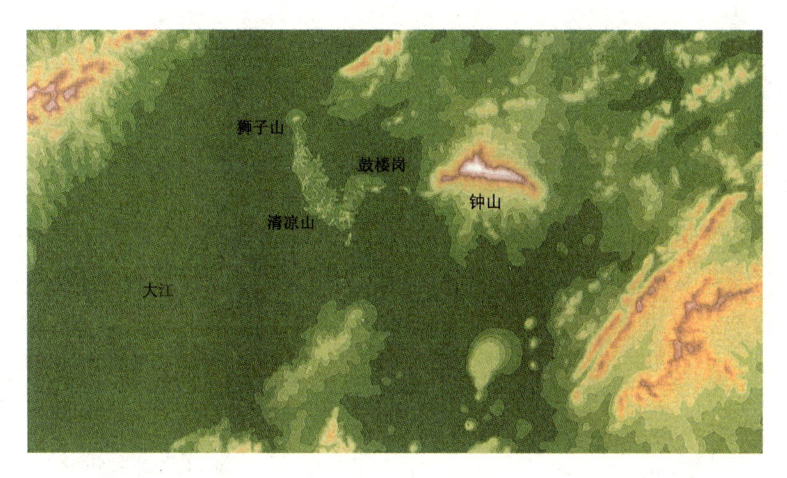

图 3-11　距今五六千年前洪水时期古南京地区山水格局模拟图

长江一直是古代南京城市北部最重要的防御天堑。南京作为历史古都出现，都是在历史发展的一些重要时期，尤其是历史转换、王朝更迭的国家政局动荡关头。古代，北方沙漠地带强悍的游牧民族南侵过程中，无法跨越浩瀚的长江，只能维持南北对峙的局势，而逃到江南的残余政权，得以保持汉族文明的延续。六朝时期，中国长期战乱分裂，都城建康偏安江左；五代十国时期，中国再次分裂，南唐依长江屏障定都金陵；明代在南京建立都城应天府，这是当时最安全、最先进的地区。南京历史的辉煌恰出现在中国历史的转折时期，这正是南京在中国名城古都中最独树一帜的地方，而长江在防御方面的重要作用正是其中的内在原因。

2）秦淮河

秦淮河与金川河是南京城市最重要的两条河流，不仅促进了南京地区聚落和城市的形成与发展，其地理变迁过程也对今天南京城市基底特征有直接的影响。

今天的秦淮河与金川河是被鼓楼岗分隔的两个水系，两者都与玄武湖相连。但如果追溯到史前时期，两河与玄武湖都在古秦淮河的流域范围之中。史前秦淮水入江的路径与今不同，在距今 35 000 年至 6000 年左右，淮水纵贯今南京城区南北，通过前述北极阁和九华山之间的天然缺口，流入近玄武湖所在地，后又折向西在狮子山北注入长江[1]。古河道宽度一般在 500～800 米，最宽处达 1300 米，最窄处在覆舟山和鸡笼山之间仅宽 300～400 米（图 3-12、图 3-13）。直到大约 3000 多年以前，由于海平面上升及南京附近长江水位的上升，导致这条古秦淮河因出水

1. 石尚群，潘凤英，缪本正．南京市区古河道初步研究 [J]. 南京师大学报（自然科学版），1990（3）：74-79.

不畅而渐趋淤塞。古河道与漫滩经过的区域，地势低洼，在民国时期是城内水塘密集的地区。新中国成立后，水塘逐渐被填充用作城市建设，但在1954年城市暴雨后淹水区分布图中，仍能看出原有的低洼区域。

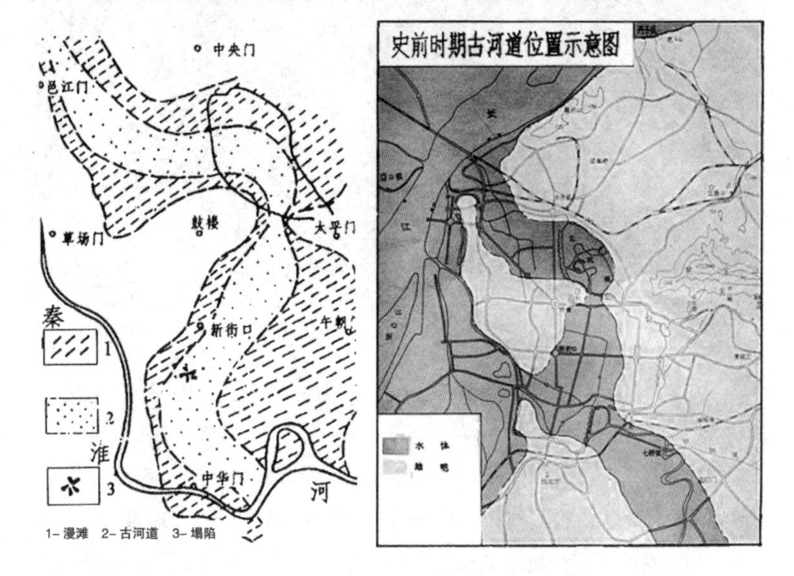

图 3-12 秦淮河古河床古河滩分布图（左）

图 3-13 史前时期古河道位置示意图（右）

秦汉时期的老秦淮河改在城南入江。东周元王四年（公元前472年），越国在中华门外筑城，北控秦淮河口，西临长江，南倚雨花台。也就是说在2000多年以前，古秦淮河可能在九华山附近已经淤塞，改为在雨花台附近入江，老秦淮河口泥沙淤积形成白鹭滩[1]。东晋时期沿玄武湖南岸修筑长堤，东自覆舟山，西至宣武城六里余，以壅北山之水，在此训练水军。至此，秦淮河与金川河已各自形成水系。当时的金川河相当开阔，畅通大江，秦淮河亦水势浩大，水面达九十步（约131米），有“小江”之称[2]。

总之，长江与古秦淮河经历了漫长的演化之后，在东吴选址建都之时为其提供了一个具有内外两重环护格局的地势条件：外层为大江及逆江诸山，即宁镇山脉向西延伸的北支。内层北有宁镇山脉中支作为连岗拱卫，这正是古人所认为的金陵王气所钟的“龙脉”，古人常用“龙蟠虎踞”来形容这一形胜特征；南有宁镇山脉南支形成的群山朝揖，中间又有秦淮河自东向西蜿蜒流过（图3–14）。

这样的地理格局堪称天然城郭，因此古人认为宜为“帝王之宅”。南宋周应和撰《景定建康志》卷十七《山川志序》称：“石头在其西，三山在其西南，两山可望而挹大江之水横其前；秦淮自东而来，出两山

1. 杨达源，徐永辉，和艳．南京主城区水系变迁研究[J]. 人民长江，2007（11）: 103–104+142.

2. 武廷海．六朝建康规画[M]. 北京：清华大学出版社，2011: 63.

之端而注于江，此盖建邺之门户也。覆舟山之南，聚宝山之北，中为宽平宏衍之区，包藏王气，以容众大，以宅壮丽，此建邺之堂奥也。自临沂山以至三山围绕于其左，直渎山以至石头，溯江而上，屏蔽于右，此建邺之城郭也。玄武湖注其北，秦淮水绕其南，青溪萦其东，大江环其西，此又建邺天然之池也。形势若此，帝王之宅宜哉。”

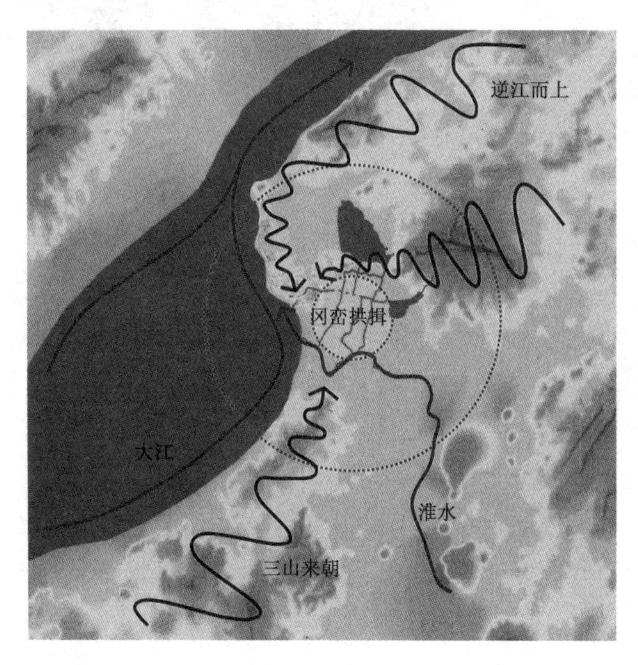

图 3–14　东关时期南京地区山水形势分析

3.2.2　六朝时期

1）总体背景

自公元 229 年至 589 年的 360 年间，南京经历了东吴、西晋、东晋、南朝等历史时期，并成为东吴、东晋及南朝之宋、齐、梁、陈六朝的都城，建都历史前后经历 324 年。在这一阶段中，南京古代建设规划经历了从初创到兴盛繁荣，南京成为江南地区重要的政治、经济、文化中心[1]。

由于六朝建康城池和宫室建筑遭到很大程度破坏，所存遗迹不多，因此对于六朝时期南京城市范围、水系、轴线、宫城等形态要素的准确定位，目前尚未定论。武廷海将目前与六朝建康复原相关的研究成果分为历史文化、城市考古和古建规划三类[2]。在历史文化一类中，近代以来以朱偰于 1936 所作建康都城图影响最为深远（图 3–15），后在 1949 年的南京古迹图中对六朝时期南京城市形态要素的位置做了调整(图 3–16)。

1. 南京市地方志编纂委员会 . 南京城市规划志 [M]. 南京：江苏人民出版社，2008: 35.

2. 武廷海 . 六朝建康规画 [M]. 北京：清华大学出版社，2011: 252–285.

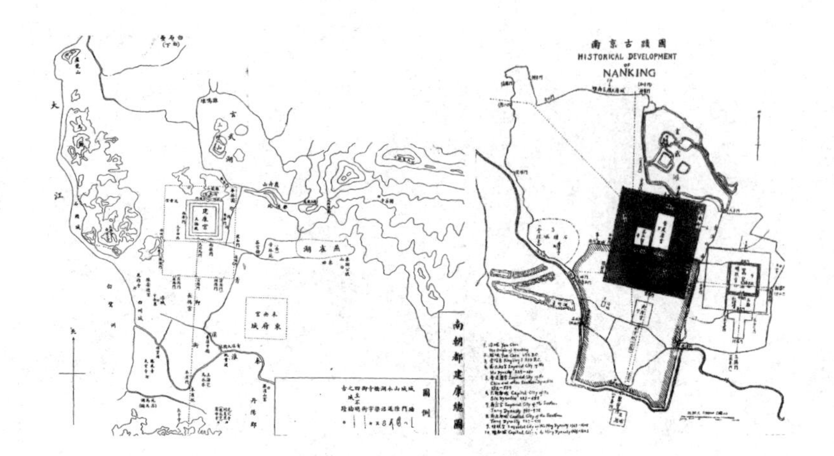

图 3-15 南朝都建康总图（左）

图 3-16 南京古迹图（右）

在城市考古一类中，近年来发现了六朝时期的一些重要建筑遗迹，如台城之四至及城内道路，贺云翱在《六朝瓦当与六朝都城》中认为六朝都城东、西、北面分别以青溪、运渎、潮沟为界，都城形态与水系形态一致，呈不规则状（图 3-17）。杨国庆、王志高在《南京城墙志》中从考古学上基本锁定台城位置（图 3-18）。

在古建规划一类中，古建史与城市规划史主要关注都城及宫殿建筑群的选址与布局,多以前两类文献为基本依据,以刘敦桢、郭湖生、傅熹年、潘谷西等为代表，其中郭湖生先生详细考察了台城位置与形制，提出不同于朱偰的新说，与近年考古发掘成果接近。

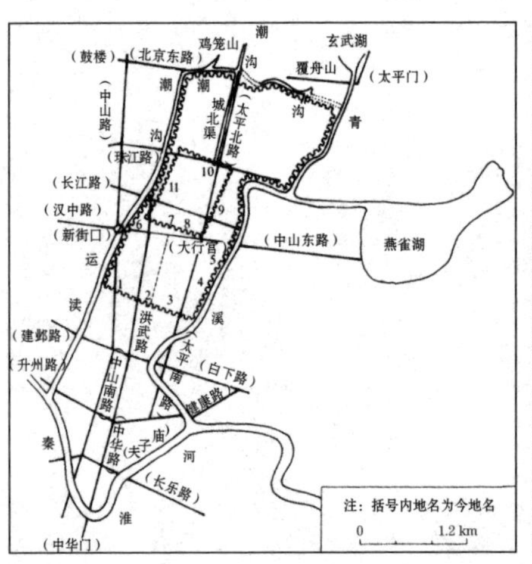

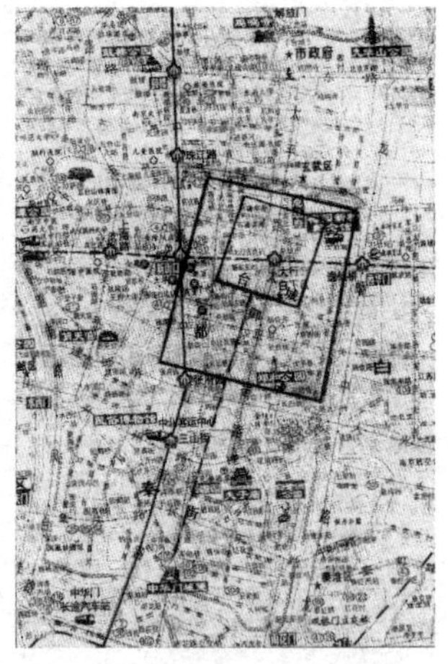

图 3-17 东晋建康城结构图（左）

图 3-18 南朝建康都城及台城位置示意图（右）

尽管六朝都城及其内部水系的具体位置仍需进一步的考据，但目前已有的研究中关于城市与水系的形态关系，已经形成了一些相同或相近的观点。

城市总体布局

在东吴建业时期，都城中主要有宫城、官署和仓城，相当于后世皇城，没有居住区，而商市和居住区则主要沿秦淮河两岸发展[1]。也就是说，东吴建业时期，以宫城为核心的“城”和以居民区和商市为主的“市”是相对分离的。东晋建康因袭建业苑城旧址建设“建康宫”（又称台城），同时以魏晋洛阳作为范本，形成了以建康宫城内外两重城垣为核心，以京师城垣、外郭城三重（或四重）城垣相套合的圈层式都城空间模式。因加造外郭城，城市功能区延续了建业城市南宫北的格局，北区为宫城区，南区为官署、住宅区。南朝建康都城，各代均有增筑，范围不变而求更加坚固完备。

水利建设

吴大帝黄龙元年（229 年）九月东吴定都建业后，逐步进行河道整修和水利设施建设。赤乌三年（240 年）十二月，开始凿运渎；赤乌四年（241 年）十一月，开始凿青溪（东渠）；在此期间，凿潮沟。即所谓“引江潮，接青溪，抵秦淮，西通运渎，北连后湖”[2]，令诸水相互贯通，构成都城的水网体系（图 3-19、图 3-20）。这一时期的水网系统在货物运输、军事防卫和水利灌溉等方面发挥了重要作用。东晋沿用吴都建业旧址，与建业时期形成了完善的运河网有很大的关系，这一点和苏州城历代建设中因建设运河网而稳定了城址有相似之处。

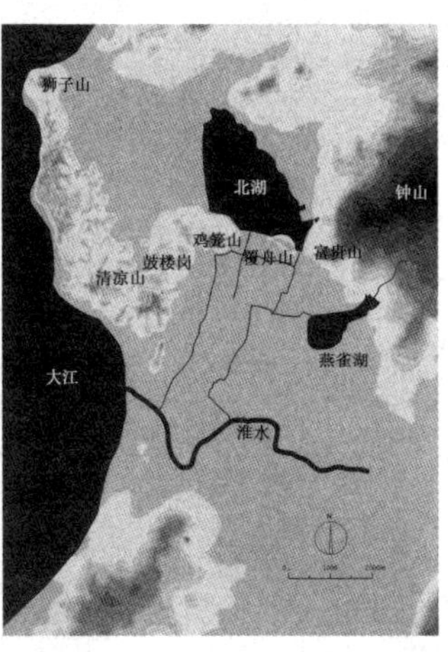

图 3-19 六朝时期南京古河道图（左）

图 3-20 六朝时期南京山水结构（右）

1. 薛冰 . 南京城市史 [M]. 南京：南京出版社，2008: 15.

2. 周应和 . 景定建康志・山川志三・沟渎 [M]//. 四库全书 . 上海：上海古籍出版社，1987: 87.

六朝时期的秦淮河，即今内秦淮河南段，也是后世所说的“十里秦淮”，但此时的秦淮河紧邻长江，宽度在百米以上[1]。为了防御江潮和淮水泛滥，以及利于军事防卫，“吴时夹淮立栅十余里，称栅塘”[2]，所谓“夹淮立栅”，即在沿淮水两岸，用木、石等修筑栅栏[3]。

1. 薛冰．南京城市史 [M]．南京：南京出版社，2008: 17.

2. 杨国庆，王志高．南京城墙志 [M]．南京：凤凰出版社，2007.

3. 武廷海．六朝建康规画 [M]．北京：清华大学出版社，2011: 81.

运渎是向宫中仓城运输物资的重要通道。为将秦淮河中的物资转运到苑仓，孙权诏开“运渎”以通运粮之船。当时运渎上“粮艘万斛，廓其有容”，水运繁忙。运渎关系宫室基本的生活所需，其河道主要是指淮水至仓城段，再北为潮沟，即明代“进香河”。青溪本是发源于钟山西南坡的自然河流，汇集钟山西南侧溪水，在今明故宫一带汇成燕雀湖。东吴都城西有长江，北有后湖，南有秦淮之险，唯东面为平地，无险可守。东吴凿东渠，成为都城东面的一道重要军事屏障，后来每有战事常置栅为固。由于运渎之水源于南部淮水，而地势则为南低北高，通向仓城之水常常难以为继，因此孙权在仓城以北开凿“潮沟”通后湖（今玄武湖），引江潮以济运渎。北通后湖的潮沟位于鸡笼、覆舟二山之间，呈南北向，大致为今珍珠河北段至武庙闸的河道，这里是古秦淮河通玄武湖的狭口。其南端接东西向潮沟，即东晋南朝都城的“城北堑”。南北向潮沟同时为宫城供水，自北向南流入宫内，为皇家游乐之用，呈代名为“珍珠河”（图 3-21、图 3-22）

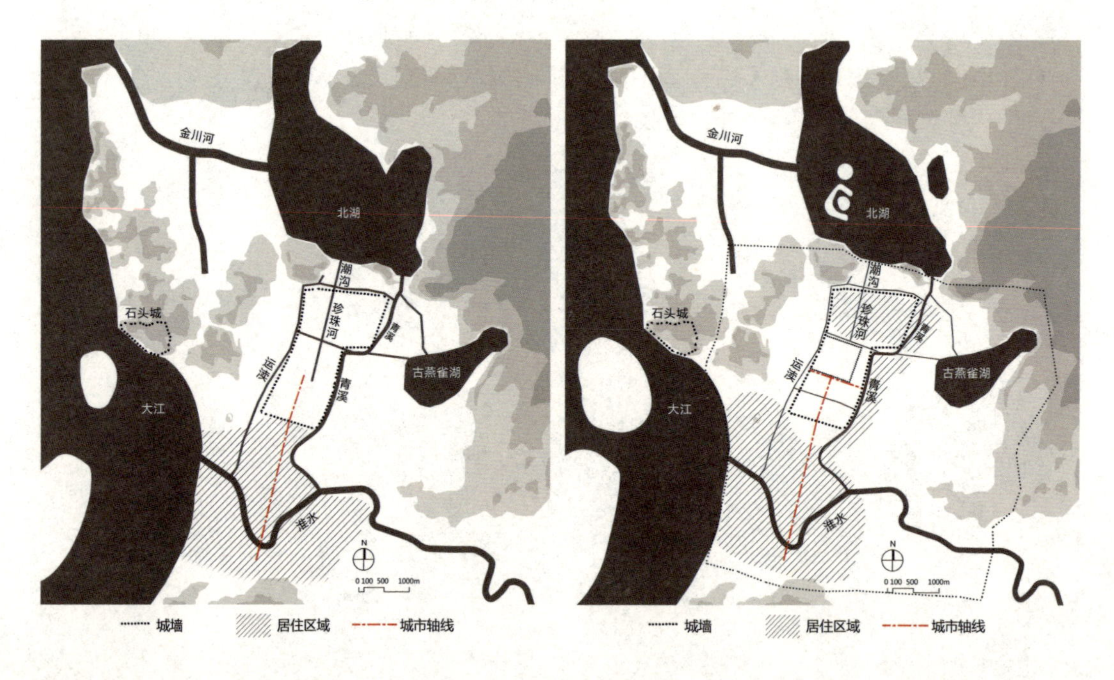

图 3-21 东吴都城与水网关系示意图（左）

图 3-22 东晋、南朝都城与水网关系示意图（右）

2）水系与城市整体形态的交互

水系作为“城”的边界：以堑为城

从建业城到建康城，在三重城垣中，最外一重的郭垣“以竹木材料建成，故称‘藩篱’，郭城门则称‘篱门’”。中间一重都城称城垣，直到齐建元二年（480 年）仍为竹篱，此后才改为夯土外包砖墙。最内一重的宫城城墙，则以夯土成城[1]。因此，都城主要是利用自然的山水地形作为屏障，特别是以水道为护城沟堑，处于淮水、青溪、运渎和潮沟四条水道环护的区域之内[2]，即所谓“以堑为城”。为了弥补以水系作为主要防卫手段的不足，在宫城周边的险要位置，尤其是作为边界的水系沿岸，逐渐兴建了一些卫星城邑作为两重山水之外的第三重防卫体系。如石头城凭江而设，控扼江险；西州城地处秦淮大路与西州路交会之处，扼守运渎；东府城西倚青溪，南临秦淮，扼守秦淮大路。

水系作为“市”的中心

围绕秦淮河展开的居住区在东吴时期之前就已有发展，此时这片区域仍与都城相对分离，居于南侧。都城建立后，自安徽、江西有十余万户东渡，其中有一大部分定居长干里一带。居住区分权贵与一般居民聚居处，秦淮河南岸之横塘、查下、长干一带为建业之主要居住区。东吴豪门贵族如虞、魏、顾、陆等大族，以及其他重臣权贵都居住于这一带，城东青溪沿岸也是权贵聚居处，一般居民的闾里多散布城外。至东晋和南朝时期，官僚宅邸由秦淮南岸逐渐向御道以东，沿青溪向北发展，直至鸡笼山附近。在《景定建康志》的《青溪图》（图 3-23）中可见当时的青溪莲花盛开，两岸多为权贵聚居之所。普通居民区在御道以西，自石头城沿江一带顺秦淮河向东南发展[3]。

在东吴时期，商市主要集中在秦淮河沿岸，如大市、东市等。此外，城郊交通要道尚有“会市”，如破岗渎的上下十四埭，既“通会市”，又“作邸阁”[4]。东晋时经济发展，人口剧增，商业地区向淮水两岸和青溪两岸扩延，有小市 10 余所。南朝建康城的商业更加繁荣，秦淮河两岸商市密集，有大小市集 100 多个，有些商品集中形成专业市，市郊还有非官立的集市。

1. 杨国庆，王志高 . 南京城墙志 [M]. 南京：凤凰出版社，2007: 9–11.

2. 武廷海 . 六朝建康规画 [M]. 北京：清华大学出版社，2011: 119.

3. 薛冰 . 南京城市史 [M]. 南京：南京出版社，2008: 35.

4. 南京市地方志编纂委员会 . 南京城市规划志 [M]. 南京：江苏人民出版社，2008: 42.

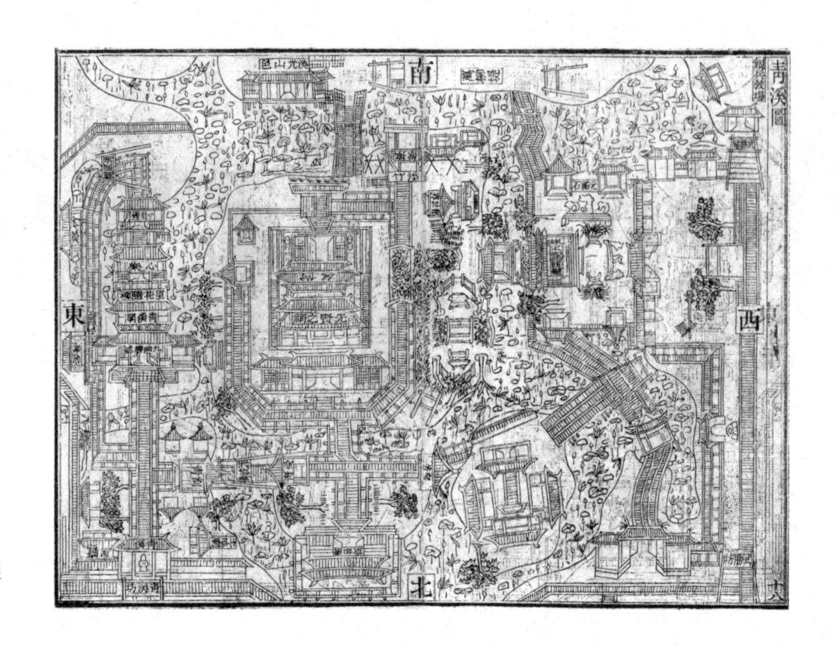

图 3-23 《青溪图》中青溪莲花盛开

水系作为交通骨架

这一时期的水系网络是城市重要的交通骨架。在城市对外交通中，开河渠以利航运和水利灌溉，其中最著名的是赤乌八年（245 年）开凿的“破岗渎”运河，以此沟通秦淮河与太湖水系，使富庶的三吴地区（会稽、吴郡、吴兴）物资能通达都城。在城市内部交通中，淮水、运渎是最重要的交通干线，前者服务于商市和居民区，后者主要为宫廷运输物资。青溪和潮沟也承载了部分交通运输的作用，如官僚贵戚自建业都城到秦淮河南岸的住宅，多是乘船沿青溪入秦淮河的。

水系作为轴线定位元素：北对北湖，南对淮水河湾

东吴时期形成的城市南北向主轴线，连接了宫城和沿淮水的居住区。东晋时期，这一轴线进一步向南延伸至牛首山双峰之间，而在其北端于后湖筑堤壅水，形成了北对北湖，南对淮水河湾，并以牛首山为天阙的雄壮浪漫的城市轴线。

对于这条历史轴线的具体定位，目前主要存在两种看法。一种以朱偰为代表，认为该轴线与南唐城市中轴线大致相合，约为南偏西 14 度；另一种是基于近年的考古发现形成的观点，以卢海明、王志高、武廷海等人为代表，提出该轴线较南唐轴线更向西偏转，约为南偏西 25 度（图

3-24）。但总体上看，六朝时期的城市主轴线以山水为定位要素，并以淮水水湾为定位点，这一点是明确的。

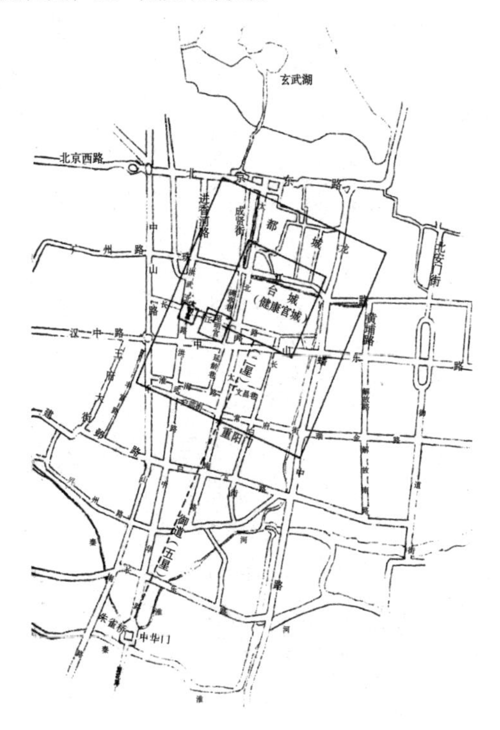

图 3-24　六朝时期建康轴线位置示意图

水系作为景观资源

在园林建设中，建业城的皇家游乐苑囿区在宫城东北，覆舟山麓、玄武湖畔。南朝时期园林建设大为发展，其中皇家苑囿主要分布于玄武湖畔、青溪及秦淮河沿岸及钟山之麓。其中潮沟向宫城内部延伸的部分在向六朝宫城供水的同时也作皇家游乐之用。在文教建筑的建设中，东晋时立太学于秦淮水南岸，在今东水关一带，此后南朝四代都重视教学、文化事业。在寺庙的建设中，吴都建业曾在秦淮南岸建有建初寺，这应是建康建立佛寺之始。东晋时，佛教有所发展，而都城建康成了中国中古时代江南佛教最兴盛的地方。由于寺庙多伴随居民区而建设，而六朝时期的居民区多沿水而建，因此而佛教寺庙多出现在秦淮河、运渎、青溪等城内外两岸及山峦之中。

3）生成机制讨论

总体价值取向　中国古代都城的政治性要远远大于经济性，这决定了河流水系对于六朝时期的南京而言，最根本的是政治和军事意义。因此，以“水军立国”的孙吴选择在南京地区建都，首要原因是看中了宫城可以建在两重山水的自然形势中，背依连岗，面前开阔，利于防卫，而“小江”（秦淮河）又可以“安大船”“理水军”。其次是因为秦淮河向东南可连接著名产粮区“胡孰”（今江宁湖熟镇），接近粮仓。

科学技术发展水平的影响 六朝时期城市经济技术发展的水平，决定了河流水系具有高度复合的功能。从城市防御手段上看，六朝时期处在冷兵器时代中期[1]，在城池修筑上“重台城（宫城）而轻外郭”，都城城垣直到齐建元二年（480年）仍为竹篱[2]，其防御实际上更多地依赖淮水、青溪、运渎和潮沟等水系。从城市交通运输方式上看，六朝时期的造船技术已经足以支持城市内部、城市之间，甚至跨国界的交通运输[3]。而此时的桥梁建造也具有很高的水平，孙吴时的淮水宽逾百米，而朱雀桥长约140米[4]，东吴时期的造桥技术可见一斑。在该桥损毁之后则采用浮航[5]。从城市防洪排水的技术上看，在整个六朝时期，建康城仍属于河口地区，长江经常出现潮涌、涛变现象。为了防御江潮和淮水泛滥，同时利于军事防卫，“吴时夹淮立栅十余里，称栅塘”[6]，所谓“夹淮立栅”，即在沿淮水两岸，用木、石等修筑栅栏[7]。这样的防洪措施显然是薄弱的，导致江水和淮水常常“漂杀缘淮居民”“毁大桁”等，对城市安全造成巨大的威胁[8]。从生活和生产供水的方式上看，六朝时期居民生活和农业生产的水源主要还是来自江河，这也是自秦汉以来，沿秦淮河两岸人烟密集的重要原因。但也因为当时防洪技术的不足，这一时期秦淮河两岸居民区域，恐怕不会像今天一样夹岸建设，居民在利用秦淮河的同时也必须与之保持适当的距离。

营建策略的指引 六朝时期“城”“市”分离的基本格局，使得河流水系以不同的方式分别参与了两个部分的形态构型。对于北部的都城而言，其选址和营建方式结合了以《周礼·考工记》的《匠人》为代表的营国制度和以《管子》为代表的因地制宜的思想，同时融入中国古代“天人合一”“天人感应”的自然观。对于使都城的选址和布局比较符合上述建城思想中的理想形态，秦淮河起到了关键作用。其水湾形态一方面确定了都城的南界，另一方面为都城主轴线确定了南部端点，影响了城市的整体空间格局（图3-25）。至东晋时期将这一轴线自秦淮水湾进一步向南延伸至牛首山双峰之间（图3-26）。

1. 杨国庆，王志高．南京城墙志[M]. 南京：凤凰出版社，2007: 9-11. 城池最本质的原生价值之一，在于具备冷兵器时代的军事防御功能。按照中国军事史一般划分的兵器所处的时代，自春秋至南唐（约公元前5世纪—公元10世纪），属于冷兵器时代。

2. 杨国庆，王志高．南京城墙志[M]. 南京：凤凰出版社，2007: 11.

3. 傅崇兰，白晨曦，曹文明等．中国城市发展史[M]. 北京：社会科学文献出版社，2009: 67. 东吴时期的水军战船达五千多艘，有的战船可载士兵三千人，吴国还利用水军船只开展海外贸易，来往于中南半岛各国、印度尼西亚一带、朝鲜半岛等地。

4. 薛冰．南京城市史[M]. 南京：南京出版社，2008: 17.

5. 武廷海．六朝建康规画[M]. 北京：清华大学出版社，2011: 63-65. 南津大桥（即指朱雀桥）在东晋时因叛乱被烧毁，此后采用了造舟为梁、建河桥的方法，在淮水上作朱雀浮航。浮航不仅在使用上不受江水水位升降影响，而且在交战之时可收船撤航，以阻敌军。当时沿淮共有二十四渡，皆浮航往来，其中尤以朱雀航、骠骑航、丹阳郡城后航和竹格航位置冲要。

6. 杨国庆，王志高．南京城墙志[M]. 南京：凤凰出版社，2007.

7. 武廷海．六朝建康规画[M]. 北京：清华大学出版社，2011: 81.

8. 武廷海．六朝建康规画[M]. 北京：清华大学出版社，2011: 61.

对于南部的居民商市区而言，秦淮河主导了两岸有机网络的形成和发展，并通过商市确立了其中心意义。实际上沿秦淮河展开的居住区自秦汉时期就已有发展，自东吴至六朝，秦淮河两岸人口日趋密集，而商市贸易也更为繁荣。总之，“城”和“市”有各自的发展脉络，而水系是两个体系形成和发展的重要因素，在两者的形态构型中分别扮演了极为重要的角色。这种分离状态持续了大约1000年，直至南唐建都才结束。

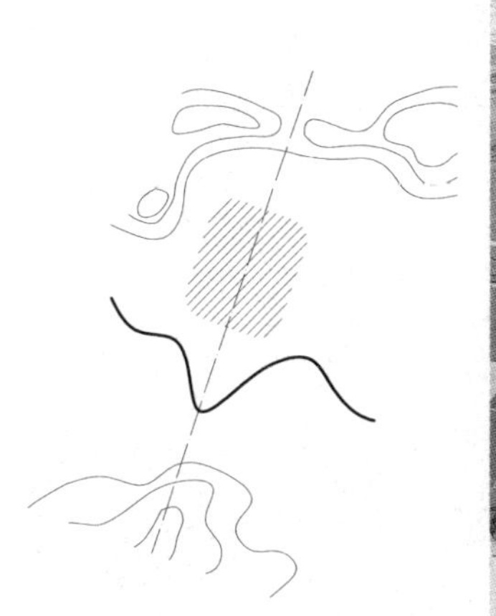

图 3-25　秦淮水湾与城市选址布局的关系示意(左)

图 3-26　“牛首山—北湖”的自然轴线与东晋建康的空间关系示意图(右)

3.2.3　南唐时期

1）总体背景

五代十国时期，藩镇割据，诸雄相争，北方战乱不息。而杨吴、南唐偏安江淮，江南及金陵地区70多年没有战事，经济文化发展迅速。吴天祐十一年（914年），昇州刺史徐知诰“始城昇州”。至吴武义二年（920年），改昇州大都督府为金陵府。吴天祚三年（937年），杨溥禅位于徐知诰，徐知诰改国号为唐，史称“南唐”，改金陵府为“江宁府”，并于此建都。此后，徐知诰以昇州府治作为经营基点，先后进行了四次规模较大的修建。在第一次修建金陵时，就已经“始东南跨淮水，即今城也”。宋开宝八年（975年），宋军攻占江宁府，南京作为南唐国都的历史结束。

城市总体布局

南唐都城与六朝都城相比，位置南移，规模宏大。在对地理格局的选择上与六朝都城相同，都看中了南京地区自然山水呈现出的环护格局。据《景定建康志》载：金陵城“夹淮带江，以尽地利”。明顾启元《客座赘语》卷一载：“盖其形局，前倚雨花台，后枕鸡笼山，东望钟山，而西带冶城、石头。四顾山峦，无不攒簇，中间最为方幅。”所不同的是，江宁府的规划更符合“筑城以卫君，造郭以守民”的传统都城规划思想（图3-27、图3-28）。

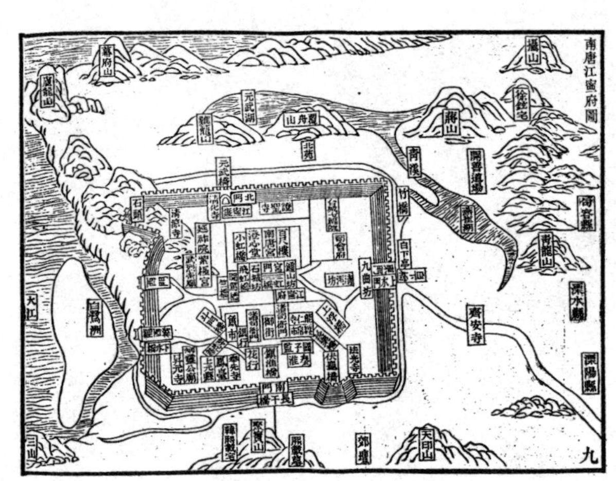

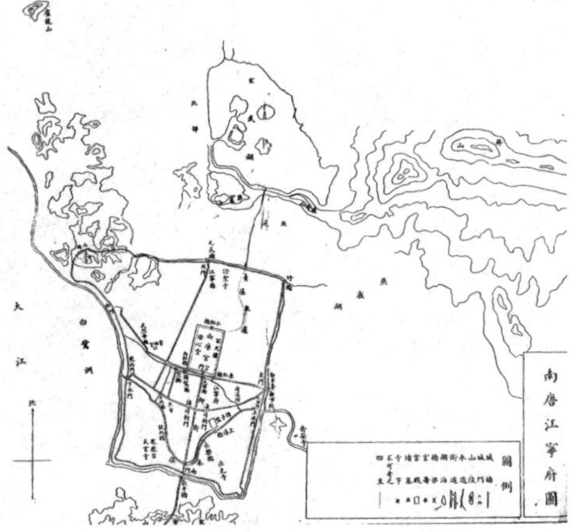

图3-27 南唐江宁府图(1)(左)

图3-28 南唐江宁府图(2)(右)

南唐宫城以位于洪武路南端的金陵府署为基础，是都城中心政治活动区。南北御街两侧，是司署衙门区；御街以东，与六朝一样，以官僚署衙和府第为主；南端则是以国子监为中心的文教区；御街以西是居民区和商业、手工业区。东西大街东段（今白下路以北），有东宫和尚书省等中央行政管理机构；西段（今建邺路以北），则是地方行政管理机构江宁县衙。

水利建设

这一时期的水利建设主要包含都城和宫城的护城河以及城内东西向的运渎。江宁府城所疏浚开凿的护城水系又称杨吴城壕，秦淮河由此有内外之分（图3-29）。唐宋时期，长江已经开始西移，南京西南江中沙洲棋布，唐朝诗人李白游览南京时称颂其自然山水景观：“三山半落青天外，二水中分白鹭洲。”其中所讲的白鹭洲不是今天位于中华路以东的白鹭洲，而是当时长江中的沙洲。到南唐之时，在今水西门至江东门间3千米河床淤积成为陆地[1]，因此江宁府城西主要利用淮水故道作为护城河；南半部分自东水关至铁窗棂，利用娄湖、落马涧整理拓宽而成（即今外秦淮河的一段）；东城壕自通济门至竺桥，利用燕雀湖和青溪各一

1. 南京市地方志编纂委员会. 南京城市规划志 [M]. 南京：江苏人民出版社，2008: 70.

部分，连通东吴所凿东渠青溪；城北自竺桥至北门桥下，也是当时新开，后世仍称之为杨吴城壕，经干河沿西至五台山麓与乌龙潭相接。其水流方向与城内其他东西向河道相反，是由西向东，《续纂江宁府志》卷八载："杨吴北城濠水，源小仓诸山，自见山亭、不二庵，历武胜桥（今北门桥）而东合于青溪焉。"[1]

1. 薛冰．南京城市史 [M]. 南京：南京出版社，2008: 49.

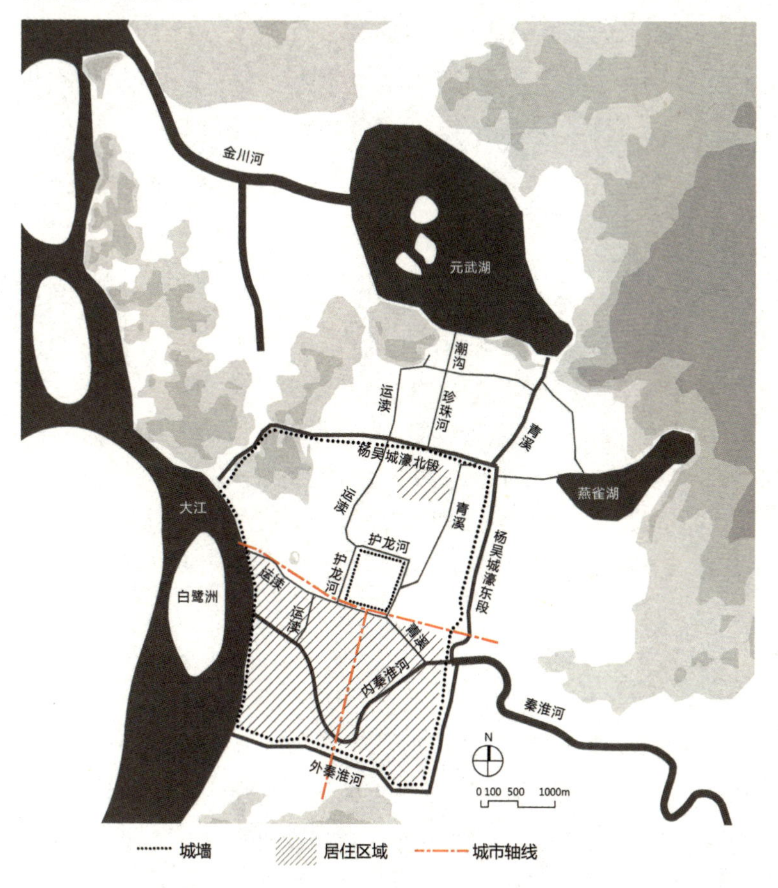

图 3-29　南唐江宁府城与水网关系示意图

南唐都城内部则充分利用了六朝时期遗留下的水系。宫城周围的护龙河东引青溪，西取东吴时所凿运渎。现今只有南段尚存，东、北、西三面河道都已湮灭。南段护龙河向西延续至栅寨门，即内桥下的水系，现称秦淮河中支，也称运渎。

2）水系与城市整体形态的交互

水系作为都城、宫城的边界

相比于六朝都城，南唐江宁府高度重视都城城墙的建设，而未沿用六朝时期以护城河为主的“以堑为城”。其城壕内修筑了完整的城墙体系，并进行了 3 次扩建、加固。在城垣和护城河之间另外加筑“羊马墙”（或卧羊城），可于战时保护城内外的居民及牲畜。都城共有 8 门，其中含水门 3 座。杨吴城壕及城墙部分为明应天府城所利用，至今犹存，因此城市范围较六朝都城要明确。南唐都城以宫城为核心，宫城沿用昇州府治的位置，位于今洪武路一带。南出宫门，即是御街即今中华路一线，并正对中虹桥（今内桥）。与六朝时期相比，南唐都城中的宫城具有明确完整的护龙河。

水系作为商市中心

南唐时期，秦淮河两岸依然是居住区和商市的中心。除了传统形成的市（大市、小市）以外，新出现了金陵市、清化市等。沿秦淮河（内秦淮）两岸汇聚了大量商肆和手工业作坊，尤以城西南区最为集中。如锦绣坊、颜料坊、油坊巷、洋珠巷、船板巷、盐市、骡马市、牛市、鱼市、罗帛市、鸡行街、花行街、银行街等，多集中在今门西地区。街路汇聚处，出现了许多服务性行业的店铺如茶楼、酒肆、旅店。金陵城不但是南唐的首都，也是南唐全国最重要的商业都会。

水系作为交通骨架

南唐时期都城内有明确的四条干道，除了兼有城市主轴意义的御道之外，其他干道都与城内主干水系相邻，水系在这一时期是与路网相联合的城市交通骨架（图 3–30）。都城东西向最重要的干道也是城市东西轴线，位于宫城南门和虹桥之间，即今白下路、建邺路一线，路南侧与今内秦淮河中支紧密相邻。由于这条道路在东晋时期已经出现，所以水系应该是在南唐时期随干道开凿的，为的是给宫城运输物资。从六朝至隋唐时期的城市发展状况看，此时的居民区还没有发展到这条干道以北[1]，所以这条水系也可以看作是皇宫区与居民区的分界。除御道之外，城市内还有一条通向城北的主干道，由今升州路北折，经今木料市、大香炉、明瓦廊、糖坊桥、估衣廊，达今北门桥。这条道路的走势很可能与六朝时期南北向的运渎有关，形成一组通向城北的重要水陆交通线。

1. 薛冰．南京城市史 [M]. 南京：南京出版社，2008: 50.

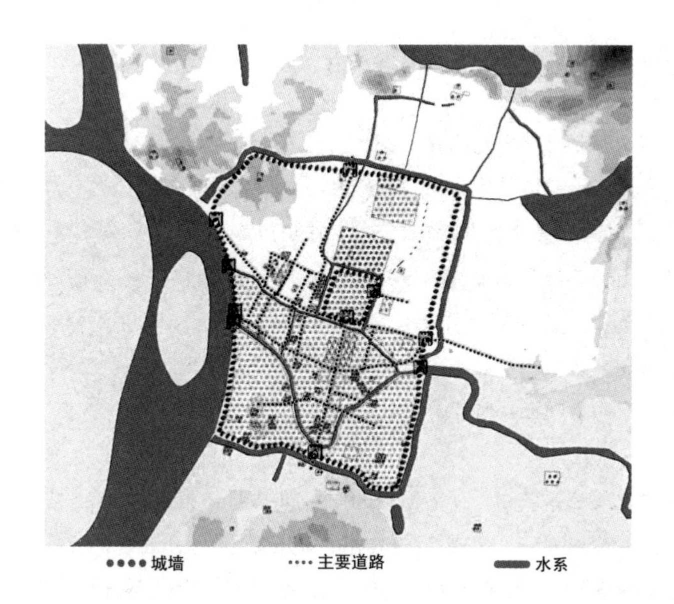

图 3-30　南唐时期江宁府水系与城内主要道路关系示意图

水系作为城市轴线定位元素

都城以宫城为中心，宫城位于都城中心偏北，宫城的南北中轴线即为全城规划主轴线，即今中华路一线，约呈南偏西 14 度。这一轴线是宫城南门与秦淮水湾之间的连线，前文已经提到，南唐都城轴线很可能并不与六朝时期的城市南北轴线相吻合。但是，与六朝时期都城轴线相似的是，这一轴线仍以秦淮水湾为定位元素（图 3-29）。

3）生成机制讨论

总体价值取向　与六朝都城一样，江宁府城也是封建时期中央集权体制下的都城。但是，六朝时期，限于国力，城市建设偏重“卫君”，致使经过侯景之乱，“都下户口百遗一二，大航南岸极目无烟”[1]。南唐建国于战乱不息的时期，因此江宁府的建设非常注重“守民”，放弃了在隋唐时期成为废墟的六朝都城的北部地区，而将南面秦淮下游两岸富庶的商市区和稠密的居住区纳入主城区，形成政治、军事、经济相结合的“城”“市”统一体[2]。正是这样注重守民的政策，使得南唐在五代十国的动荡局势中，成为当时江南疆土最大、实力最强的国家。

科学技术发展水平的影响　与六朝时期相比，这一时期水系在军事防御、交通运输、生活生产、防洪排水等方面发挥着相似的作用，但城市防御技术水平的提高对内河水系的结构产生了一些影响。随着隋唐之

1. 武廷海 . 六朝建康规画 [M]. 北京：清华大学出版社，2011.

2. 南京市地方志编纂委员会 . 南京城市规划志 [M]. 南京：江苏人民出版社，2008: 70.

后城池筑造技术的成熟，南唐都城建立了相对规整和坚固的城防体系，后人称其城池“壕堑重复，皆可坚守”[1]。都城城墙的筑造起到了控制城内水系流量的作用，秦淮河两岸的居民不再如六朝时期那样常被水患侵扰。都城城墙设有三座水门，以便发挥水系的交通运输作用。因水门所涉两条水系（内秦淮河与南唐运渎）自南唐以降沿用不衰，至今亦无改变，可证上水门在今东水关，下水门在今水西门南的西水关，而栅寨门则在今虎踞南路的涵洞口[2]。但是，城墙的建设客观上也阻碍了内外水系的流通，导致一些自然水系与其水源连通不畅，在南唐时期或之后逐渐断流，如青溪和东吴时期开凿的南北向运渎。

1. 杨国庆，王志高．南京城墙志[M]．南京：凤凰出版社，2007: 12. 南唐时期已处于冷兵器时代末期。随着攻城战具的发展，在隋唐时期已有了计算构筑城墙土方量和计算挖掘护城河土方量的公式。南唐都城城池在筑造技术上较六朝建康城有了长足的进步和发展。其城墙高三丈，城外设阔四丈一尺的卧羊城、关城，在城东南的城墙上还筑有伏龟楼。城墙外侧疏浚绕城城壕，城壕深一丈五尺，阔三十丈。

2. 杨国庆，王志高．南京城墙志[M]．南京：凤凰出版社，2007: 111-113.

营建策略的指引　南唐都城的营建同样受到《匠人》中的营国制度和风水观念的影响。但南唐都城更加鲜明地参照了隋唐以来城市建设中不断强化的规制，结合既有条件尽可能地符合宫城居中偏北、轮廓方整、重城环套等礼制规范。城市的营建过程大致如下：首先，南唐宫城是在金陵府署的基础上拓展而成的。这一既定位置促使都城较六朝时期南移，其范围得到扩展，以符合宫城居中心偏北的规制，同时达到“城”“市”统一的目的。其次，在秦淮水湾和鸡笼山东峰之间张拉出城市南北主轴线，并使之与宫城中轴线相重合，明确宫城的中心地位。最后，以宫城和中轴线的位置为基准，在“最为方幅”的区域中，结合山水条件划定都城的轮廓，并以中轴线的方位确定了全城的基本格网方向。在这一营建过程中，秦淮河的水湾再次成为城市形态的重要定位元素。在它与鸡笼山东峰定位的南偏西 14 度的方位系统中，南唐都城和宫城的城墙、护城河和道路系统等形态要素逐步成型。这样的基本网格在历史的积淀当中延续至今，从根本上影响着此后老城的形态发展。自都城城垣建成之后，秦淮河始分内外，内秦淮河仍是密集居住区、繁华商市和手工业作坊的中心，主导着两岸的有机网络。

3.2.4　明朝初期

1）总体背景

明洪武十一年（1378 年）朱元璋撤销开封的北京之称，改南京为京师，南京城第一次成为一统天下的国都。明永乐十九年（1421 年），明成祖迁都北京，京师改称南京，作为留都。明初南京的规划建设总共持续了六十余年，这一时期的建设使城市的面积、人口和繁华程度都超过了以往各代，为今日南京老城的形态格局建立起基本框架。

城市总体布局

明应天府城范围的界定，一方面突破了两重山水环护的内层山脉，跨越鸡笼山一线向北发展，并把京师城垣建在城区四周制高点和临水线上；另一方面从封建伦理意义和收拢民心的角度，沿用南唐及宋、元旧城，避免拆迁，而在杨吴城壕以东填燕雀湖新建宫城和皇城区（图 3–31）。

应天府城采用四重环套配置的形制，从内到外为宫城、皇城、京城、外郭城（图 3–32）。京城周长，1954 年实测为 34.36 千米，所包面积约为 41 平方千米，为世界最大的砖石城[1]。京城形制突破方形传统，大体上为南唐旧城（经济活动综合区）、东南部新建的皇宫区（政治活动综合区）和城北军卫区（城防区）3 个近似矩形的区域叠加而成。京城城垣“皆据岗陇之脊”，凭高据险，将石头、清凉、马鞍、四望、卢龙、鸡鸣、覆舟、富贵诸山都加以利用，外侧以河、湖为壕。外郭范围以内除京城之外的区域分为三个功能区：东部以孝陵为核心的陵墓区、南部厩牧寺庙区、西部依托于水陆码头的商贸区。建成的外郭东、北、南三面“阻山控野”，西面则以长江天堑为防线。

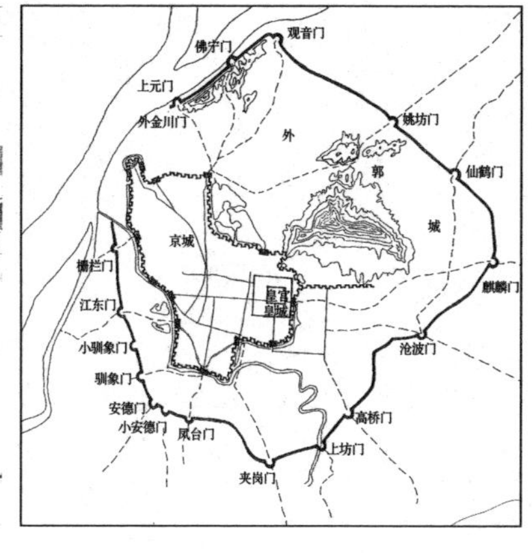

图 3–31　明应天府城图（左）

图 3–32　明代南京四重城郭示意图（右）

水利建设

明初，都城内外进行了大量新开、拓宽水利工程，并增修水利设施，此时是南京老城内河水系最为丰沛的时期（图 3–33）。城内新开有皇城壕、宫城壕及小运河，余皆旧河重浚，水系遍布全城[2]。城北金川河水系第一次进入都城范围。城外首先沿城墙在现有河湖的基础上疏浚和开凿京城护

1. 南京市地方志编纂委员会 . 南京城市规划志 [M]. 南京：江苏人民出版社，2008: 81.

2. 南京市地方志编纂委员会 . 南京城市规划志 [M]. 南京：江苏人民出版社，2008: 96.

城壕。其次将太湖、固城湖、石臼湖与秦淮河水系进行贯通。这是因为“四方贡赋，由江以达京师，道近而易”，但当时句容龙潭以东的江面宽阔，风浪极大，覆舟之险长存。而河湖水系贯通之后，船舶就可由青溪、石臼湖，经新开通的胭脂河进入秦淮河后直达南京，消除了长江运输的隐患，亦节约了成本。最后为便于经水运而来的木排、竹筏集散中转，在今南京水西门以西的江心洲夹江东边开凿了上新河，后又开中新河、下新河。

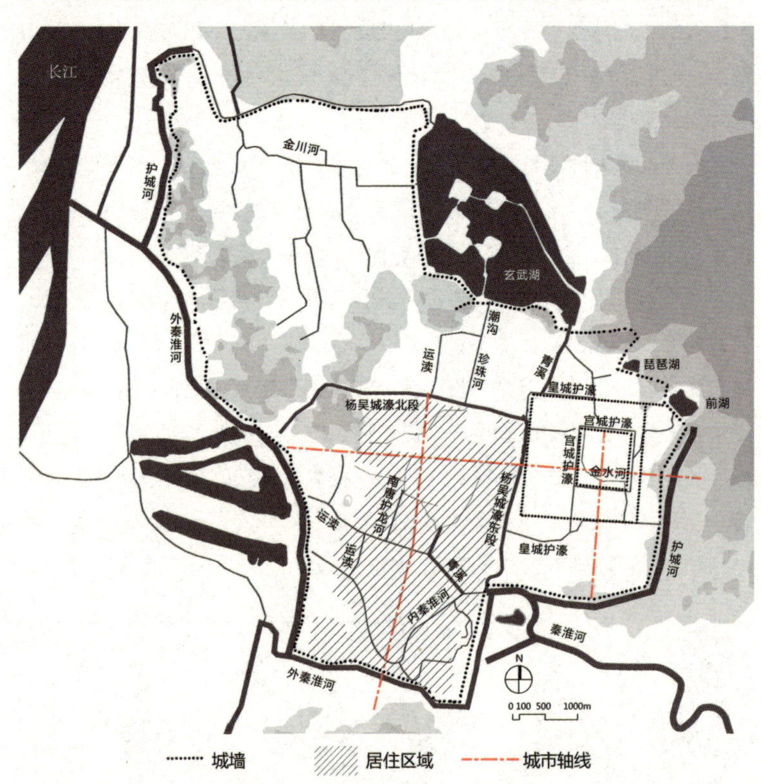

图 3-33　明代应天府城与水网关系示意图

2）水系与城市整体形态的交互

水系作为都城、皇城和宫城的边界

京城城墙在选址建造时以将山岗包入城内，河湖留于其外为原则。其护城水系并非全线贯通：南部、西部沿用了南唐时期的外秦淮河；东部、北部主要利用玄武湖、燕雀湖（前湖）、琵琶湖等湖泊，此外新开挖了一部分护城河。湖泊之间则以山岗为城防，不再以水系相连。皇城和宫城护城水系及金水河都是在青溪和燕雀湖的基础上改造而成的。宫城壕随宫城城墙而设，形式规整、彼此贯通；皇城壕在南北各有一段，西侧利用原杨吴城壕，东侧因与京城城墙相近，不设皇城壕。

水系与商市：沿河设市

六朝时，今大行宫以南及秦淮河两岸，已是繁荣的居民商业混合区。明初，由于都城规模空前扩张，各地工匠应征、富户迁入，手工业繁荣，商业市场也相应繁盛。商业服务形态大致可分为商市，塌坊和廊房，以及官方大型酒楼三类。由于水运不仅是货物运输的主要途径，也是出行的重要方式，因此商市、塌坊廊房及酒楼的分布和水系有直接关系。商市多为郊乡农户运货进城集中定时进行交易的地点，因此主要商市均傍水临桥，其中六个位于城外水运码头处，另外七个则位于都城内河沿岸。经过长期积淀，稳定的商市不仅名称一直被沿用，其以小商业为主的街区性质也有所延续。

《洪武京城图志》中所载明初十三市，可分为综合性和专业性两类。综合性商业商市有："大市，在大市街，旧天界寺门外，物资所聚；大中街市，在大中桥西；三山街市，在三山桥内斗门桥左右，时果所聚。"专业性商市则有："新桥市，在新桥南北，鱼菜所聚；来宾街市，在聚宝门外，竹木柴薪所聚；龙江市，在金川门外，柴炭等物所聚；江东市，在江东门外，多聚客商船只米麦货物；北门桥市，洪武门街口，多卖鸡鹅鱼菜等物；长安市，在大中桥东；内桥市，在旧内府西，聚卖羊只牲口；六畜场，在江东门外，买卖马牛驴骡猪羊鸡鹅；上中下塌坊，在清凉门外，屯卖缎匹布帛茶盐纸蜡；草鞋峡，在仪凤门外江边，屯集伐木。"十三市的大体位置参见图 3-34，以城南居住区和沿江码头区居多。

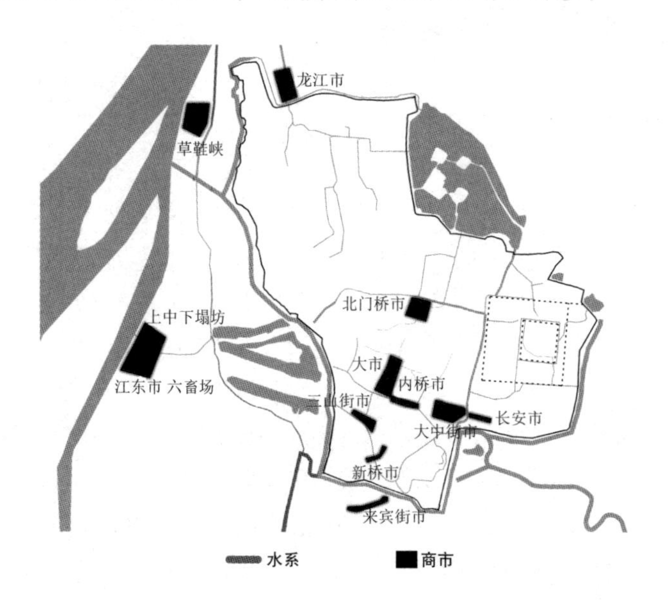

图 3-34　明初南京主要商市位置与水系的关系

1. 南京市地方志编纂委员会 . 南京城市规划志 [M]. 南京：江苏人民出版社，2008: 89.

2. 薛冰 . 南京城市史 [M]. 南京：南京出版社，2008: 66.

当时从仪凤门、江东门到三山门一线，分布着众多水陆码头，因而成为重要的商品集散地，是繁华闹市的外延区。明初官方为促进流通和增加政府收入，在三山等门外濒水处建屋，客商在此中转存货，称“塌坊”；在城内外盖了多处官房，租给外地客商经营居住，称“廊房”[1]。此外，由官府统筹建设，在京城内外开设16座大型酒楼。《洪武京城图志》的《楼馆图》（图3–35）中，16座楼中有11座在三山门、石城门外，2座在聚宝门外西侧，城内只有南市楼、北市楼和叫佛楼，也都集中在城南三山街附近，离三山门不远。

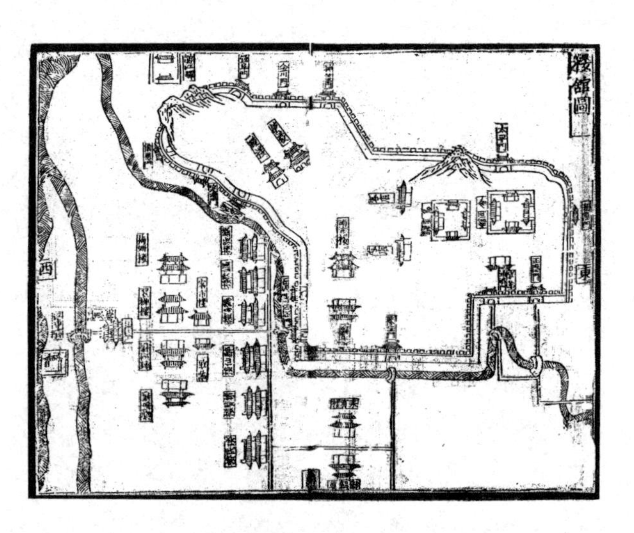

图 3–35　楼馆图

明迁都北京后，大量人口相继迁出，南京城内商市的数量和规模都相应减少。由于征税过重，也导致三山门、江东门渐渐丧失商旅集散地的地位，明初“16楼”也纷纷消亡。

水系作为交通骨架

在护城水系中，京城护壕是水运干道，皇城、宫城护壕则主要是防卫性的。京城外部三山门、石城门外是最重要的水运码头，聚宝门外码头次之。城内金川河水系位于城防区，其水系流经各仓，供军用运输。南唐旧城范围内的水系仍可用于商市货物运输和日常交通，但只能通行小船，各条水道上修建了大量桥梁。《客座赘语》卷九载：“留都自秦淮通行舟楫外，惟运渎与青溪、古城壕可容蚱蜢舟往来耳。然青溪自淮清桥入，至四象桥而阻。运渎自斗门桥入，西至铁窗棂，东亦至四象桥而阻。以其河身原狭，又居民侵占者多，亦为堙塞也。顷工部开浚青溪、运渎……仅城中民家利搬运耳。”[2]

都城的护城河通常也是水运干道，因此，沿护城河外侧在物资出入频繁的城门之间很可能形成连续的道路，而在城门或水陆接驳处则形成市场。明代南京城内沿杨吴城壕东段和北段形成的交通干道，可能是以南唐时期沿护城河形成的运输线为基础的。而明代南京都城的护城河外由通济门至仪凤门之间形成的道路在后世的发展中，逐步演变为现代南京城的主要道路。

水系作为景观资源

内秦淮河是明代南京城内景观的重要依托，其游览性质较历代更为鲜明。这一方面是因为城南一带是居民居住区及商市、手工业的聚集区，另一方面是由于像夫子庙、学宫和江南贡院这样的文教设施为秦淮水岸带来了庞大的文化市场（图 3–36）。吴敬梓在《儒林外史》中说："城里几十条大街，几百条小巷，都是人烟凑集，金粉楼台。城里一道河，东水关到西水关，足有十里，便是秦淮河。水满的时候，画船箫鼓，昼夜不绝。"《板桥杂记》则言："秦淮灯船之盛，天下所无，两岸河房，雕栏画槛，绮窗丝障，十里珠帘……薄暮须臾，灯船毕集，火龙蜿蜒，光耀天地，扬槌击鼓，踏顿波心。自聚宝门水关至通济门水关，喧阗达旦，桃叶渡口，争渡者喧声不绝……"朱元璋甚至为招徕天下富商建设南京，将每年元宵节张灯时间延长至十夜，使之成为中国历史上时间最长的灯节。明洪武五年 (1372 年) 的元宵节，他更是别出心裁地下令在秦淮河上燃放万盏水灯 [1]。

1. 权伟 . 明初南京山水形势与城市建设互动关系研究 [D]. 西安：陕西师范大学，2007.

图 3–36　《南都繁会景物图卷》局部

水系与制造业厂坊

明初南京手工业匠户按照官方指定的地点，依行业分类居住，以使“百工各有区肆”，工匠安置范畴则主要在内秦淮河两岸[1]。其中，因染织业对秦淮水的需求而使得这一行业尤为兴盛。据说秦淮河水含有单宁酸，具有天然的媒介作用，经此水漂过的丝，色泽纯正，尤以天青和玄色为上乘[2]。元代时，秦淮河畔就曾设有东西染织提举司，织造被称作“纳失石”的金锦。明清时期，秦淮河一带更是著名的金陵玄缎的重要产区。明初设立的织锦一坊、二坊、三坊分别位于秦淮河北岸的“旧桐树湾街”“旧国子监街”和“旧关王庙街”[3]。

3）生成机制讨论

总体价值取向 在作为封建王朝都城的历史中，南京在明代第一次成为全国统一政权的最高政治中心。然而，明应天府城的整体营建并没有直接照搬轮廓方整和宫城居中等都城营建原则，而是在安定民心的基本原则下保留了旧城区，同时结合自然山水特征增扩出新的城市区域。因此，都城大体上由南唐旧城、东南部皇宫区和城北军卫区 3 个区域叠加而成。

科学技术发展水平的影响 明代的城市内河水系在城市军事防卫、交通运输、生产生活等各方面依然有着综合效能。随着明代南京城人口的大幅度增长以及手工业和商业的兴盛，实际上此时的城市较之以往各代对内河水系有更多的需求，而此时城墙筑造技术的进一步成熟保障了内河水系效能的发挥。明代南京城墙不仅提高了自身的防御性能[4]，也辅助形成了周密的平战结合的城市水利系统。明城墙在建设中根据水量的大小，在一些地段分别设置可以通水通船的水关、可以调节进出水量的涵闸及仅能通水的涵洞。这样精密的设计和建造工艺解决了南京城内水系的进出水与城垣防御之间的矛盾，在保障城内居民用水的同时，控制城内河道的水位，并缓解了旱涝灾害。

营建策略的指引 明代南京城充分利用自然环境中的山水格局，使山丘、河流湖泊与城池形成唇齿相依的关系，在中国古代都城营造史上极为罕见。但这并不意味着明南京城不受上千年中国都城营造制度的约束和风水观念的影响。只是由于遗留的史料中并没有明确说明都城的规

1. 薛冰 . 南京城市史 [M]. 南京：南京出版社，2008: 66.

2. 郭黎安 . 秦淮河在南京历史上的地位和作用 [J]. 南京师大学报（社会科学版），1984（4）: 80−85.

3. 参见《洪武京城图志》中的《街市桥梁图》.

4. 杨国庆，王志高 . 南京城墙志 [M]. 南京：凤凰出版社，2007: 12−13. 宋代至清中叶（公元 10 世纪—19 世纪中叶），是冷兵器与火器并用时代。明南京的城墙在高度、厚度、基础、建材、砌筑技术等方面均有了前所未有的突破，可以抵御当时尚处在发展中的火器。明南京城门在修筑时设置了多重内瓮城，无论式样、气势以及防御功能，都超过了明代以前南京甚至全国其他一些传统式样的瓮城。直至 17 世纪初，在火器得到发展的情况下，南京城墙仍被称为“高坚甲于海内”。

划理念，致使目前还没有形成一个关于都城布局成因的定论。城市分区建设的原则使得三个区域内水系参与构型的方式和程度有所不同。在南唐旧城区，水系基本上延续了早期的构型方式；在城北军卫区，对其中的水系、道路和建筑只是根据实际需要进行了零星建设，水系对空间形态没有大的影响；在皇宫区，为了顺应传统礼制规范和风水观念所提出的理想模式，不惜以填湖为代价。其中的水系主要由皇城护壕、宫城护壕和金水河构成，它们在严格的宫室营造制度中与道路、建筑共同构成了一套图式化的形态体系。

3.2.5　民国时期

1）总体背景

1912 年元旦，孙中山在南京就任中华民国临时大总统，废江宁府及所属上元、江宁两县，改置南京府，作为中华民国首都。时仅三个月，孙中山辞职，临时政府北迁，次年，南京府改为江宁县。1927 年 3 月，国民革命军光复南京。4 月，南京被定为中华民国首都。此后十年，是南京近代城市建设成就最为显著的时期，全市人口增加至百万以上。1937 年 12 月，侵华日军攻占南京城，自此经济建设停滞，人口锐减。抗日战争胜利后，1947 年，国民政府还都南京，人口回升。不久内战爆发，经济崩溃。1949 年 4 月，国民政府溃逃，中国人民解放军占领南京。从时间的长度上看，南京城市在民国时期的建设发展只有近四十年，而其中建设成效显著的也只有自 1927 年至 1937 年的十年。但是，民国年间南京城市建设出现了重大的进步，就是在世界性城市规划潮流的影响下，现代城市规划开始产生与实施。这一时期南京出台了一系列城市规划文件，如《新建设计划》《市政计划》《首都大计划》《首都计划》等，其中以 1929 年底由国民政府正式公布的《首都计划》最具影响力。

1928年12月，由孙科负责的国民政府“国都设计技术委员会”下设“国都设计技术专员办事处”，以林逸民为处长，聘请美国建筑师墨菲（Henry Killam Murphy）和工程师古力治（Ernest P. Goodrich）为顾问，同时也聘请了吕彦直等国内专家相助，编制了这份南京城市总体规划——《首都计划》。这份规划为使南京城市的建设摆脱封建时代的束缚，在交通系统、功能布局、水绿网络和市政设施方面都作出了详尽的设计。但由于经济实力不足和 1937 年全面抗日战争的爆发，实践中的城市建设仅实现了计划中的框架部分，就转而进入了衰退期。尽管 1947 年还都南京的国民政府编制了《南京市都市计划大纲》，也已无力将城市建设恢复至战前水平（图 3–37）。

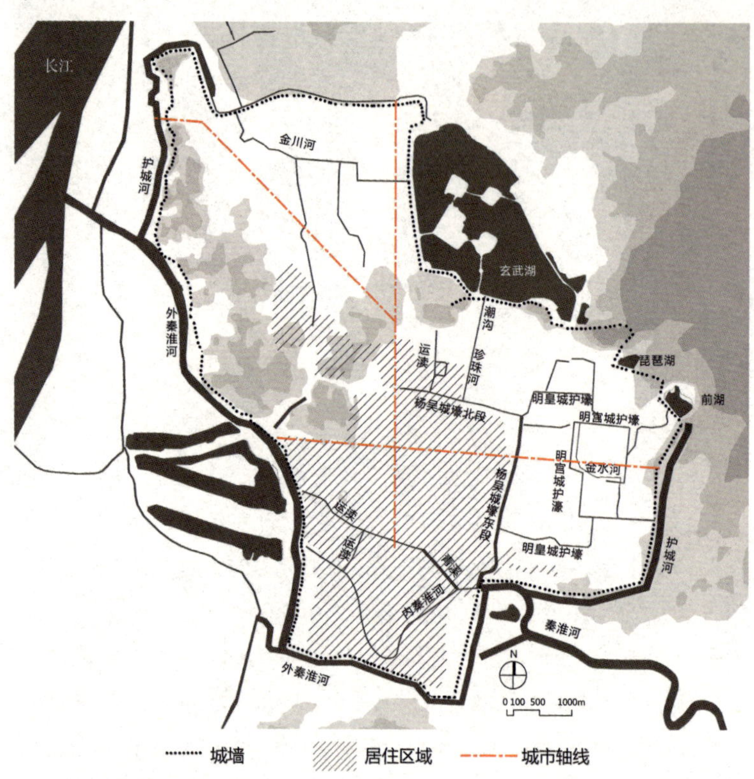

图 3–37　民国末期南京城与水网关系示意图

2）水系与城市整体形态的交互

对于老城的内河，《首都计划》首先在水系的功能上对其做了定义：“城内秦淮河既不便于运输，且将来道路改良，货物转运，亦无需及该河之必要，故只宜因利乘便，即取为游乐及宣泄之用。”[1] 因此，这一时期老城内河水系在形态意义上主要表现为景观骨架。

水系作为景观骨架

《首都计划》在“公园与林荫大道”一章中，计划在老城内拟建 5 座公园，并以林荫大道相联系，令整个南京“无异合为一大公园”（图 3–38）。城内公园的建设一方面依托现有的自然风景或名胜古迹，如中山陵园、玄武湖公园、清凉山公园等，另一方面则根据居民生活需求，在市内空旷之处增建公园，如第一公园、新街口公园等（图 3–39）。为

1.（民国）国都设计技术专员办事处．首都计划 [M]. 南京：南京出版社，2006: 97.

了便于大量市民到达公园，提高公园的使用效率，“宜筑有林荫大道，以使各园联贯”。这里所说的林荫大道，是指结合了景观和休闲游乐设施以及机动车道的带状公园，类似于西班牙巴塞罗那的兰布拉斯大街。

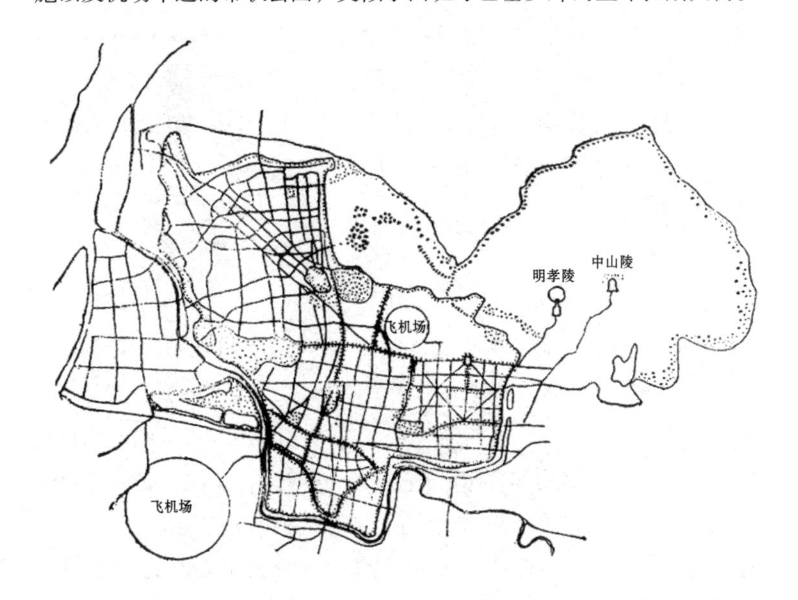

图 3-38　《首都计划》中的《南京林荫大道系统图》

将《首都计划》中的《南京林荫大道系统图》与民国时期老城水系图相叠合，可以看到林荫大道主要分为三类（图 3-40）：第一类沿内秦淮河水系及其支流展开，“多有在秦淮河之两岸者”；第二类沿城墙内侧展开，“有特别足以引起市民之兴趣者，即在城内之墙角下，筑道以环绕一周也”；第三类结合现状的水塘和空地形成。值得注意的是，这条由西南向东北延伸的林荫大道，其位置很可能与东吴建业城所开凿的运渎重合。如果是这样，那么穿行于城市内部的林荫大道或许都是沿老城既有河道展开的。

图 3-39　公园与林荫大道系统的空间分布（图中浅灰色为林荫大道，深灰色为公园）（左）

图 3-40　林荫大道系统和 1936 年水系的叠合（图中黑色实线为与林荫大道重合的水系）（右）

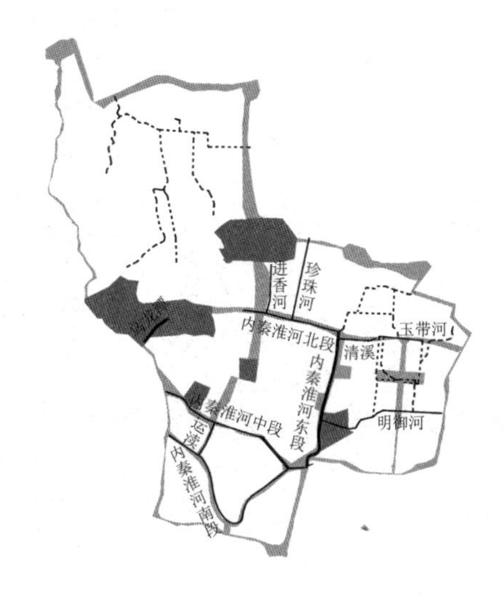

1.（民国）国都设计技术专员办事处．首都计划 [M]. 南京：南京出版社，2006: 67.

2.（民国）国都设计技术专员办事处．首都计划 [M]. 南京：南京出版社，2006: 106.

3. 薛冰．南京城市史 [M]. 南京：南京出版社，2008: 90.

此外，"道路系统之规划"一章提出"干道和林荫大道融合，更可表出城中之优点，同时更可增加往来者之愉快，故林荫大道两旁，在可能范围以内，皆设有干路与之平行"[1]。在林荫大道周边用地的布局上，计划中参考了纽约白伦氏河林荫大道（Bronx River Parkway）两旁的地段十年后地价超过初购时八倍的案例，因此认为其周边地段"最宜于为建筑旅馆及办事处之用，地价必昂"[2]。由于林荫大道多沿内河展开，因此上述规划实质上是让内河与城市干道相邻，沿途为公共设施用地。

这份公园与林荫大道系统的规划，充分利用了老城人文景观和自然景观资源，形成了一个完整的城市慢行系统。在实践中，城内五大公园，按计划实现了第一公园、鼓楼北极阁一带公园、清凉山及五台山公园和朝天宫公园，新街口公园未付诸实践。而第一公园建成后因抗日战争的爆发而废弃，今日成为体育运动学校。而各条林荫大道都未能按计划实施，但计划中与林荫大道相邻的很多城市干道得到了建设，形成了今日很多水系与干道邻近的特点，如今广州路、珠江路、龙蟠中路、建邺路、太平北路等。只是干道与河道之间的一些地方被不同时期的建筑填充，彼此隔离。

水系作为特殊用地边界

老城内河水系的形态并非为规划文件所引导，而是在一些大规模用地建设过程中自然形成的。这些用地在选址建设时以老城空地中的原有水系为用地边界和排水渠道，这不仅改变了老城内的支流规模和走势，还导致了内河干流的局部改道，其影响延续至今。

这些特殊性质的用地多与军事区域相关。在 1936 年的《最新南京地图》和 1948 年的《民国南京市街道详图》中，可以看到明故宫飞机场、小营飞机场、中央军官学校、模范监狱和南空司令部等用地周边都有水系环绕，并与城内其他水网相连通。其中对老城内河干流起到重要影响的是明故宫飞机场的建设，造成了明代皇宫护壕的局部改道。1912 年所建小营机场以明代军事场地为基础，仅供试飞表演用，在 1927 年另辟明故宫机场后废弃。1927 年修建的明故宫机场先后多次扩建，日军侵占南京期间亦被日军占用并扩建，1947 年被划归民航专用，同年 7 月再行扩建[3]。图 3–41 体现了明故宫机场的多次扩建对明代宫城护壕的推移改道作用，这不仅改变了这一地段的水系与道路结构，也影响了今日对明代皇宫区历史范围的认知。

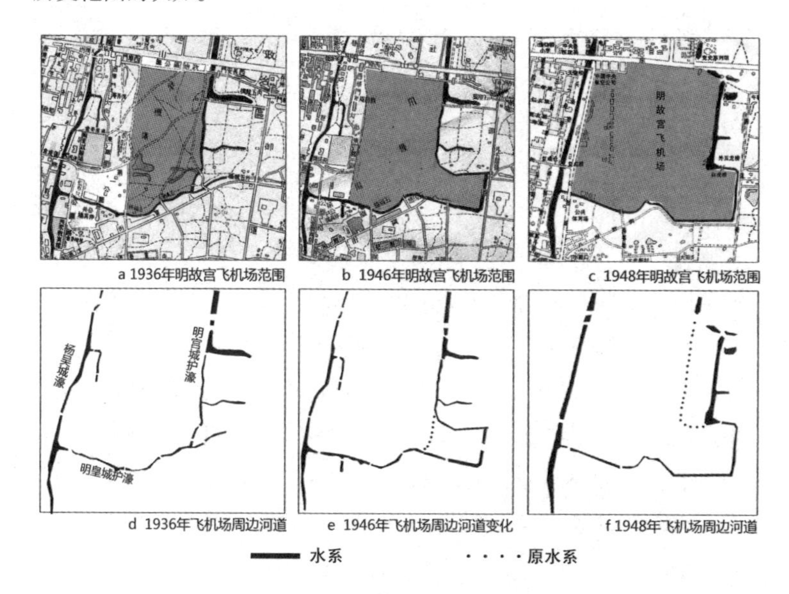

图 3-41　明故宫飞机场的多次扩建对城东区域水系的影响

3）生成机制讨论

总体价值取向　《首都计划》明确提出以人为本的宗旨，强调“科学理性”和“民族主义”，以“本诸欧美科学之原则，而于吾国美术之优点”为指导方针，在宏观上采纳了欧美规划理念，而在微观上采用了中国传统形制。规划中包含了城市交通体系、用地布局、基础设施、重要建筑等的系统性建设方法。其中，对城市公园与林荫大道系统的设计为城市明确定义了公共开放空间，成为南京历史上早期的专项城市绿地规划。这一具体措施富有代表性地表达了《首都计划》的核心目标，即以先进的规划方法实现“民主共和”的理想。

科学技术发展水平的影响　民国时期的老城内河的大部分实用功能逐渐被取代。从城市防卫手段上看，晚清至民国（公元 19 世纪中叶—20 世纪中叶）进入火器时代，城墙与城壕相结合作为防御手段显示出衰败和不足。民国时期南京沿用的明城墙及城壕，在近代火器的威胁下，最终退出战争舞台[1]。从城市交通运输上看，此时陆上交通技术已经大为改进，不仅机动车成为常规交通工具，清末建成的市内小火车也有所发展[2]，老城内河除了内秦淮河南段之外的河道基本上不再通船；从城市生活和生产供水的方式上看，民国期间市政府认为江河水多有污染，以市民饮

1. 杨国庆，王志高. 南京城墙志 [M]. 南京：凤凰出版社，2007: 16.

2. 杨新华，王宝林 . 南京山水城林 [M]. 南京：南京大学出版社，2007: 315. 江宁铁路（又叫宁省铁路）于 1909 年正式通车，并于民国后期增加支线，这条小铁路后因城市发展需要于 1958 年被全线拆除。

水卫生为“目前最为要切之公用事业”，因而编制了全面的自来水计划，同时筹建自来水厂，并在市内人烟繁盛之区开凿6口深井供市民饮用，老城内河不再作为城市居民供水的重要来源；从城市排水技术上看，《首都计划》中的《渠道计划》提出了排水雨污分流系统的设计，提出以湖河为雨水渠道，另设污水渠。

规划策略的指引 在新的社会价值观下，老城内河摆脱了封建时期的礼制意义，转化为城市居民可以共享的景观资源。同时，西方城市开放空间规划的理论和实践成果为老城的内河水系及其滨河区域的形态提供了全新的指引，使内河水系成为“公园和林荫大道系统”的重要组成部分。但是，由于这一时期政局动荡，政治政策结构的影响偏弱，因此系统化的城市规划并未能全面实施，老城水系实际上处于一种被迫式的缓慢更新中。直至新中国成立前夕，老城水系结构并没有按照计划被分区改造，作为带状公园的林荫大道也没有完全落实。水系基本保持了明代的结构特征，但水域面积受到河道淤塞和城市用地侵占的影响，总量明显减少。

3.2.6 新中国成立以来

1）总体背景

1949年的南京城市人口约70万，大多居于鼓楼以南的老城区，以及中华门外和下关地区，而鼓楼傅厚岗，山西路以北、以西，西康路以南，逸仙桥以东，基本上还是菜地、池沼和丘陵[1]。20世纪70年代，老城内部的城市建设趋于饱和。2010年，全市总人口约1060万，中心城区人口已经达到670万左右。全市新市镇以上城镇建设用地规模控制在1050平方千米左右，中心城区城镇建设用地规模约660平方千米[2]。

新中国成立以来，老城内河继承了民国末期的水系结构，从规模上看，水系总体上呈消减趋势，仅因金川河干流的改道而增加了局部河段；从形态意义上看，老城水系不同程度地延续着古代和近代形成的形态角色。由于新中国成立后城市经济形态曾出现过重大转型，老城和老城内河的建设也表现为两个发展阶段：在1949至1978年的计划经济时期，老城内河水系及沿岸建设处于衰退阶段，水系不断减少，两岸建设失衡；在1978年至今的市场经济时期，水系及其沿岸建设进入保护和调整阶段（图3–42）。

1. 薛冰．南京城市史[M]．南京：南京出版社，2008: 104.

2. 参见《南京市城市总体规划（2011—2020年）》.

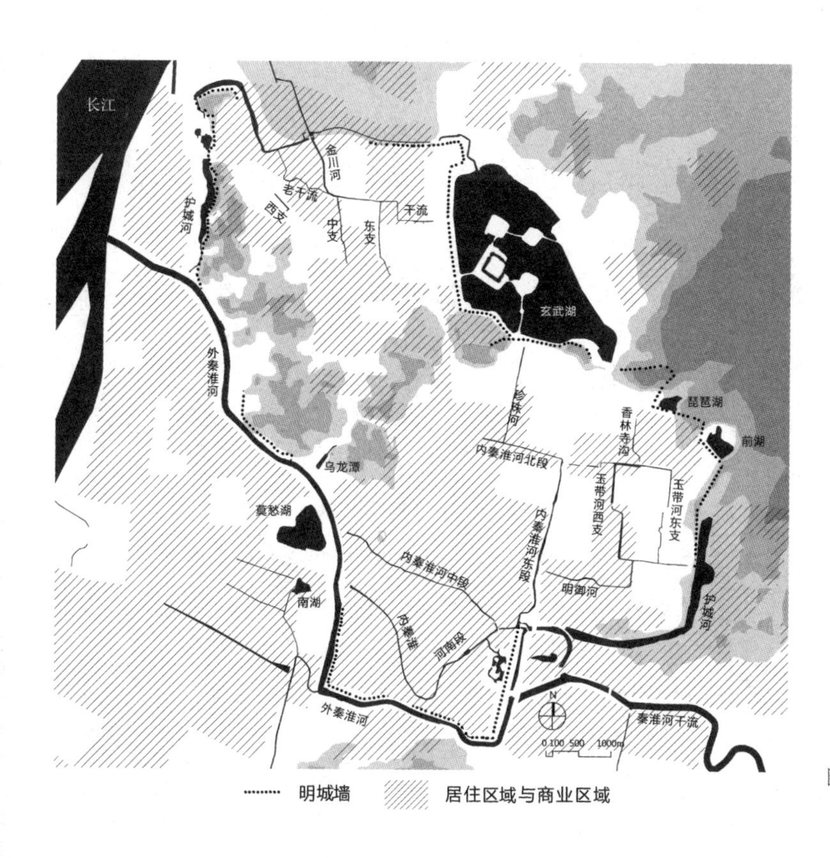

图 3-42　当代南京城与水网关系示意图

2）水系与城市整体形态的交互

计划经济时期：水系及其形态意义的衰退

在新中国成立以后建立的计划经济体制下，城市规划普遍受到苏联的功能主义规划思想的深刻影响。在城市发展上采用了重生产、轻消费的政策；在土地制度上，倡导城市土地公有制，反对土地私有与土地投机，逐步将城市中的绝大部分土地收归国有[1]。南京在新中国成立后的最初三十年间，整体上缺乏系统有效的规划措施进行控制和引导，城市建设中有着明显的失衡与无序[2]。

在这一阶段中，由于土地市场缺失，城市建设不仅不能带来经济效益，反而要耗用宝贵的政府财政，因此政府对城市基础设施的建设多采取解决问题的姿态。对于老城既有的内河水系，这一阶段的规划集中财力解决城市排水和防汛问题，而将水系的历史文化价值和景观生态意义

1.1982 年宪法规定：城市的土地属于国家所有，农村和城市郊区的土地除由法律规定属于国家所有的以外，属于集体所有。在土地公有制度下，私有产权的概念消失，代之以“使用权”。

2. 南京市地方志编纂委员会 . 南京城市规划志 [M]. 南京：江苏人民出版社，2008: 135. 南京市人民政府于 1953 年在市政建设委员会设规划处，负责全市的规划工作。1954 年至 1957 年，南京制定了《城市分区计划初步规划》《城市初步规划草案》等规划，对配合国家“一五”期间南京的经济建设起到了积极作用；1958 年至 1960 年，在“大跃进”的形势下，城市超常规发展，南京编制了《南京地区区域规划》；1961 年至 1964 年，编制了《缩减调整规划》，城市恢复正常发展；1966 年开始“文化大革命”，城市建设处于失控状态；1975 年，城市规划编制工作得以恢复，编制了《南京城市轮廓规划草图》。

等问题放于其后。老城内河水岸的空地和绿地在“填补空白、紧凑发展”[1]的原则下被尽可能地占用，直接导致了老城滨河空间的公共性衰减和环境品质降低等问题。

南京老城秦淮、金川两大水系流域内，最低地面标高多为6~9米，汛期受长江高水位及雨水山洪的双重威胁，自古以来就是洪涝灾害多发地区[2]。由于流域条件变化，进入20世纪后高水位出现频繁。其中1954年长江水位达历史最高洪水位，秦淮河、金川河、十里长沟水位猛涨，市内多数地区积涝受淹，面积约10平方千米，积水最深处达1.5米，道路破坏严重，部分城墙倒塌[3]（图3-43）。为了保障城市居民的生活和生产安全，城市的排水和防汛工程建设成为计划经济时期南京市重要的市政建设工作。当时老城的内河因战争和政权转换已经长时间缺乏疏浚，普遍淤塞衰败，加上城市污水的排放，河道不仅不利于泄洪，还因为污染严重而影响城市环境。因此，市政建设中以填盖河道和铺设下水道作为解决问题的最佳方法。在1958年至1965年期间，下水道在城区内的主干道下得到整体铺设，城市排水问题得到相当程度的缓解。在美化环境、大搞爱国卫生运动中，政府发动群众、机关、学校、企事业单位，改造棚户区，填沟填塘，修建道路，埋设下水道，共填埋大小沟塘近千个，埋设沟管百余条[4]。

1.1956年，中央重新考虑全国工业布局，对南京提出了“城市由内向外，填补空白，紧凑发展”的要求。

2. 南京市地方志编纂委员会．南京市政建设志 [M]. 深圳：海天出版社，1994: 298. 据《江苏省近两千年间洪涝旱潮灾害年表》记载，南京地区自公元242年至1935年间曾发生洪灾91次、涝灾47次、江潮危害7次。

3. 南京市地方志编纂委员会．南京市政建设志 [M]. 深圳：海天出版社，1994: 199.

4. 南京市地方志编纂委员会．南京市政建设志 [M]. 深圳：海天出版社，1994: 224.

图3-43　1954年南京市区淹水区范围示意图

位于城墙内侧的大量明渠溪流，如香林寺沟与琵琶湖的联系水道和西侧大量明渠，都在这一时期被填埋或改为埋设下水道。此外，进香河河道于1958年被覆盖改为盖板沟，盖板上覆土植灌木花草，沟两侧筑路植树，成为现在的进香河路[1]。金川河于1958年开始进行主流改道工程，以防沿河居民遭受水涝灾害，并兴建桥梁水闸31座。

市场经济时期：水系及其形态意义的复苏——从填河建路到保护更新

1978年，国家经济形态开始向市场经济转型，与此同时，南京市规划局正式成立，南京城市的规划建设自此进入了相对平稳有序的发展阶段。1978年至2009年，南京共编制过三次城市总体规划，都按照规定上报并获得批复，成为法律文件[2]。在这一时期，老城内河在生态、景观、历史文化和城市排涝等多方面的价值开始受到重视，对水系和滨河绿地的规划逐步体现在总体规划中的绿地系统规划、专项绿地规划、历史文化名城保护规划、市政公用设施规划的排水规划等文件中。

在老城水系滨河绿地的规划方面，历次的总体规划和专项绿地规划，都在力图提高城市公共绿地的规模、质量和系统性。1983年城市总体规划的绿地系统规划中提出结合江、河、湖、山、城、路网形成城市绿化系统；1995年城市总体规划的绿地系统规划中提出以园林化城市为目标，建设高水平的点、线、面相结合的绿地系统，并与主城外围都市圈生态防护网主骨架联为一体，形成内外交融的绿化空间；2001年城市总体规划的绿地系统规划中进一步明确了生态网架的控制要求，强调以“显山露水”为原则，并以滨江、沿河、环湖绿带和道路轴线串联星罗棋布的景观资源[3]（图3-44）。此外提出尤其要重视长江、外秦淮河两侧的绿地建设，着力塑造江滨城市特色。

在河道历史文化意义的保护方面，1984年的《南京历史文化名城保护规划方案》中已经提出应以明代城垣、历代城壕、丘冈山系和现代林荫大道为主干，形成保护性的绿化网络。其中以秦淮风光带为市内重点保护区之一。由于这一规划局限于总体规划阶段，欠缺规定性条文，以致在开发热潮中个别片区被任意侵占，范围逐年缩小。因此，1992年之后历次编制的《南京历史文化名城保护规划》对此不断深入调整。其中对于古都格局的保护，规划从城市的三条轴线、明代四重城郭、道路街巷格局和河道水系4个方面提出保护要求（图3-45）。

1. 南京市地方志编纂委员会 . 南京市政建设志 [M]. 深圳：海天出版社，1994: 245.

2. 南京市地方志编纂委员会 . 南京城市规划志 [M]. 南京：江苏人民出版社，2008: 135. 1980年编制的《南京市城市总体规划（1981—2000年）》，于1983年经国务院批准；1992年修订完成的《南京市城市总体规划（1991—2010年）》，于1995年经国务院批准；2000年，开始对1992年的城市总体规划进行调整，并于2001年先后获得建设部批复和市人大常委会讨论通过。

3. 南京市地方志编纂委员会 . 南京城市规划志 [M]. 南京：江苏人民出版社，2008: 193

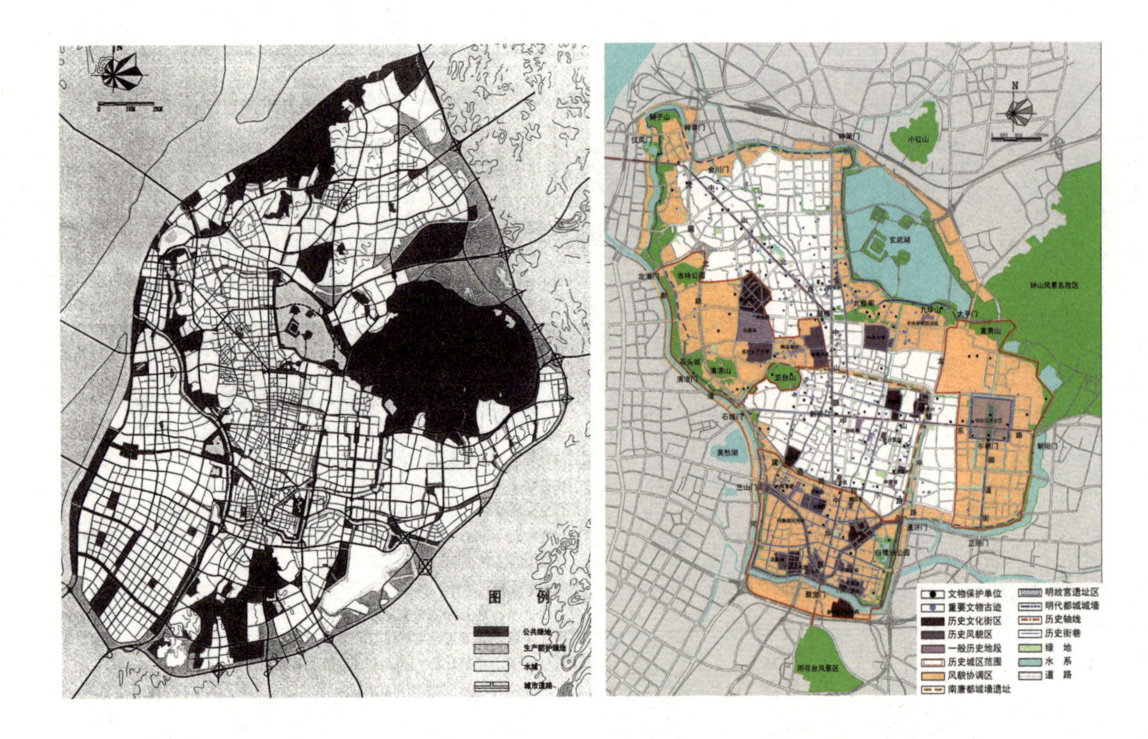

图 3-44 南京市城市总体规划调整——主城绿地系统规划图（2001 年）（左）

图 3-45 南京历史文化名城保护规划——老城历史文化保护规划图（2010 年）（右）

在老城河道排水规划方面，1983 年城市总体规划中的排水规划提出为了治理污水，将城墙内没有清洁水源的河段改成暗沟，其他保留；1995 年城市总体规划中的排水规划提出保留、治理主城内外金川河、秦淮河等水系的规划方案；2001 年城市总体规划中的排水规划以改善水质为根本目标，将污染治理与河道整治、防洪排涝、景观建设结合起来，规划提出要采取有力措施来保护规划保留的水面，大力整治河道，要适当增加河道两侧的绿地范围并向公众开放[1]。

从这些规划中可以看到，对老城水系和绿地等自然资源价值的认知在不断提升。但是，由于城市现状条件的制约和规划管理具体方法的偏差，老城水系和滨河地段的规划建设还是经历了一个由继续下滑到缓慢回升的过程。

1979 年以后，由于城区建筑逐年增加，径流系数一再增大，而排水河道又被蚕食侵占，排水能力大幅度下降，淹水情况难见缓解。因此，在进一步建设下水道系统的同时又陆续填盖了一部分淤塞严重的河段，而对保留的河道进行疏浚和砌筑驳岸的工作。如内金川河的各条支流上游河道于 1980 年前后被陆续填埋，改为埋设下水道；内秦淮河北段干河沿一线水系也因河道淤塞，于 1978 年由明渠改为盖沟[2]。1995 年的城市总体规划强调了对生态环境和历史文化名城的保护。但是 20 世纪 90 年代为缓解

1. 南京市地方志编纂委员会 . 南京城市规划志 [M]. 南京：江苏人民出版社，2008: 375-378.

2. 南京市地方志编纂委员会 . 南京市政建设志 [M]. 深圳：海天出版社，1994: 205-210.

南京城市的交通压力，曾大量砍伐林荫树、填埋了部分河道和推平小丘陵，使得城市环境生态水准下降明显[1]。这导致老城内河水系中有部分被进一步填盖，如笪桥至斗门桥的河道（六朝运渎的南段）、秦淮河北段从中山路至洪武北路的水系及九华山沟。总之，直至 20 世纪末，老城内河总体上在持续地收缩消减，从内秦淮河到外秦淮河都是如此，以致沿岸丰厚的历史文化瑰宝，几乎都湮没在污泥浊流之中。直至 2000 年之后，老城内河水系才趋于稳定，且沿河绿地、广场及河岸的文物古迹保护工作都在逐年完善。如 2002 年 7 月制定的《外秦淮河沿线环境综合整治规划》，明确了以明城墙为主线，结合外秦淮河，依托自然山林，串联人文景观，形成"环城绿带"的整治目标；而近几年编制的《老城绿地布局规划》结合外秦淮河、金川河、明御河、内秦淮河、玉带河等河道，已建设滨河绿地 18 万平方米。

1. 薛冰 . 南京城市史 [M]. 南京：南京出版社，2008: 120−127.

2. 南京市地方志编纂委员会 . 南京城市规划志 [M]. 南京：江苏人民出版社，2008: 365.

3. 南京市地方志编纂委员会 . 南京市志 [M]. 北京：方志出版社，2010.

3）生成机制讨论

总体价值取向　新中国成立后对于老城水系的价值观存在一个转变的过程。在新中国成立的最初三十年，在城市整体建设的起伏波动中，内河水系被视同"鸡肋"，不停地被填埋。1978 年之后城市规划步入正轨，对城市河道的生态、景观、历史文化和排水方面的综合价值的认识不断深入。

科学技术发展水平的影响　随着科学技术水平的进一步提高，内河在生活生产供水和城市防洪排水方面承担的压力相应减轻。新中国成立后大厂镇水厂、中华门水厂、大桥水厂等相继建设，市区供水普及率早在 1987 年即已达 100%[2]。而城市通过兴建水库、开挖分洪河道、疏浚和拓宽老河道、建设防洪墙、改建和扩建机电排灌工程等一系列江河治理措施，逐步建立起完善的水利系统，至 90 年代末，市域内已基本不会发生重大洪涝灾害[3]。因此，老城内河已经不再受技术条件的限制而被动地承担复合性的城市功能，转而在城市生态、历史文化和景观休闲等方面发挥积极的作用，兼顾城市排水的基本职能。

规划策略的指引　新中国建立之初，南京城市对民国时期的规划总体上采取的是不继承的态度，因此对于林荫大道系统也没有继续实施。在计划经济时期，城市规划尚未步入正轨，城市建设波动起伏。虽然规划中提出要整治河道，增加滨河绿地，但此时的规划的法律意义不足，老城内河还是被视作"鸡肋"被大量填盖。进入市场经济时期之后，城市经济复苏，城市规划文件的法律效力增强，老城内河在生态、景观、历史文化和城市排涝等方面的多元价值受到重视。历次总体规划和专项绿地规划中不断强调“显山露水”的原则。历史文化名城保护规划中，也显示出不断提升的对内秦淮河南段和历代护城水系的保护意识。但城市建设在修葺和保护老城内河的同时，也曾为缓解雨涝问题和道路建设而继续填埋了部分河段。2000年之后，老城内河及滨河地段的实际建设开始与多元化的价值观相并行，老城内河形成了稳定的结构。

3.3 叠合与比较

对历史的分层解读比较清晰地呈现了水系结构的产生与演变、与城市形态相互作用的过程以及形态背后的动力。本节首先尝试将这些时间切片上的信息彼此叠合，从中读取关于城市水系的形态演化过程；其次比较不同历史阶段中水系参与城市形态构型的原则和方式，在揭示现状水系蕴含的形态价值的同时，理解其形成的特定背景。

3.3.1 形态的叠合

老城内河水系的演化过程

老城内河水系多在古代建都时期开凿或疏浚而成，自民国后少有增设，

图 3-46 金陵古水道图

只在20世纪50年代因金川河主流改道工程略增一段，因此现状水系多形成于古代建都时期。民国年间，朱偰先生在《金陵古迹图考》一书中对南京地区的历史水系加以考证，并作《金陵古水道图》，将民国老城水系与历代已消亡的古河道相叠，比较清楚地呈现了一些历史水系（主要是秦淮水系）的结构关系（图3-46）。

尽管目前对于南京历代都城和内部水系的具体形态尚存一些疑问，但我们根据已有的受到广泛认可的历史地图和复原图资料，按重要的水系生成时期分别作初步的水系定位图，并进行叠合，以揭示现状水系的生成过程。图3-47显示了老城范围内的主要水系在不同历史时期的空间分布，以及与前一时期水系的叠合关系。可以看到，从六朝、南唐至明代，

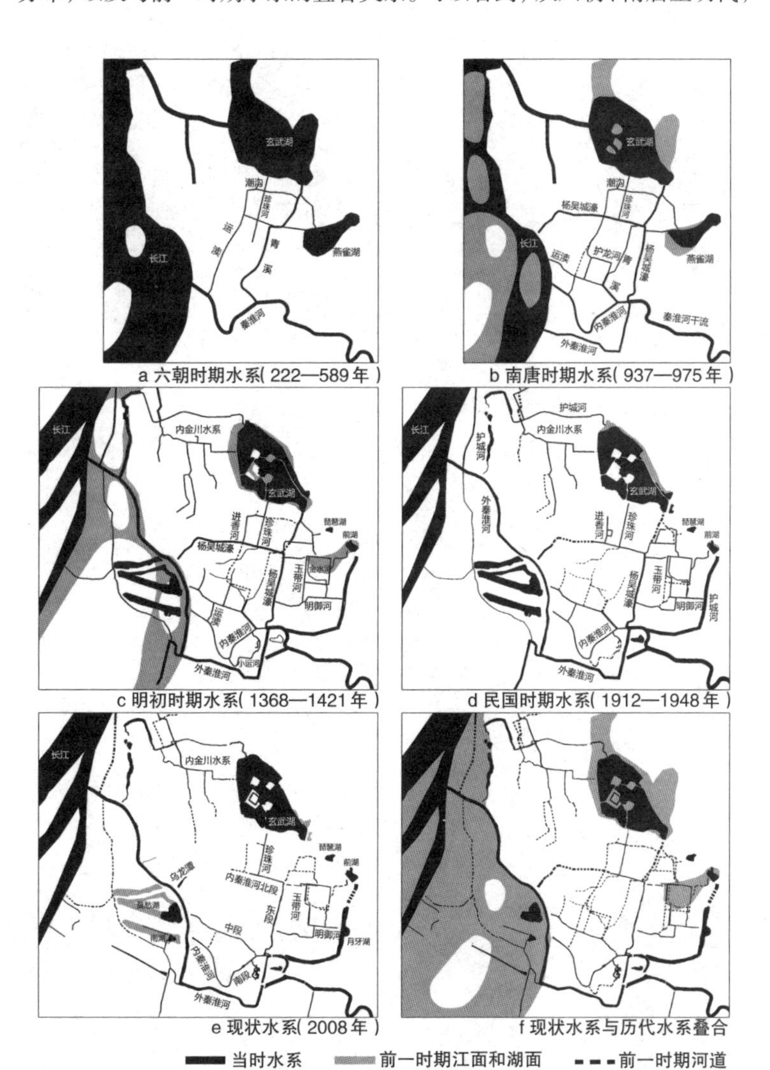

图3-47　南京老城范围内水系演变过程

城市水系的发展大都建立在前朝遗留河道的基础上，水系规模总体上不断增大（图 3–47 a、b、c）。民国之后，老城水系基本上维持明初形成的结构特征，但局部段落开始消亡或改道（图 3–47 d、e）。当我们将现状水系与所有的历史水系相叠（图 3–47 f），会发现留存至今的水系实际上是由不同的历史水系中的一些局部拼合而成的。如果不以层叠的方法梳理，就比较难以理解现状水系的组构过程。如内秦淮河中支，与建邺路并行的西部河段包含了南唐时期开凿的护龙河和运渎，而与内秦淮河南段交接的东部河段却是东吴时期开凿的青溪所残留的局部。

表 3–3 老城内河水系形成时期、名称和现状情况汇总表

<table>
<tr><th>河道形成时期</th><th>当时河名</th><th>河道水源</th><th>现今河道名称及详情</th></tr>
<tr><td rowspan="9">六朝</td><td>淮水、小江</td><td>秦淮河干流</td><td>内秦淮河南段</td></tr>
<tr><td rowspan="2">运渎</td><td rowspan="2">借潮沟引玄武湖水</td><td>原南北向运渎已消失，其中自竺桥至红土桥的一段于 20 世纪末填埋</td></tr>
<tr><td>内秦淮河中段因与运渎相连现也称运渎</td></tr>
<tr><td rowspan="3">青溪</td><td rowspan="3">明代之前以燕雀湖为水源，明代之后引前湖水</td><td>大部分已消失</td></tr>
<tr><td>内秦淮河中段自淮清桥至四象桥段</td></tr>
<tr><td>竺桥至玉带河</td></tr>
<tr><td rowspan="3">潮沟</td><td rowspan="3">玄武湖</td><td>进香河，已于 1958 年盖为暗河</td></tr>
<tr><td>珍珠河</td></tr>
<tr><td>城北堑，尚存局部</td></tr>
<tr><td rowspan="7">南唐</td><td rowspan="5">杨吴城壕</td><td rowspan="5">秦淮河、青溪、借潮沟引玄武湖水、五台山仓山诸山汇水</td><td>干河沿一线已被填盖</td></tr>
<tr><td>内秦淮河北段</td></tr>
<tr><td>乌龙潭已作为公园水系</td></tr>
<tr><td>内秦淮河东段</td></tr>
<tr><td>外秦淮河</td></tr>
<tr><td rowspan="2">南唐护龙河</td><td rowspan="2">东接青溪西接运渎</td><td>东、北、西段均已消失</td></tr>
<tr><td>内秦淮河中段局部</td></tr>
<tr><td rowspan="7">明代</td><td>明城壕</td><td>秦淮河、玄武湖、钟山汇水</td><td>外秦淮河、护城河、琵琶湖、前湖、月牙湖等</td></tr>
<tr><td rowspan="2">明宫城壕</td><td rowspan="2">琵琶湖、前湖</td><td>南段已填埋</td></tr>
<tr><td>玉带河</td></tr>
<tr><td>明皇城壕</td><td>东护城河</td><td>明御河</td></tr>
<tr><td>明小运河</td><td>内秦淮河</td><td>已断流，余下的部分改为白鹭洲公园水系</td></tr>
<tr><td>香林寺沟</td><td>玄武湖、琵琶湖</td><td>仅存南段</td></tr>
<tr><td>金川河水系</td><td>鼓楼岗、五台山和清凉山汇水</td><td>干流（1958 年改道而成）、东段、西段、中段、老干流</td></tr>
</table>

将老城现状水系与已经消失的历史重要水系进行叠合，可以综合显示老城范围内出现过的内河水系在空间中的分布（图 3–48）。从中可见，老城内潜藏着大量已填埋或填盖的河道，它们显示出一些水系原有的完整结构。如杨吴城壕北段，是南唐都城的北部护城河，但其中部分河段已经被填埋。这一河道实际是南唐都城的护城河（杨吴城壕）的北段。在南唐都城城墙已不存在的情况下，曾经的护城水系就是在微观视野下辨识都城空间范围的有效依据。表 3–3 整理了六朝、南唐和明代城市内部所开凿或疏浚的主要水系及其水源，并说明了这些水系在今天留存与消失的段落，以及现在的名称。配合图 3–48 中标示的河道留存情况和名称，有助于对老城现状水系在形成时期上的清晰了解。

老城现状水系的生成时期

从水系的演化过程，可以看到今天的老城水系所呈现的是历史形态层叠的综合结果，它的不同段落来源于各个时期的开凿和疏浚。通过将各时期水系与现状水系叠合，可以明确显示出现状水系的不同段落来源于相应时期的城市水系建设[1]（图 3–49）。总体看来，南京老城现状水系大部分是在东吴、南唐和明代三个时期形成，民国和新中国成立之后仅对局部水系进行改道。而就老城内部河道水系而言，城南、城中区域

1. 此处以水系进入城市建设范围，并受到城市建设控制得以形成的时期为准。例如金川河水系早在六朝时期已有雏形，但其作为城市内河出现是在明初，因此将其形成时间看做明代。

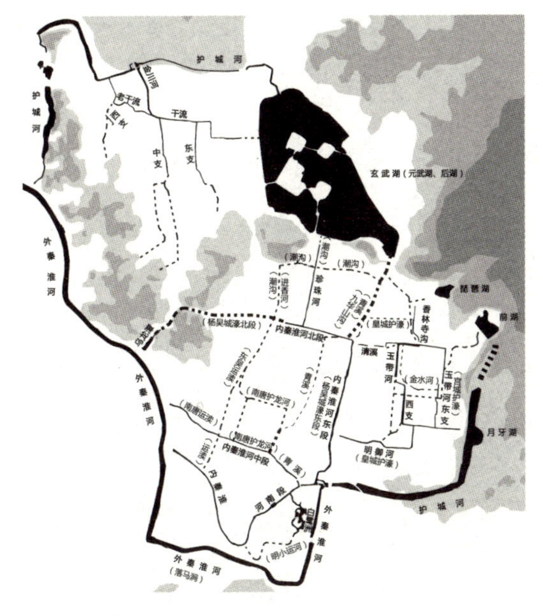

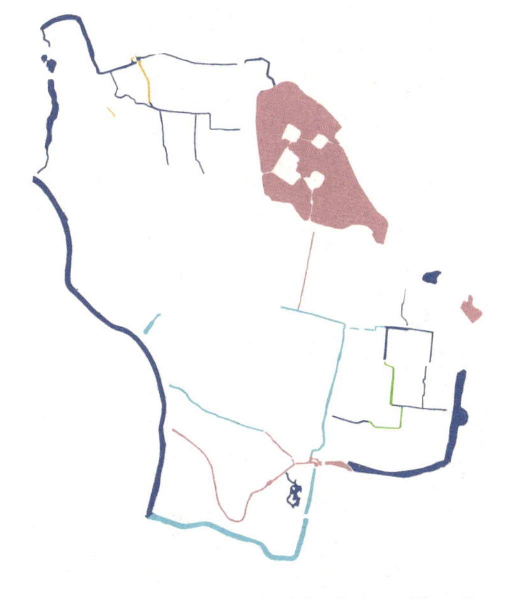

图 3–48　老城现状水系与已消失的重要历史水系叠合图（左）

图 3–49　老城现状水系的形成时期（右）

的水系主要在六朝和南唐时期形成，城东和城北区域的水系则主要在明代形成。

3.3.2 构型原则比较

纵观老城内河水系与城市形态的交互和演化过程，可以看到水系参与城市形态构型的方式随着时代而变迁。在特定时代中的政治、经济和文化背景下，城市赋予了河流水系相应的功能价值，并在一些理想的形态模式的引导下，构建水系与城市形态的关系。

1）古代南京水系参与城市形态构型的原则

中国古代都城是封建政治和军事统治的产物，其政治性要远远大于经济性。尽管中国古代并无系统的城市规划理论，但都城高度的政治意义要求其遵守一些规划建设方面的制度，这些制度在结合了风水、阴阳五行等文化观念之后，对城市的选址和布局产生了很大影响[1]。

在规划制度方面，《周礼·考工记》中的《匠人》提出的营国制度中，王城规划结构有两个突出的特征：一是以宫城为全城规划的核心，宫城位于王城的中心，并通过主轴线来强化宫城的主导地位；二是王城为重城环套形制，形态方整[2]（图 3-50）。但是营国制度中体现的理想形态更适用于北方平原地区，而南京所处的江南丘陵水网地区难以完全照搬。因此，在历代都城的具体布局上，虽然强调主轴线的布局，但在都城整体形态上又结合了以《管子》为代表的因地制宜的思想，并不强求形式上的规整，而是“因天材，就地利”。

1. 董鉴泓. 中国城市建设史[M]. 北京：中国建筑工业出版社，2004: 223-248.

2. 贺业钜. 考工记营国制度研究[M]. 北京：中国建筑工业出版社，1985: 26.

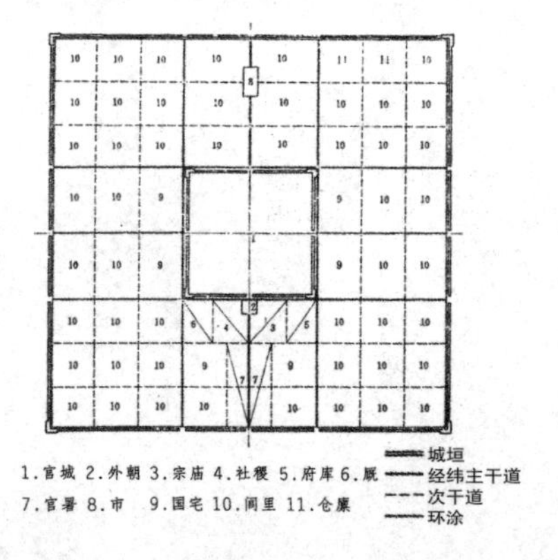

图 3-50 西周王城规划结构示意图（左）

在文化观念方面，中国古代有着“天人合一”的自然观，这一哲学思想在“风水说”或“堪舆学”中，演化为城市选址和营建上的基本原则[1]。这一原则投射在空间上，形成一种背山面水、负阴抱阳的城市总体空间格局：城址背后有主山，左右有次峰或冈阜作为左辅右弼山，前面有弯曲的水流，还有案山。轴线最好是坐北朝南，但只要符合这套格局，轴线也可以偏转。城址处于这个山水环抱的中央地带，其地势平坦且具有一定坡度。

南京在作为六朝、南唐和明代都城的营建过程中，一方面借鉴上述礼制规范和风水观念，另一方面结合山水地理和既有建设形成的现状条件因地制宜地加以改造，从而造就了中国古代罕见的不规则的都城格局。尽管城市整体格局看似独特，但如果将关注点收缩至皇宫区范围，会发现这个核心区域始终遵从着理想形态模式的指引（图 3–51）。

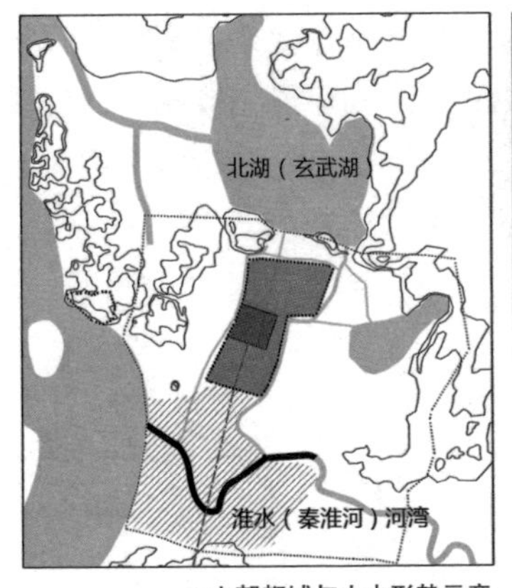

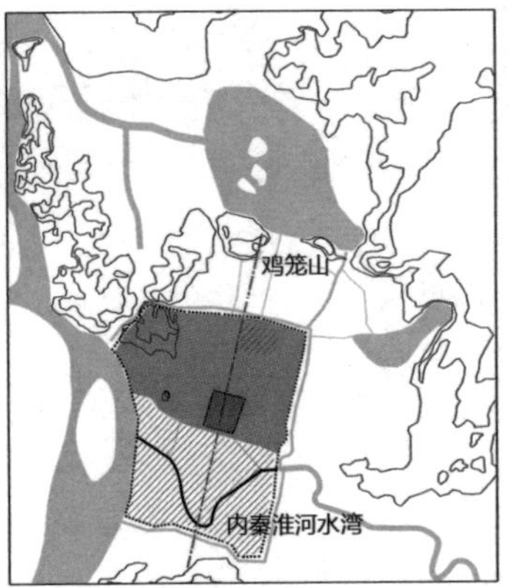

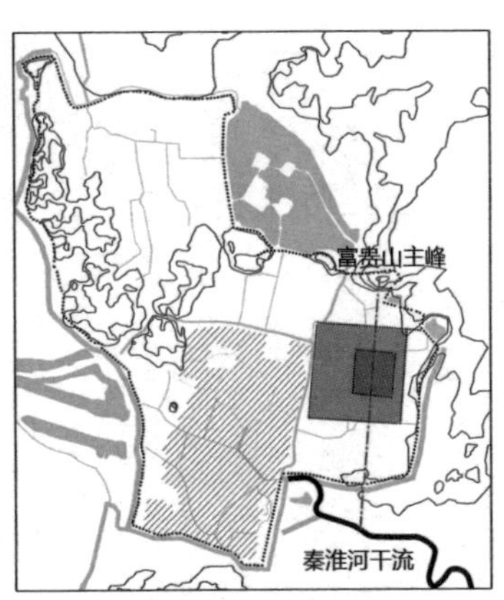

图 3–51　古代南京皇宫区选址和定位方式示意图

六朝时期的都城实际上只相当于后世的皇城，其选址方式与风水观念中的最佳城址模式相似，更以秦淮河的水湾作为都城主轴线的定位点（图 3–51 a）；在南唐时期，都城“前倚雨花台，后枕鸡笼山”[2]，并以秦淮水湾与鸡笼山定位都城主轴线，虽然此时将秦淮水湾纳入城内，但运渎以北的皇宫区，仍符合背山面水的基本格局（图 3–51 b）；在明朝初期，皇宫区的建设不惜以填燕雀湖为代价，选址在富贵山主峰和秦淮河干流之间，并参照《周礼》建立了完善的宫室制度（图 3–51 c）。从东吴顺应山水形势择址建城，到南唐尽可能按规制建设，再到明代主动改造地形以达到理想模式，这一过程显示出理想的都城规制和山水格局始终左右着古代南京城市的形态演化。

1. 王其亨 . 风水理论研究 [M]. 天津：天津大学出版社，2005: 37.

2.（明）顾启元《客座赘语》卷一载：盖其形局，前倚雨花台，后枕鸡笼山，东望钟山，而西带冶城、石头。四顾山峦，无不攒簇，中间最为方幅。

1. 袁敬诚，张伶伶 . 欧洲城市滨河景观规划的生态思想与实践 [M]. 北京：中国建筑工业出版社，2013: 43.

2）近现代南京水系参与城市形态构型的原则

近现代南京城市建设开始由城市规划进行控制和引导。同时，随着晚清之后城市经济技术的发展，老城内河在古代所具有的军事防卫、生产生活、交通运输等大部分实用功能逐渐被取代。老城内河的形态价值不再是源于政治意图或实际用途，而更多地来自城市公共生活对空间物质形态的诉求。

中华民国代表了一种有别于封建王朝的新社会的开始。《首都计划》明确提出以人为本的宗旨，宣称首都建设要能“使南京市民在精神、形体、经济各方都获得利益”。这一宗旨造就了全面提升内河公共性能的规划原则，进而形成了利用内河系统作为带状公园，连接城市五大公园的设计方案。当然，这个规划方案也并非凭空产生，它受到了当时国际风行的景观规划理想模式的影响。19 世纪西方城市开放空间规划的主导思想是建设绿色斑块，即公园，其中以奥姆斯特德设计的纽约中央公园为代表。20 世纪初开放空间规划的重要思想是建设绿带，即公园道或者绿色通道，其中以欧洲的林荫大道、英国泰晤士河的步道系统、美国波士顿的“翡翠项链”公园系统为代表[1]（图 3–52）。《首都计划》中的“公园和林荫大道系统”比较接近绿色通道的规划模式，同时结合了南京当时的自然人文景观资源。

图 3–52 美国波士顿的“翡翠项链”公园系统

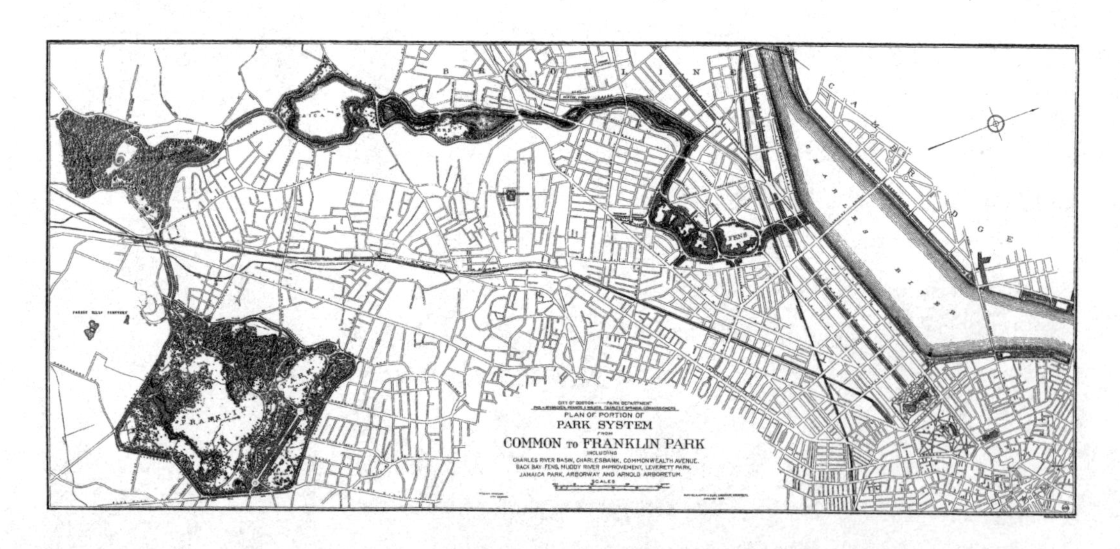

新中国成立至今，在有关老城水系和滨河区的规划工作中，应该说并不存在一个鲜明的理想模式。实际情况是伴随着城市对历史文化保护和自然生态系统建设等方面理论认识的加深，逐渐形成多元化的城市内河系统建设目标。这个目标在具体的规划中主要表现在两个方面：一是使老城内河成为整体城市生态景观系统的有机组成部分。这个网络的含义较民国时期的林荫大道系统要更为深入和复杂，它包含了老城内外不同等级和类型的自然要素，构筑了一个多层级的开放空间系统。二是从历史保护的角度对部分水系及其滨河地段采取具有针对性的保护和更新策略，相应延续了水系在历史时期产生的形态作用。

3.3.3　构型模式比较

在南京城市形态发展演化的过程中，内河水系在各个历史阶段不同程度地参与了城市总体形态的构型。当时代变迁，城市的政治制度、经济技术和社会文化发生转变时，内河水系的构型方式也相应变化。

1）老城历史内河水系的形态角色

南京老城的内河水系因其担负城市职能而产生并发展，进而对城市施以不同程度的形态作用，大致存在五类。

形态主轴　以居民的生活、生产及商业活动为主导功能，兼有交通航运、景观娱乐、防洪排涝等功能的内河水系。这一类水系与居民生活和生产密切相关，一般与生活和商业中心相复合。河道上桥梁密集，两岸聚集了大量生活、商业及生产类建筑。

形态骨架　包含交通骨架和景观骨架。前者是以交通运输为主导职能，兼有防洪排涝和生活生产等作用的内河水系。古代城市内河水系一般具有交通运输的作用，其中为了便于皇宫物资运送而特别疏浚开凿的水系，一般称为运渎。景观骨架主要出现在民国之后，为市民提供连续的公共活动场所，兼有城市排水的作用。两类骨架的滨河地段一般与城市道路系统联系紧密。

形态边界　以军事防御为主导职能，兼有防洪排涝和交通航运等功能的内河水系。主要指宫城、皇城和都城的护城水系，其中都城护城河一般也作为城市运输干线，在进入城市建设范围之后有可能转化为交通骨架。防御型水系通常较宽，桥梁与城门位置对应，密度相对较低。水系两岸形态对比鲜明，这种差异有可能延续至今。

定位性元素 水系在空间轴线上的定位作用与其他职能不同，并非源于某种使用价值，而是由特定的社会文化力量所决定，是对水系含有的几何图形特征的利用。对于南京而言，水系对城市总体轴线的作用表现为远程作用，滨河地段形态的形成过程和特征与其定位作用并无必然联系。而水系对滨河特殊建筑群轴线的定位作用则对周边的路网组织产生影响。

附属性元素 以防洪排涝为主导职能，可能兼有交通航运、生活生产等功能。这一类水系对两岸形态作用微弱，水系自身形态和两岸建设都较为不稳定。

图 3-53 显示了水系在各建都时期所起到的形态作用及其布局特征。可以看出，随着社会制度的变革和科技水平的发展，水系的形态作用也

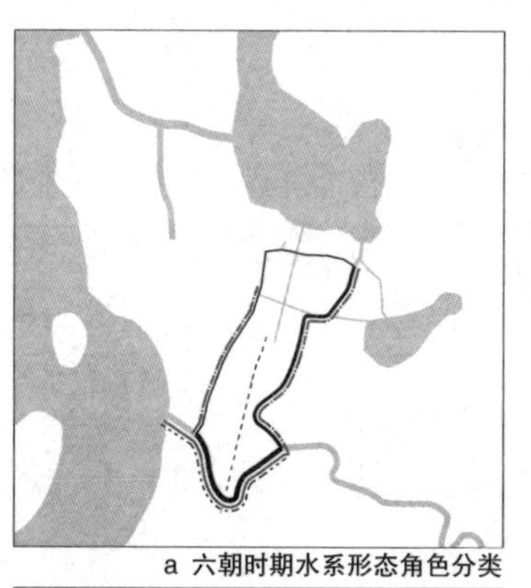

a 六朝时期水系形态角色分类

b 南唐时期水系形态角色分类

c 明代时期水系形态角色分类

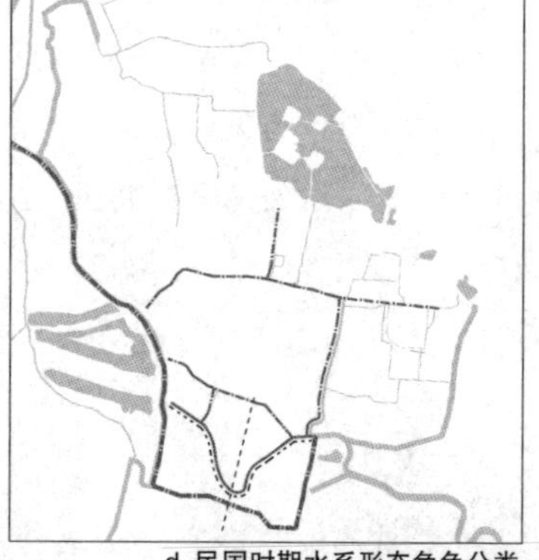

d 民国时期水系形态角色分类

图 3-53 南京各历史时期水系形态角色分类

发生了转换或叠加。

六朝时期以潮沟、运渎、青溪和秦淮河为都城边界，其防御作用甚至超过了城墙，即所谓“因嵌为城”，同时将秦淮河水湾作为城市主轴线的南侧定位点。由于“城”“市”分离的布局特点，秦淮河南部密集的居民区与北岸皇宫区相对独立，以秦淮河为商市、交通、生活的主轴。运渎和青溪都是交通骨架，其中运渎承担了将物资由秦淮河运往皇宫仓城的作用，青溪则为官宦贵族由皇宫去往秦淮河南岸居住区的交通要道。

南唐时期，杨吴城壕与长江是都城的边界，同时也是外围运输干线。秦淮河水湾仍旧是都城及宫城主轴线的定位元素。城内由青溪和运渎引水改道而成的护龙河是宫城边界，其南段东接青溪、西接运渎，是皇宫区的边界，也是城内运输骨架。沿秦淮河两岸的居民区进入都城范围，内秦淮河是商市和生活的中心。

明代以外秦淮河、护城河、玄武湖等水体为都城边界，以杨吴城壕东段、皇城和宫城护壕为皇宫边界。由于明代基本保留了南唐旧城的原有格局，因此内秦淮河延续了居民区域形态主轴和为城市区域定位空间轴线的意义。运渎、青溪、杨吴城壕与金川河水系成为都城内重要的交通骨架。

民国时期，老城水系不再具有防御边界作用，除外秦淮河仍是重要航道之外，其他河系也不再具有交通运输作用。南唐旧城于民国时期在老城基底上叠加了干道网络，城市的商业办公区域开始沿干道生长，但内秦淮河仍保持部分形态主轴的意义，其轴线定位意义也通过中华路和夫子庙留存下来。其他大部分老城水系都成为兼有排水功能的景观骨架。1949 年后，老城水系的形态作用与民国时期大体相似。

2）老城现状水系参与构型的程度

比较老城现状内河水系对城市整体形态的构型作用程度，大致将水系可分为三类（图 3–54）：

图 3–54 南京老城现状水系参与城市形态构型的程度比较

内秦淮河南段推动了城市的形成与发展，具有最强的构型作用

内秦淮河南段兼有城市空间定位和地段形态主轴的双重作用。这一河道在城市层面上影响了六朝都城的选址，其水湾是六朝和南唐都城主轴线的定位要素，间接控制了城市大部分区域的网脉特征，可以说从根本上推动了城市空间格局的生成和发展。同时，内秦淮河自秦汉时期就开始主导两岸有机网络的发展，具有汇聚商业、手工业和文化设施的能力，至今仍发挥着网络中心的作用。

内秦淮水系其他河道多为形态边界或骨架，具有较强的构型作用

内秦淮河东段、北段和中段作为南唐时期的形态边界，在方向上受到都城主轴线的控制，与同时期形成的路网并行。明御河、玉带河和清溪等水系多是明代皇城或宫城的边界，在方向上受皇宫区主轴线的控制，与城东区域的大部分路网相协调。民国时期曾计划沿部分河道设带状公园，并使城市干道与之相邻，由此造就了今日具有高度可达性和可视性的滨河景观。在城市历史空间格局上，作为边界的水系显示了南唐都城与宫城、明代宫城与皇城的空间范围。而进香河、南北向运渎、九华山沟虽然已经消失或被填盖，但城市道路暗示了六朝皇宫的大致范围。在文物古迹的分布上，这类水系作为护城河，与历代宫城、皇城、都城的城门和城墙等军事城防类文物古迹有密切的关系。边界性河道的防御特性在当代已经消解，但其形态边界的作用导致了桥梁的密度总体偏低，同时两岸的形态也有可能具有结构上的差异。

内金川河水系在明代具有部分形态骨架作用，构型作用较弱

在新中国成立之前，南京的建设主要集中在鼓楼岗一线南部，并呈现由南至北、由西向东的发展趋势。因此直至新中国成立初期，南京市区居民仍聚集于鼓楼以南的老城区，以及中华门外和下关地区[1]。秦淮水系自六朝时期已进入城市建设范围，其中内秦淮河南段周边的建设活动更是早在东吴建业城建设之前就已经有所发展。而金川河水系在明代才初次进入都城范围，且仅作为空阔的军卫区中的运输水道，对城市形态的作用相对校弱。新中国成立之后对城北区域的建设中，尚未能从空间形态的角度全面协调金川河水系与城市道路和用地等其他要素间的关系。

1. 薛冰 . 南京城市史 [M]. 南京：南京出版社，2008: 104.

3.4　本章小结

本章在相对宏观的视野下，从描述城水总体形态结构关系，到沿着时间线索分层解读老城与内河水系的形态交互过程，再到叠合与比较水系在不同时期参与城市形态构型上的原则和方式，使老城内河伴随城市的生成与发展而积淀下的形态信息比较清晰地呈现出来。

首先，目前的南京城市建设范围已经远远越出明城墙的限定，而老城内河水系也只是南京地区相关的水系结构中的局部分支。因此对老城和水系的空间格局关系的认识，以及对老城内河结构特征的认识都是以更广阔的市域空间范围为背景的。在目前南京市域的空间尺度参照下，老城内河水系几乎是隐性的，对其形态价值和特色的讨论势必要限定在老城空间的尺度内。其次，内河水系的结构总是伴随着老城建设的重要阶段发生明显的变化。在每一阶段中，水系受到当时的社会背景、技术水平和营建规划策略的综合影响，以多样的方式参与城市形态的构型，具有表达各阶段城市空间格局特征的作用。最后，通过将不同时间切片中的形态信息进行叠合和比较，可以清楚地看到老城的现状水系基本来自古代南京在不同阶段的城市建设。这些水系大多承担过重要的城市角色，其角色会随着时代的变迁和城市的生长而发生转化或累积。现代南京对内河水系的全面继承，实际上为保护与展示这些历史水系曾有过的形态价值创造了条件。

当然，水系自身是无法表达其形态价值的。水系对城市的形态作用更多地蕴含在与城市其他要素的关系中，因此需要借由其他要素进行表达。这些与水系有密切关系的要素往往聚集在滨河地段，下一章即会对滨河地段的结构与类型特征进行解析，从中读取水系与地段要素间的关联方式，并观察城市层级与地段层级之间存在怎样的连续作用。

第四章　南京老城滨河地段的形态结构与类型

在宏观视野下，南京老城整体形态与水系的交互与演化，使内河水系携带着城市形成和发展的印记，嵌入老城的形态结构。当研究视野转换至中观时，城水之间的交互作用也将渗透至滨河地段，使之与远离水岸的城市区域显现出差异。本章尝试解读老城滨河地段的结构与类型特征，揭示水系与城市的交互作用如何转换为滨河地段的特有形态，分为三个部分："滨河地段的总体特征""滨河地段形态的构成解析"以及"水系在滨河地段中的构型方式比较"（图 4–1）。

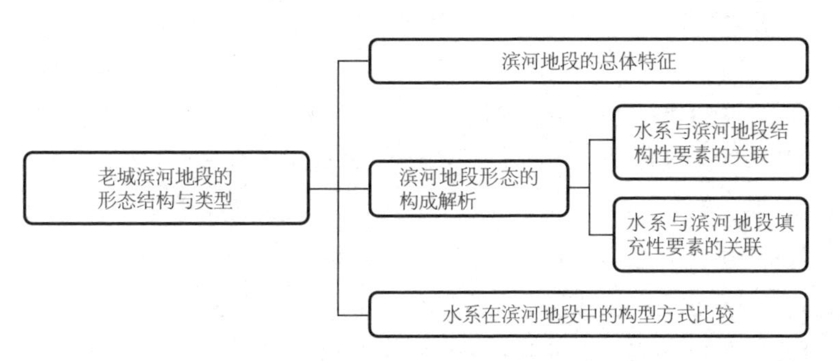

图 4-1　老城内河滨河地段的研究思路

首先，滨河地段是城市的局部，其基本形态特征必然受到城市或片区结构的总体控制。因此，面对老城范围广阔且复杂多样的滨河地段，笔者关注老城形态是否存在整体性的分区特征，这将为滨河地段提供粗略的类型划分依据。其次，地段的特征表现为水系如何与地段内部各类形态元素发生关联。这些元素可以分为两大类，一类是具有形态控制作用、相对独特的结构性要素，如重要道路、空间节点、标志物和边界等；另一类是具有形态填充作用、普遍存在的填充性要素，如不同城市区域的平面单元，或者说肌理特征。对于结构性要素，研究将关注要素的构成和空间分布，解读水系与这些要素的内在结构关系；对于填充性要素，研究将在各形态区域中选取样本，提高精度，观察水系与各形态区域中的平面单元具有怎样的联系，如水系对街道布局的影响、与地块划分逻辑的关系等。最后，通过比较，系统理解不同类型滨河地段的形态特征及其在公众认知方面的作用。

4.1 滨河地段的总体特征

本节尝试从整体上把握老城滨河地段的特征。首先讨论“滨河地段”的空间范围，大致限定研究所关注的区域；其次从老城总体形态的演化规律中观察滨河地段的基本结构类型特征；最后，明确构成滨河地段的物质空间要素。

4.1.1 滨河地段的研究范围

城市滨河地段即滨河区是城市中陆域与内河水域相连的一定区域的总称，一般由水域、水际线（岸线及护岸）、陆域三部分组成。滨河地段的范围具有不确定性，是城市陆地与水体及其利用策略相互作用的区域，在沿岸线方向和垂直于水体的腹地方向都不存在绝对界限。一般认为滨河地段与城市的历史文化、规划布局、发展程度、气候条件和地段特点等密切相关。明确地限定滨河区的范围在施行计划方面是很有效的，特别是根据法律对其进行开发和保护的时候。例如，美国《沿岸管理法》和《沿岸区域管理计划》中所说的沿岸区域，水域包括水际线到领海部分，陆域包括从水陆线开始的 30~8000 米，或者一直到道路干线的范围[1]。但像这样限定滨河区范围的例子极少，不同学术领域中对滨河区范围的解释也有所不同。目前至少有四种大致判断滨河地段范围的方法：

依据人的步行范围判断滨河区的范围 C. 亚历山大在《建筑模式语言》中提出滨河地带的范围随水体的类别、沿水开发区的密度以及生态条件的不同而变化。空间范围可以模糊地理解为包括 200~300 米水域空间及与之相邻的距离为 1~2 千米纵深的城市陆域空间，相当于步行 15~20 分钟的路程。

依据滨河地段土地利用的公共程度 道格拉斯在《城市滨河开发》中提出，水环境对人的影响范围受滨河区城市土地使用性质的影响：以滨河商业、文化、公园及综合活动区为主的公共性较强的地区影响范围较大，

1. 袁敬诚，张伶伶 . 欧洲城市滨河景观规划的生态思想与实践 [M]. 北京：中国建筑工业出版社，2012: 4.

反之，私密性较强的地区如滨河工业区、港口、居住区等影响范围较小。

依据起到边界作用的城市物理障碍　可能形成空间界限的物理障碍主要是指水岸附近的特殊地形条件、铁路、高等级城市道路及连续的非公共用地。其中的一些自然地形也可能是流域的界限。

依据滨河地段中城市肌理受水体影响显示出的特征　对历史城区而言，经过长期的积淀和演进，滨河区的物质空间形态往往会呈现出与远离水岸的区域不同的肌理痕迹。这种城市肌理的差异可以成为城市设计领域观察城市滨河区范围的直观依据。

上述四种判断范围的方法，综合表达了两个认识滨河地段的途径：一是以居民一定时间内的步行距离为理论研究范围；二是以人在空间中对水域的实际感知程度为体验范围，也就是由居民认识内化的程度来确定。C. 亚历山大提出的步行距离更多与较大尺度的水体滨河区相关，对南京老城内河而言，内河面宽多在 10~50 米，以纵深 1~2 千米的城市陆域空间作为滨河地段将覆盖老城的大部分空间范围。因此，本章尝试将研究聚焦于沿河两岸与人的认知和活动关系较为密切的区域。具体而言，是以人在河道两岸步行 5~10 分钟的距离，即以水际线向城市内部延伸 400~500 米的范围为基础的研究范围（图 4–2）。此外，研究将重点关注连通度较高的内河水系的滨河地段，因此不包含已经与网络脱离的部分，或属于公园绿地内部的景观水系，如乌龙潭、白鹭洲和金川河西支上的孤立河段。

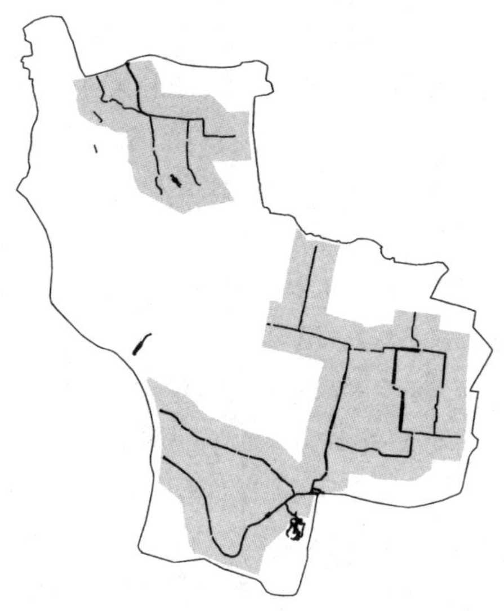

图 4–2　老城滨河地段的研究范围示意图

4.1.2 老城形态分区与滨河地段的段落差异

南京老城各部分的建设步调并不统一，有的可以追溯至秦汉时期，有的至新中国成立后才有所发展。这令不同区域表现出差异较大的形态结构，也使隶属于不同区域的滨河地段被拥有了不同的结构与类型特征。

1）老城的形态分区

城市形态的演化过程与经济和社会发展相关，在不同的地区、不同的文化时期，受到影响的顺序和内容各不相同，每个时期都会在景观中留下它特有的物质遗存，从地理学的视角观察，这样的时期可以被定义为形态时期(morphological period)[1]。老城的形态发展含有明显的形态时期，每一时期在建设范围上既有与前一时期的重叠之处，也有新增开拓的区域。在历经多个时期的层叠和增拓之后，今日的老城必然因不同形态时期物质遗存的分布而显露出分区特征。

纵观南京城市从东吴时期到今日的建设发展过程，可以看到城市的核心建设范围大体上呈现出由南向北、由西向东的扩展过程。六朝时期的建业城和建康城，所筑宫墙（东吴、东晋仅为“篱墙”，南朝始筑土墙）多用于“卫君”，相当于后世的“皇城”，因此都城与沿秦淮河分布的居住区相对独立（图 4–3a）。南唐建国于战乱不息的时期，因此江宁府的建设非常注重“守民”，将南面秦淮河下游两岸富庶的商市区和稠密的居住区纳入主城区，形成政治、军事、经济相结合的“城”“市”统一体。从六朝至隋唐时期的城市发展状况看，此时的居民区还没有发展到运渎以北[2]（图 4–3b）。明应天府城的建设分为三个区域：以南唐旧城为经济活动综合区，建设上以沿用和进一步填充为主；杨吴城壕以东为政治活动综合区，填燕雀湖新建宫城和皇城；向北跨越五台山、鸡笼山一线山脉，拓展出军事防卫区，但这一区域少有建设（图 4–3c）。清代将明代皇宫区域改为清军驻防城，城市建设范围与明初相似(图 4–3d)。民国南京城市主要的建设区域仍集中在明代都城范围之内，但受西方城市规划理论的影响，这一时期老城的形态秩序得到整理和重塑。老城内的建设重心逐步沿中山北路向北拓展，东部发展缓慢（图 4–3e）。新中国成立后，老城内部被不断填实。20 世纪 70 年代之后，城市建设突破明城墙范围，建立了更为宏大的整体秩序（图 4–3f）。

1. CONZEN M R G. Alnwick, Northumberland: a study in town-plan analysis[M]. London: Institute of British Geographers, 1960: 8.

2. 薛冰 . 南京城市史 [M]. 南京：南京出版社，2008: 50.

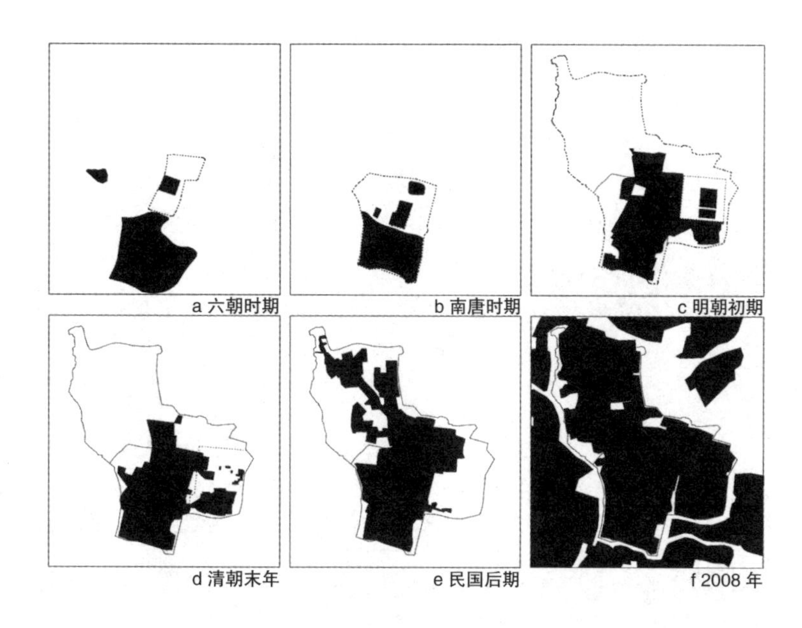

图 4-3　南京老城各历史时期建设范围的增长与演变

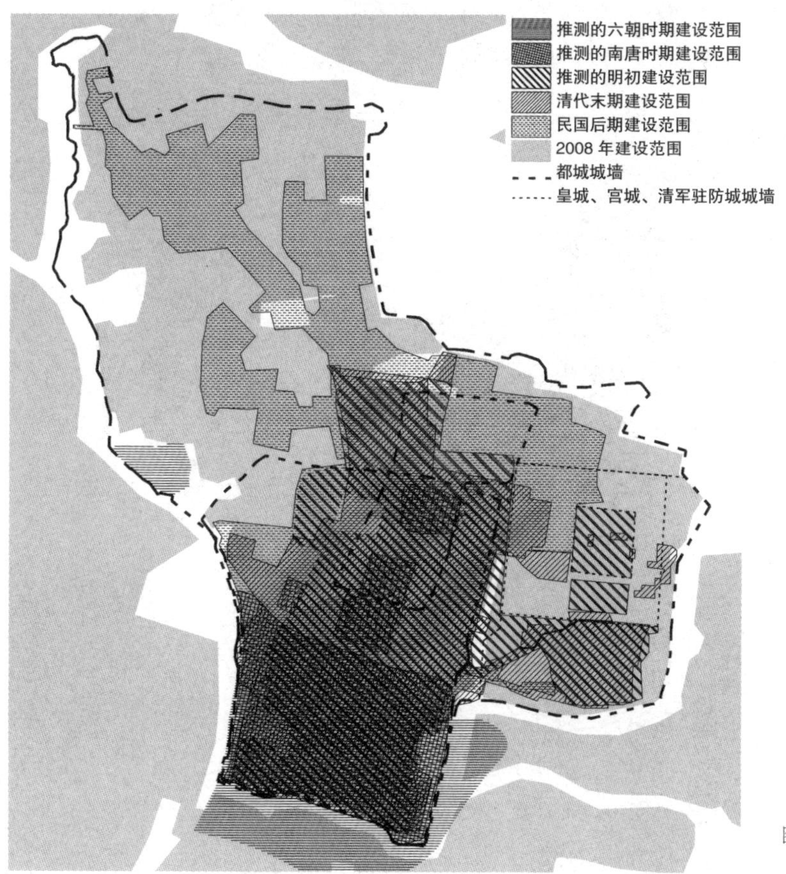

图 4-4　南京各历史时期主要建设范围的叠合示意图

图 4–4 是对各历史时期建设范围的叠合示意，是对老城形态发展历程的累积性记录。每一个形态时期内的建设活动，都与其所处区域的文化历史一起，被深深地镌刻在城市外貌及其建成区的肌理上，而接下来的时代会或多或少地改写前一时期的形态结果。对形态时期建设范围的叠合，意味着城市各个局部在土地利用、街道、地块和建筑格局上所呈现出的是多个形态时期留下的综合烙印。而因叠合方式造成的局部间的差异构成了城市形态分区的基本依据。这一分区将有效解释不同形态区域内的滨河地段彼此间的形态差异。

笔者依据不同区域包含的层叠信息，结合各区域在各历史阶段的主要功能，将老城大致上分为城南、城中、城东和城北四个形态区域。进行形态分区是为便于形态认知，实际上不存在绝对的界线。城南区域主要指门东、门西及周边地区，与南京历史文化名城保护规划中的“城南历史城区”大体一致[1]；城中区域主要指南唐旧城和明代国子监所在地区；城东区域以明代皇宫区为核心，包含历史文化名城保护规划中的“明故宫历史城区”；城北区域则主要指鼓楼岗一线山脉以北，曾为明代军卫区的地区（图 4–5）。老城滨水地段与形态区域叠合如图 4–6 所示。

1.《南京历史文化名城保护规划（2010—2020 年）》中定义的“城南历史城区”主要指门东、门西及周边地区，北至秦淮河中支（运渎）、东西分别至外秦淮河、南至应天大街，总面积约 6.9 平方千米。“明故宫历史城区”主要指明故宫遗址及周边地区，东、北、南至明城墙、护城河，西至龙蟠中路、珠江路、黄埔路和解放路，总面积约 6.5 平方千米。

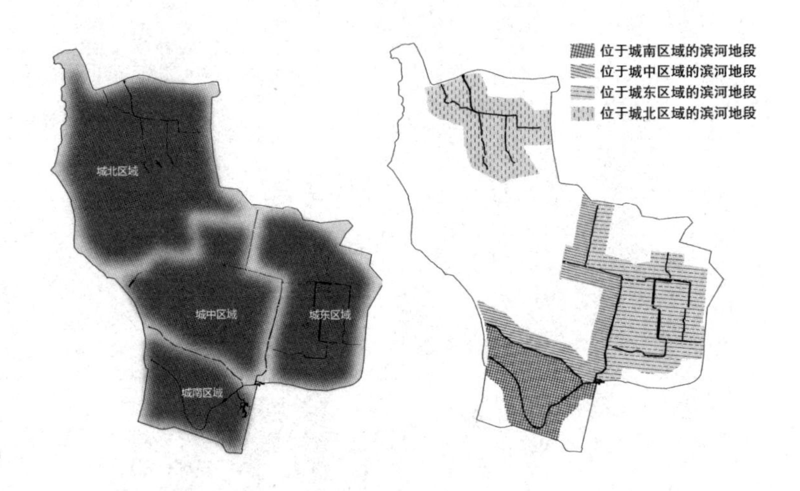

图 4–5 老城形态分区示意图（左）

图 4–6 老城滨河地段与形态区域叠合示意图（右）

城南区域

城南区域是老城建设历史最为久远和复杂的形态区域，其建设时期可以追溯至秦汉时期。自六朝时期以来，南京老城南地区一直是围绕市民生活展开的小商业中心，在明代，由于城市经济的空前繁荣以及官府将这一地带定位为手工业聚居地点，河系两岸的手工作坊和商市尤为兴盛。明成祖朱棣迁都之后，城南区域的人口密集程度和商业手工业发展都受到影响，但以夫子庙为核心的传统商业中心、河岸明清传统住宅和会馆、丝织工坊等遗存至今。民国时期南京建立了城市主次干道体系，城南区域明显的由稀少干道叠加有机网络式街巷的格局特征延续至今。

城南区域的现状内河主要是内秦淮河南段、运渎与青溪（两者合为内秦淮河中段）。其中，内秦淮河南段与青溪历史悠久，早期可能为自然河流，运渎是南唐时期开凿的人工运河。内秦淮河南段在东吴建业城建设之前就是两岸居民生活的中心，六朝时期在延续商市中心意义的同时兼做北部皇宫区的防御边界。青溪在六朝时期是都城的东部边界，也是交通运输的骨架，至南唐时与运渎合并，兼做南唐皇宫区与市民密集区域的分界。至明代，青溪与运渎已完全融入市民生活区域，成为商市集中的形态主轴。这一区域内的河系在自身形态和对城市的形态作用上都表现出高度的稳定性。

城中区域

城中区域在六朝时期已有部分属于皇宫区，但六朝都城在隋唐时期几乎成为废墟，在现今城市形态中遗留的痕迹仍待考证。南唐时期，这一区域的秩序再次建立，并作为南唐都城中的皇宫区。明代至民国时期，城市整体形态发生重要变化，但对南唐旧城采取了保留和利用的措施。民国期间建设中山大道，并将城市中心定于新街口地区，这对城中区域的形态发展产生了强烈的影响。这一区域有着类似城南区域那种明显的层叠特征，但其建设过程相对不稳定，在近现代城市发展中则受到了较多的规划干预。

城中区域的现状内河主要是杨吴城壕东段（内秦淮河东段）和北段（内秦淮河东段），基本上是南唐时期人工疏浚开凿的运河。南唐时期，这些河道均作为都城护城河，城市建设由城市内部向河道进行。至明代，河道具有双重作用，一方面是作为皇宫区与市民区之间的边界，另一方面兼作南唐旧城与北部国子监区域、东部皇宫区相互联系和物资运输的骨架，城市建设由河道向内部填充。杨吴城壕干河沿一线河道自民国时期就不断淤塞，于 20 世纪 70 年代末被填盖。

城东区域

城东区域成型于明初建都时期，时人通过填燕雀湖建设皇宫区。这一区域在明初于短期内建设成型，在清代作为清军驻防城的时期内，区域内的建设除宫城内部外，主要集中在南侧官署区。民国期间拆除明故宫，并以中山东路为界，南部建设了飞机场和少量住宅区，北部逐渐形成军政和文教区，大部分用地直至新中国成立后才开始建设。计划经济时期按照“宽马路、大街区”的模式整体建设这一区域，在民国的建设基础上进一步填充了大量住宅区和与军事用地，填充方向总体上自西向东。城东区域建设周期较短，且随着社会制度的变革发生了结构性的颠覆，在今天的城市形态中表现出低密度街区的特征。

城东区域的河道主要是明代宫城与皇城的护壕，是于明初在青溪、燕雀湖等水系的基础上开凿的人工运河，在明故宫飞机场的扩建过程中发生过局部改道。水系在明清时期作为防御边界，至民国期间有一部分成为特殊用地的边界，其他则与周边空地一同荒置。

城北区域

城北区域在明初建都时进入都城建设范围，但作为军事防卫区仅有极少量的仓库、军营和住宅建设。民国期间中山北路等干道的建设明显带动了城北区域的建设发展。以中山北路为轴，出现了大量办公区、商业区、军区、文教区和住宅区。由于战争对城市建设的阻断，《首都计划》为城北区域规划的与中山北路相适应的路网结构未能形成。而在经历了计划经济时期低密度路网的整体铺设后，城北区域整体上建成了不规则和低密度的叠合路网。

城北区域的内河由内金川河水系构成。金川河曾经是秦淮古河道的一部分[1]，在秦汉时期与秦淮河分离，是连接长江与玄武湖的自然河流。河道于明代被纳入都城成为内河，此后逐渐缩窄，承担过军卫区内的交通运输作用。金川河水系的形态作用比较微弱，在民国《首都计划》之后，因首都计划未能实施，金川河水系才得到保留。

2）滨河地段的段落差异

以时间为线索进行形态区域划分，为总体上把握老城滨河地段的基本类型提供了依据。下文将粗略地呈现不同形态区域的滨河地段在道路结构和用地结构上的基本特征，作为深入解读地段形态构成的基础。

1. 石尚群，潘凤英，缪本正．南京市区古河道初步研究 [J]. 南京师大学报（自然科学版），1990（3）：74–79.

老城滨河地段的道路结构特征

从南京城市形态形成与发展的过程来看，秦淮河从先秦时期就左右了两岸自发生成的有机网络，至东晋时期，丞相王导规划建康城的构思是“置制纡曲”，因为“江左地促，不如中国，若使阡陌条畅，则一览无尽，故纡余委曲若不可测”。以宫城为中心轴线的御道和沿宫城南侧东西向大街组成的丁字形道路为骨架，随河道地形组成坊里路网 [1]。秦淮河水湾对六朝和南唐时期的城市轴线的定位作用，间接影响了城中区域和城南区域主要道路的格局。明代都城在皇宫区新建立的轴线影响了城东区域的路网与水网的总体结构。民国时期的《首都计划》对人口密集的城南和城中区域，采取了“因其固有，加以改良” [2] 的基本态度；对于城市北部和东部区域，因大部分地方尚为空地，规划路网被设计为较为规整的网格系统；对于城西山地连绵的区域，则采取与等高线相结合的路网设计。新中国成立后的南京城市，以老城为核心，不断向外扩展城市区域。在老城道路系统的规划上顺应交通需求，进一步拓宽原有道路或增设干道，但其基本格局仍延续了民国时期的主要特征。

老城的路网历经了不同历史时期的层叠与拼贴，因此现状中的路网骤观之下是繁密复杂的（图 4-7）。通过对 2006 年老城控详中的土地利用现状图和调研补充信息的综合整理，可以看到路网结构及其与内河的总体关系在不同的形态区域中有所不同（图 4-8）。

1. 南京市地方志编纂委员会 . 南京城市规划志 [M]. 南京：江苏人民出版社，2008: 49.

2.（民国）国都设计技术专员办事处 . 首都计划 [M]. 南京：南京出版社，2006: 64

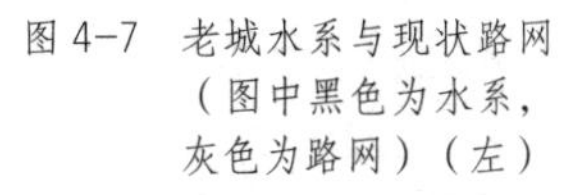

图 4-7　老城水系与现状路网（图中黑色为水系，灰色为路网）（左）

图 4-8　老城各形态区域水系与路网的形态关系（图中黑色为水系，灰色为路网）（右）

在城南区域，干道网、支路网和水系形成层叠式网络：上层为以南唐都城轴线方向为主导的干道网格，大约为南偏西 14 度。其中，核心干道（中华路）大致位于内秦淮河 V 字形水湾的对称轴线上，作为底层的支路及街巷则呈现出水系主导下的有机网络。

在城中区域，干道网、支路网和水系亦形成双层网络：上层为民国时期建设的约为南北向的十字形干道轴线，下层则较多延续了南唐时期的形态特征，由次级路网及水系共同构成方向约为南偏西 14 度的格网系统。

在城东区域，明代皇宫区在城市功能上发生了彻底转换，但其路网系统沿用了原皇宫的南北轴线。民国时期新建立的东西轴线为了直接联系中山门和汉西门，与城市新的南北轴线（今中央路）形成了一个夹角，恰巧与这条明代轴线（今御道街）保持了正交关系。因此，城东区域的干道网、支路网和水系在整体上均处于这个南偏西 5 度的正交关系之中。

在城北区域，军卫区在明代少有建设，仅有通往城市北端城门的少量通道，区域内部道路则荒疏而不成系统。民国中山北路和中央路的建设构建起区域的基本骨架，但因次干道系统未能完成，城北区形成了城市干道与巷道系统直接叠加的双重网脉。水系与道路系统的关系相对疏离。

老城滨河地段的用地布局特征

南京老城现状用地结构同样呈现出层叠的特征。古代的南京城市在中国传统都城布局模式下，其内部被严格地划分为统治阶级的皇宫区和普通城市居民的生活区。在城市历经改朝换代之时，皇宫区通常是一个不稳定的区域，迅速地崛起或消亡；而居民生活区却保有较强的生命力，六朝、南唐和明代南京建都时都保留了前朝的居民密集区域并继续发展。在古代居民生活区中，文庙、商市、会馆、桥棚等都是带有一些公共意味的用地或设施，而对于以水路为主导性交通运输线路的南京而言，这些特殊区域无论受官府指定还是自发形成，通常与河道关系紧密。传统居民区形态得以延续，这些具有公共属性的区域的一部分也作为传统商业形态被保留下来，主要出现在城南区域。

随着近代南京在社会制度和科学技术上的变革，城市功能分区有了重大的调整，总体上被分为行政区、商业区、工业区、公园区、住宅区、教育区和军事区等功能区域。其中以商业区为代表的公共设施用地在布局上由沿河岸发展，转变为沿城市干道呈带状布局，并在干道交会之处形成公共中心。而公园区则结合了城市内的水系与山丘。相较于1929年《首都计划》提出的规划分区，在1930—1937年编制的《首都调整计划》中，城市商业中心向新街口地区和中山北路沿线集中，城南区域商业改为沿干道的线性布局；教育区和军事区及保留用地充分利用了南唐旧城外围区域；行政区迁移至城东区域；工业区也集中至下关地区（图4-9）。这些民国期间的规划与实践对此后老城的功能布局产生了重要影响。

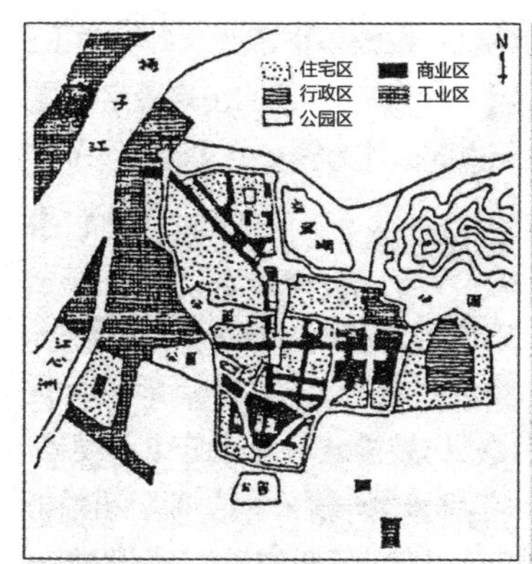

1929年《首都计划》规划分区示意图
规划思想原则：本诸欧美科学之原则，而于吾国美术之优点

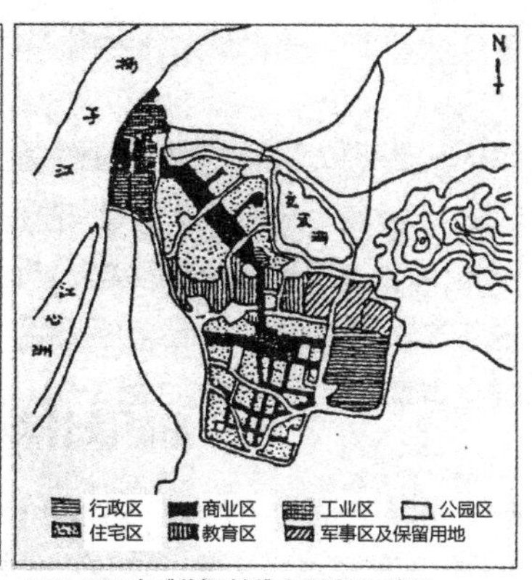

1930—1937年《首都计划》规划分区示意图
规划思想原则：整齐、便利、安全

图4-9　民国时期规划分区示意图

经过新中国成立后七十年的发展，南京城市建设范围以老城为中心向外生长，城市商业用地的层级性增强，城市中心体系由市级中心和片区级中心构成。教育科研、军事和工业用地大体上与《首都调整计划》规划布局相似，但规模更大，并向中山北路以北和中山东路以南延伸。其中，南京城市用地中军事单位用地所占比例较大，据1978年的统计数据，南京军事单位用地占建成区的比例在全国同类城市中仅次于北京[1]。由于新中国成立后南京调整为省会城市，其行政办公区主要沿北京东路和北京西路一线布局，因此城东区域中山东路以南并未发展为行政区，而是被大量的居住和教育科研用地逐步填充。

总之，南京老城的用地布局在经历了古代营建、近代和现代的规划之后，呈现出如图4-10所示的布局特征。居住用地主要集中于城南与城东区域，在其他区域则呈夹花状散布其中；教育科研和特殊用地主要集中于城东与城北区域，少量散布于城南和城中区域；公共设施用地主要沿城市干道展开，在新街口、鼓楼、中央路、湖南路、夫子庙地区等

1. 南京市地方志编纂委员会．南京城市规划志 [M]. 南京：江苏人民出版社，2008: 772.

局部地带较为集中。在图 4-11 中，笔者进一步提取出各形态区域内水系与滨河地段用地布局的关联特征。

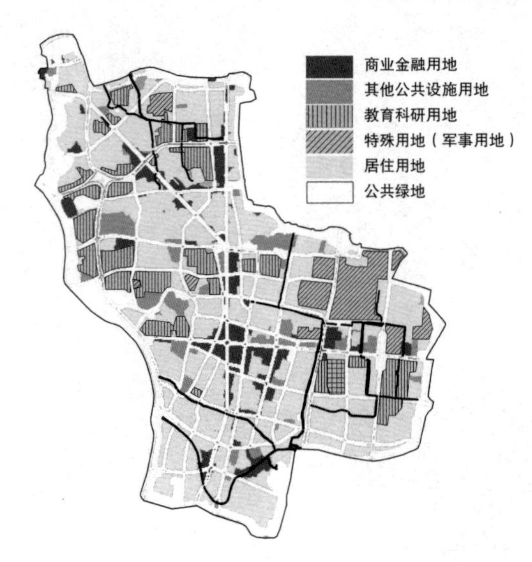

城南区域
水系作为公共用地的核心

城中区域
水系作为公共用地与非公共用地的分界

城东区域
水系作为非公共用地的边界或内部元素

城北区域
水系作为非公共用地的边界或内部元素

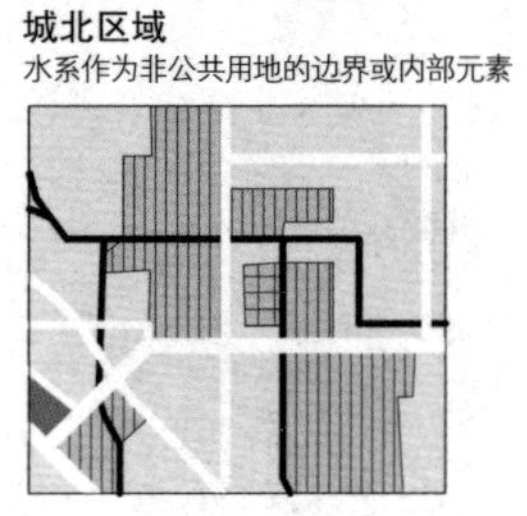

图 4-10　老城现状土地利用示意图(左)（其中黑色为水系）

图 4-11　老城各形态区域滨河地段用地结构特征（右）（图中黑色为水系）

在城南区域，公共用地同时沿河道与主干道发展。在内秦淮河沿岸，大部分岸线与城市道路之间形成窄长形的带状商业或商住混合用地，其后为居住用地。在水系东段的夫子庙地区则发展为南京市的传统商业中心。

在城中区域，水系表现为公共用地与非公共用地之间的界限。在水系南岸和西岸，即南唐都城一侧主要为居住用地；水系北岸和东岸以公共设施用地或工业用地为主。南唐运渎北岸沿建邺路形成带状公共用地，南岸则以居住用地为主。

在城东区域，公共设施用地主要沿城市干道发展，水系往往位于教育科研和特殊用地的边缘或内部。其中，在中山东路以北，河道多位于军事用地与居住用地之间；在中山东路以南，河道多位于居住用地或教育科研用地的内部。

城北区域与城东区域相似，滨河地段中的公共用地较少，多为教育科研或居住用地，水系作为用地的边界或内部元素。

4.1.3　滨河地段的要素构成

滨河地段内部的物质空间形态元素是纷繁多样的，包含不同等级的道路与街巷、多类型的开发建设用地及其内部的填充肌理、尺度各异的开敞空间等，其中还包含了随城市演化积淀下的物质遗存。当城市居民在微观环境中尝试理解滨河地段的宏观结构时，一些关键性的元素能够帮助形成空间意象，使潜在的形态秩序有可能被理解、认同和记忆。这些重要的元素将是我们在滨河地段形态研究中关注的重点。

从形态作用上看，这些要素大致可以分为两类。一类要素构成地段的骨架、核心或关键部位，为滨河地段建立起显在的形态秩序，可以称为"结构性要素"；另一类要素则在形态框架之下构成了细密的填充组织，呈现出某种连续性特征，可以称为"填充性要素"。结构性要素将在公众意象中投射出地段整体性的结构特征，填充性要素则在意象中呈现出局部片区中的纹理特征。当我们关注城市滨河地段具有怎样的形态特征，这些形态特征又将如何被市民读取，实际上关注的正是水系与上述两类要素之间的关系，以及要素自身的特征。

1）结构性要素

凯文·林奇（K. Lynch）在《城市意象》（*The Image of the City*）中将城市意象中的物质形态内容归纳为五种元素——道路（paths）、边界（edges）、区域（districts）、节点（nodes）和标志物（landmarks）[1]（图4-12）。道路指观察者习惯、偶然或潜在的移动线路；节点是可以进入的城市焦点，具有交通连接或行为汇聚方面的特点；标志物是无需进入的视觉参照物；边界是两个连续部分的线形中断，既可以是分界也可能是连接；区域是具有某些共同的能够被识别的特征的城市局部片区。

1. LYNCH K. The image of the city[M]. Cambridge: MIT Press, 1982: 46.

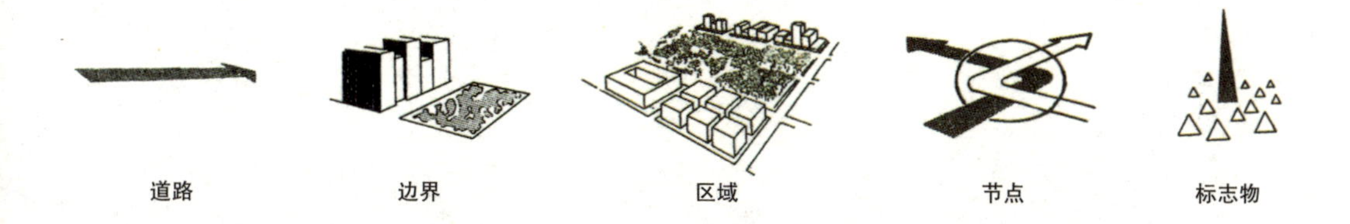

图 4-12　城市意象的五种要素

在这些认知要素中，道路和边界是线性的，通常构成城市形态的骨架或为其限定范围；节点和标志物是块状或点状的，是城市形态中的核心或焦点；区域则是面状的，一般会采用某种“主题单元”填充部分城市区域，构成城市形态的基本纹理。这里所指的区域指城市中的一些特殊片段，其中的肌理特征能够被轻易地辨识出来，而不是所有的城市建设范围。南京老城的肌理构成较为复杂，经过长期的累积和更新，表现出层叠与拼贴并置的特点。为了便于描述和分析，我们将所有的城市肌理都纳入填充性要素进行取样解读。而将滨河地段中重要的道路、明确的边界、城市中心区和主要的绿地广场等空间节点、明显的标志物理解为明显作用于居民认知意象的结构性要素。

2）填充性要素

相比于那些具有形态控制作用的“结构性要素”，在空间分布上更为广泛的是呈现出区域共性的“填充性要素”。这一类要素以多样的方式为地段塑造纹理特征，使带状的滨河地段进一步呈现出不同的段落。

在城市形态学的研究视角中，城市中的填充性要素可以被理解为地理学领域中的“平面单元”(plan unit) 或建筑学领域中的“肌理”，其中平面单元分析已经成为被城市形态学广泛认可的基础理论之一。这一分析方法由地理学家康泽恩（M. R. G. Conzen）提出，他认为城镇景观主要由城镇、建筑肌理和土地利用格局三方面内容构成。当城镇面临时代发展和形态变迁时，土地利用往往快速适应和变化，建筑肌理也将逐渐改变，形成更为稳定的形态复合体。这一复合体可以分解为街道、地块和建筑物三种要素，三者的关联模式形成了可以辨别并富有个性的组合[1]（图 4-13）。

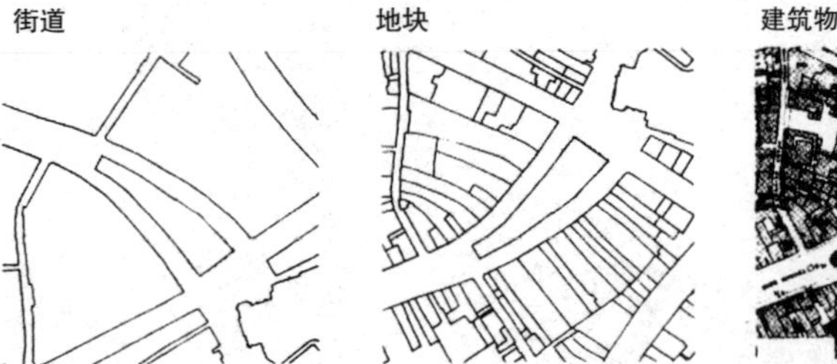

图 4-13 平面单元的三个相关要素

1.CONZEN M R G. The plan analysis of an english city centre[C]//J W R. The urban landscape: historical development and management. London: Academic Press,1981: 26.

4.2　水系与滨河地段结构性要素的关联

本节主要关注滨河地段中的“结构性要素”。首先梳理南京老城滨河地段中结构性要素的构成，并呈现出这些要素的空间分布；其次解析这些要素与水系之间的关联方式。

4.2.1　结构性要素的分类与空间分布

南京老城特有的建设历程使滨河地段中的结构性要素形式多样，且分布不均。根据各类要素在功能空间和形态特点等方面的差异，可以对其进一步划分：道路可以具体分为与城市轴线复合的道路、与水岸并行的重要道路、与水岸垂直的重要道路（桥梁）和与内河复合的道路（水上线路）四类；节点包含中心区和绿地广场两类；标志物主要包含城防设施和建筑群两类；边界主要由城墙和具有分割性作用的道路组成。图4–14综合显示了老城滨河地段中道路、边界、节点和标志物等四类结构性要素的分布情况。总体上看，各类元素在空间分布上显示出城市南部密集、向北逐渐稀疏的规律。

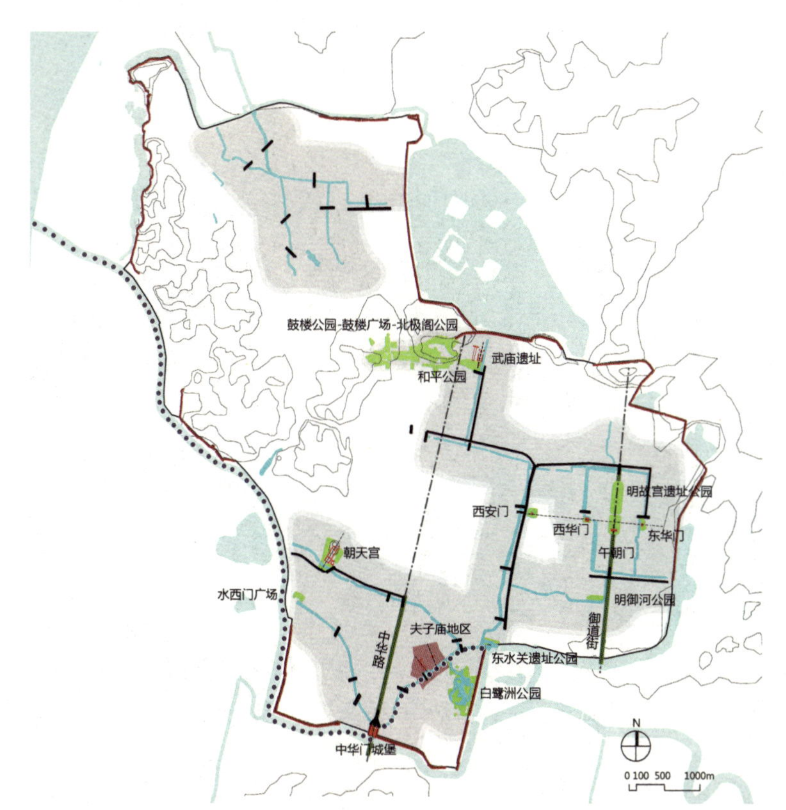

图4–14　滨河地段中结构性要素的空间分布

4.2.2 水系与道路

老城滨河地段所涉及的诸多道路，不仅具有交通等级上的差异，更有着形态意义上的差异。与城市轴线复合的道路在城市历史格局中举足轻重，它可以将水系与更深层的城市结构联系在一起，与水岸平行或垂直的城市干道建立起地段的形态框架；而与水系复合的道路则提供了由水上认知滨河地段的独特视角。

1）与城市轴线复合的道路

老城滨河地段中与城市历史轴线相复合的道路主要是中华路和御道街，分别与南唐都城主轴线、明代皇宫区主轴线重合（图 4-15）。

中华路 南唐都城的主轴线北起鸡笼山东峰，南抵内秦淮河水湾，在空间方位上呈南偏西 14 度。这条主轴线为都城和宫城的布局带来了较为规整的形式秩序，因此南唐时期建设的城墙、护城河、内河、主要道路系统基本上都受到这一轴线方位的控制。南唐时期，与这条主轴线相复合的是宫前御道，此后逐渐演变为今天的中华路和雨花路。其中，中华路北起内桥接洪武路，南至中华门，是老城南北向干道之一。

御道街 明初宫殿建设附会“周礼”三朝五门和天象，并创造了宫、

图 4-15 滨河地段内与城市轴线复合的路径

城轴线合一的模式，成为明成祖迁都北京时设计宫城的蓝本[1]。皇宫区的主轴线北依富贵山主峰，南连秦淮河干流，在空间方位上呈南偏西 5 度。这一轴线是宫城和皇城内部布局的核心因素，至今仍是城东区域道路网格和建筑肌理方向的内在控制因素。明初时，与轴线相重叠的是自正阳门（都城城门）至厚载门（宫城北门）之间的礼仪性道路。民国时期建设的中山东路将明故宫地区划分为南北两部分；新中国成立之后则在轴线两侧新开明故宫路，建设午朝门公园和明故宫遗址公园。因此，这条轴线在午朝门以南与今御道街复合，在明故宫遗址公园以北与明故宫路复合（图 4–15）。

1. 南京市地方志编纂委员会 . 南京城市规划志 [M]. 南京：江苏人民出版社，2008: 434.

2）与水岸平行的重要道路

与河道并行的城市干道为连续感知水系提供了条件。这种连续性有时会因为道路与水系之间被建筑填充而发生有价值的变化或形成隔离。它们主要分布在城中区域河道沿岸、城东局部河道的沿岸、城北水系东端南岸（图 4–16）。

3）重要桥梁

内河水系上的重要桥梁也有明显提高水系认知度的作用，包含城市干道与水系交汇形成的桥梁和作为历史古迹的桥梁（图 4–17）。其中，轴线型道路与河道的交汇点有着尤为突出的价值。内秦淮河水湾是南唐

图 4–16　与水岸相平行的重要道路（左）

图 4–17　重要桥梁的分布（右）

1. 根据《明应天府城图》所示，明代北安门桥位于皇城护壕上，此桥应是宫城护壕上的厚载门桥。

都城轴线方位的南侧定位点，以中华路作为水湾的对称轴。两者交汇之处的镇淮桥，正是认知内秦淮河南段独特形态意义的关键点。南唐运渎也兼做宫城南侧东西向的护龙河，因此与作为南北向轴线的中华路大体呈垂直关系。两者交汇之处的内桥，在南唐时期正对宫城南门，在今天也是认知南唐宫城格局的关键点。御道街与明御河交汇之处为外五龙桥，是认知皇城南界的关键点；明故宫路与玉带河交汇之处为北安门桥[1]，是认知宫城北界的关键点。

4）与水系复合的道路

河流自身作为路径，是认知城市水系最为直接的方式，也为认知滨河地段的空间形态提供了有别于陆上的视角。在明代之前，南京城市内河一直是交通运输的重要载体；至明初，除内秦淮河和皇宫护城河是重要交通线路外，其他内河多有淤塞。明代工部加以疏浚，也只为利于居民搬家而已；至民国初期，老城内河水系基本丧失交通运输的意义，仅以内秦淮河作游船航道；自 1980 年之后，市规划局开始针对夫子庙地区与秦淮风光带进行保护和规划，同时开始恢复和完善内秦淮河作为游览线路的功能。目前在老城的内河系统中，能够进行水上游览的河段主要是内秦淮河南段中的自中华门向东至东水关的段落。沿线主要设有三处登船点：中华门、夫子庙、东水关（图 4–18）。

图 4–18　老城水上游览线路示意

4.2.3 水系与节点

滨河地段中的空间节点在行为上具有汇聚性，在城市意向中具有跳跃性和主导性。老城滨河地段中的节点主要分为城市中心区和规模较大的绿地广场两类。老城内河水系与这些空间节点在关联方式上的多样性，使水系中的一些段落以独特的方式进入公众视野。

1）中心区

南京城市有着层级化的中心体系，其中市级公共中心呈现“一主多副”的结构——以新街口中心区为综合主中心，以湖南路中心区、夫子庙中心区以及河西中心区为专业副中心[1]。在老城范围内，夫子庙中心区与内河水系关系最为紧密，这与该地区的形成和发展过程相关。

内秦淮河畔的夫子庙地区自东晋以来就是中国东南一带文教重地，几经繁荣与衰败，但其作为城市中心的意义延续至今（图 4–19）。东晋时立太学于秦淮河北岸，史称泮宫，后于“侯景之乱”时遭到破坏。北宋时在东晋学宫原址扩建孔庙，南宋时又毁于战火，后于绍兴年间重建，为建康府学。南宋时在夫子庙之东建立科举考场“贡院”，元时改建康府学为集庆路学，明代先后改为国子学、应天府学，并扩建贡院，清改应天府学为江宁、上元县学，后再度毁于战火，于同治年间原址扩建孔庙、学宫。此时的贡院作为江南乡试的考场，已经建立起一系列配套设施，如供考生居住的上江考棚、下江考棚，再加上为考生服务的各种行业，形成了一个庞大的文化市场。1918 年，贡院空废，仅留下明远楼及少量屋舍，其他均被拆除辟为市场。1927 年，南京被定为中华民国首都，南京市政府设在夫子庙贡院旧址。1937 年，孔庙、学宫毁于侵华日军战火，其余的在“文化大革命”期间作为“四旧”被拆除。至此，夫子庙的古建筑群已所剩无几。

自 1980 年起，南京市规划局针对夫子庙与秦淮风光带的保护和更新编制了多次规划设计。其中，1986 年编制的《夫子庙文化商业中心规划设计》奠定了今日夫子庙地区的基本空间格局（图 4–20）。规划从文化古迹的发展与保护、交通组织、河道整治、绿化系统、古建筑的建设恢复、旧建筑更新与传统风格的继承发展同周围环境（特别是白鹭洲公园、瞻园）空间联系的关系等方面进行综合考虑，力求维护原有的街道格局

1. 史宜，杨俊宴 . 城市中心区空间区位选择的空间句法研究：以南京为例 [C]// 中国城市规划学会，南京市政府 . 转型与重构：2011 中国城市规划年会论文集，南京：东南大学出版社，2011: 13.

和空间形态，做到保护与改建相结合。在具体规划设计中，对整体地区的形态秩序具有关键作用的内容主要在两方面：一是恢复、保护以夫子庙为中心的建筑群，不仅重建大成殿、学宫，还恢复了历史上曾经存在的东、西市场，依托贡院明远楼扩建贡院博物馆；二是整顿夫子庙广场和泮池，重建得月台，在广场上建聚星亭，并在照壁南侧新建河厅河房，东侧复建奎星阁。规划以秦淮河泮池、文德桥为其借景形成一个轮廓线丰富、开阔、舒展的传统广场（图 4–21）。

图 4-19 夫子庙地区在老城中的位置（左）

图 4-20 1986 年编制的《夫子庙文化商业中心规划图》（右）

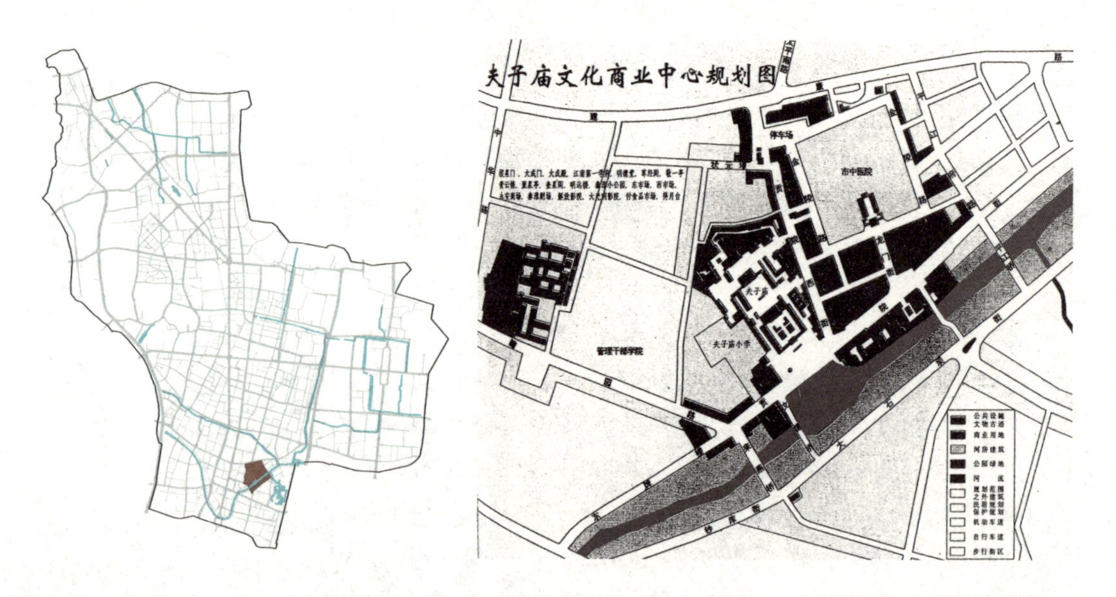

图 4-21 夫子庙泮池景观

建筑群的恢复、重建、扩建和广场空间的整理，实质上是恢复了地区核心与内秦淮河之间的结构关系。夫子庙建筑群主轴线与秦淮河有明显的对应关系，它将河道的影响沿垂直于河岸的方向进行拉伸。位于建筑群与秦淮河之间的广场能够将河道作为“天然泮池”的形态价值有效地传达给汇聚其中的人群，令人获得难忘的认知体验。总之，从文物保护方面的价值上看，在夫子庙地区的建筑中，真正的历史遗迹并不多。但是从历史空间形态的价值上看，夫子庙地区作为文化商业中心的规划建设，恢复并强化了这一地区围绕秦淮河展开的空间结构。

2）绿地广场

老城滨河地段中那些规模较大或处于关键位置的绿地广场在公共活动中有着显著的结构意义，因此我们主要关注城市用地分类中的公园绿地，较少涉及街头绿地或防护绿地。

受到南京地区地形特点和历代建城范围的影响，在鼓楼岗一线山岗以南，绿地广场的分布多与水系相关，而在鼓楼岗以北，绿地广场的分布更多地与山地联系（图 4-22）。这些绿地广场与水系的关系大致可以分为三类：第一类与河岸有垂直关系，将河道的影响延伸向城市腹地，如白鹭洲公园与内秦淮河南段、鼓楼广场—北极阁公园—和平公园与珍珠河；第二类位于水系的关键位置，如东水关遗址公园和水西门广场位于内秦淮河南段的始末两端，明御河公园位于河道转折处；第三类与河岸相对疏远，但两者有内在的结构关系，如明故宫遗址公园、午朝门公园与环绕四周的玉带河有着历史空间格局上的整体关系（图 4-23）。

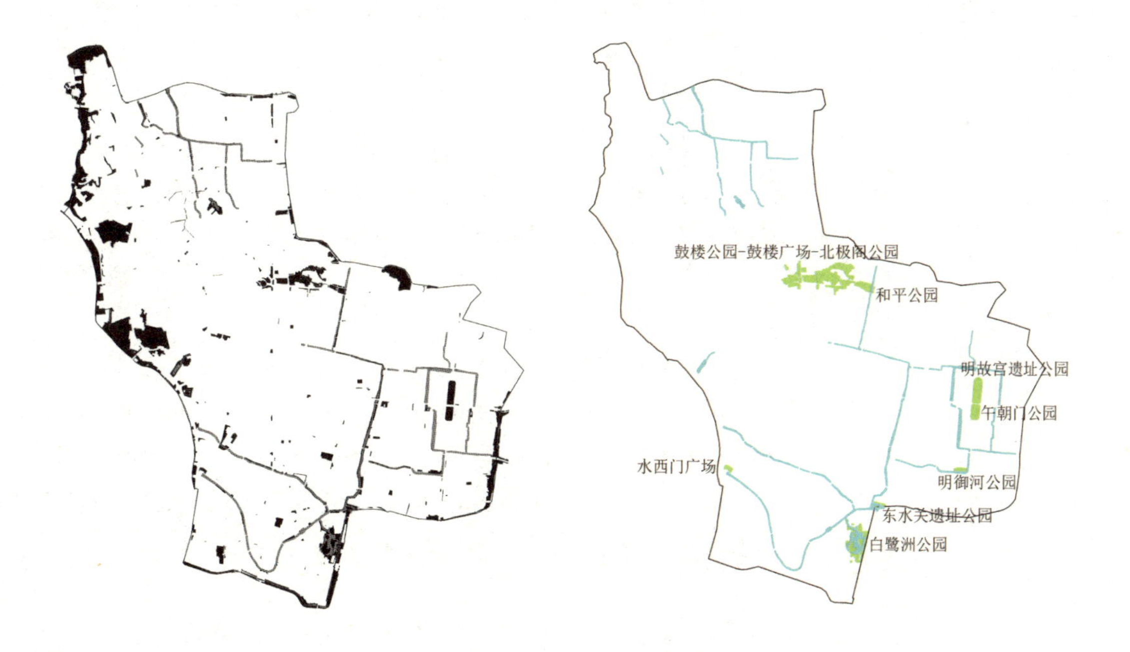

图 4-22　老城公共绿地的分布（图中灰色为水系）（左）

图 4-23　滨河地段中主要的绿地广场（右）

1. 杨新华，王宝林. 南京山水城林 [M]. 南京：南京大学出版社，2007: 293.

2. 杨新华，王宝林. 南京山水城林 [M]. 南京：南京大学出版社，2007: 681.

白鹭洲公园 位于内秦淮河南岸，东近明城墙，南临长乐路，西北与夫子庙地区相接，历史上曾是明代徐达的私家花园。公园中的水系与内秦淮河南段连通，在明代曾与门东地区的小运河相连。就占地规模来看，白鹭洲公园是目前老城内河滨河地段内最大的绿地广场型节点。就形态意义来看，这一公园将以内秦淮河为核心的开敞空间向东南方向延展至城墙和武定门，与沿明都城城墙及护城河展开的环城绿带连接起来。

和平公园 位于北京东路北侧，鸡笼山东南麓，其东侧含有珍珠河的局部段落。民国时期是汪伪政府办公楼南面的园圃，1941 年于其中树立“还都纪念塔”。此后，这里逐渐形成一处景点，至 1950 年代正式辟为和平公园[1]。在南京老城的地理格局中，鼓楼岗一线诸山将城区划分成南北两个流域，东连钟山，西接外秦淮河。目前，沿着这一地带的绿地和广场彼此衔接，形成了具有重要生态景观意义的绿色廊道。和平公园从规模上看是很小的，但它也是这条绿色廊道中的重要节点，同时对于内河的认知有重要作用。

东水关遗址公园 位于内秦淮河东端，秦淮河干流的入城处，东临龙蟠中路。公园于 2001 年建成，在东水关遗址基础上，恢复了瓮洞、雉堞及宇墙等景观，并建设了较大规模环境品质优良的绿地和广场。这一空间节点兼有认知内外秦淮水系、明都城空间格局和文物古迹等多重作用。

水西门广场 位于内秦淮河西端，内外秦淮河交汇之处，水西门大街和虎踞路交会口南侧。广场建于 1998 年，分东、西两部分。东广场为明代水西门瓮城所在地；西广场位于西水关遗址上方，为明城墙水闸所在地[2]。目前水西门和西水关皆已不存，这一广场成为辨识内外秦淮水系的交会关系的重要节点。

明御河北岸公园 位于御道街和明御河路交会处的西北角，东南两侧均为明御河所环绕。其北部的瑞金新村小区于 1978 年建成，是南京老城内最早按规划建成的新型住宅小区。在当年的规划中，这个公园曾是小区绿化带，之后为了满足周边陆续建成的居住区需求，而逐渐成为片区共用的公园绿地。这一公园为居民认知明御河提供了很好的条件。

明故宫遗址公园和午朝门公园 明故宫地区自民国修中山东路后被一分为二。在原宫城中轴线及东西两侧逐渐建成遗址公园，1958 年将中山东路以南建成午朝门公园，1990 年代将中山东路以北建成明故宫遗址公园[1]。这两个公园实际上都位于明宫城的核心部位，因此作为皇宫护壕的玉带河水系并不与这两处空间节点直接交接，而是环绕在节点的外围。环状的河系与内部的绿地节点之间通过呈十字交叉的主干道——中山东路与御道街及明故宫路形成联系。

1. 南京市地方志编纂委员会 . 南京城市规划志 [M]. 南京：江苏人民出版社，2008: 434.

4.2.4　水系与标志物

在城市意象中作为视觉参照的标志物，通常在某些方面具有唯一性，如具有高耸的体量或独特的形式。南京老城中作为标志物的高层建筑主要集中在新街口中心区和鼓楼地区，与内河水系关系较弱。因此滨河地段的标志物主要是一些形式特殊的建筑或建筑群，大体可分为两类：一类是古代城市防御工事系统中的关键部位——城门，另一类是庙学建筑群。这些标志物不仅在空间位置上与水系相邻，更重要的是在空间秩序上与水系有着密切联系（图 4-24）。

图 4-24　滨河地段中主要的标志物

1）城防设施

老城秦淮水系中有大量河道承担过护城河的角色，因此与城门之间有着唇齿相依的结构关系。在明南京城的四重城垣中，保存至今的是都城城墙，它是在历代都城，尤其是南唐都城基础上扩建而成的。明城墙原有城门 13 座，水关 2 座，至今尚存城门 4 座和水关 1 座，分别是聚宝

1. 南京市地方志编纂委员会 . 南京城市规划志 [M]. 南京：江苏人民出版社，2008: 472.

门（今中华门）、神策门、清凉门、石城门（今汉西门）和东水关，其中以聚宝门最为雄伟和完整[1]。皇宫的城墙虽已不存，但尚存城门 4 座，分别是西安门、午朝门、西华门和东华门。

城门作为意象元素的意义不是孤立的，它与相连的城墙、相邻的护城河、穿越城门的主要道路构成具有特定含义的意象复合体，强化公众对城市或区域边界的认知。在老城持续的建设与改造过程中，有些以城门为核心的复合体稳定地延续下来，如中华门瓮城、内秦淮河、明城墙南段、中华路四者之间形成的组合关系；另一些复合体则因部分元素的缺失而受到影响，在空间认知中让人形成误解，如在明代皇宫区，虽有部分城门遗存，但大部分城墙已被拆除，局部护壕经历了改道或并流，穿越城门的道路也已消失，因此城门对空间格局的认知意义远不及中华门瓮城。

都城城门：中华门瓮城 位于中华路南端，北邻内秦淮河南端水湾，南临都城护城河外秦淮河。中华门是在南唐都城南门故址上重建的，在明代称聚宝门，是明初都城的正南门，1931 年改用今名。中华门是明代南京城垣 13 个城门中最雄伟的城门之一，建有三道瓮城，其本身作为实物博物馆，于 1980 年正式开放。从形态意义上看，中华门瓮城是城市空间轴线上最显著的标志点，而它自身作为建筑所具有的轴线与城市轴线相一致，这进一步强化了城市轴线在中微观认知尺度下的显示度。由于这一城市轴线是秦淮水湾和鸡笼山东峰之间的连线，因此中华门瓮城与内秦淮河之间存在着独特的形态联系。新中国成立后在历史名城规划中对城南区域提出保护规划，对周边用地布局和建筑高度都进行了控制，实际上是延续了中华门作为老城空间形态标志的意义（图 4–25）。

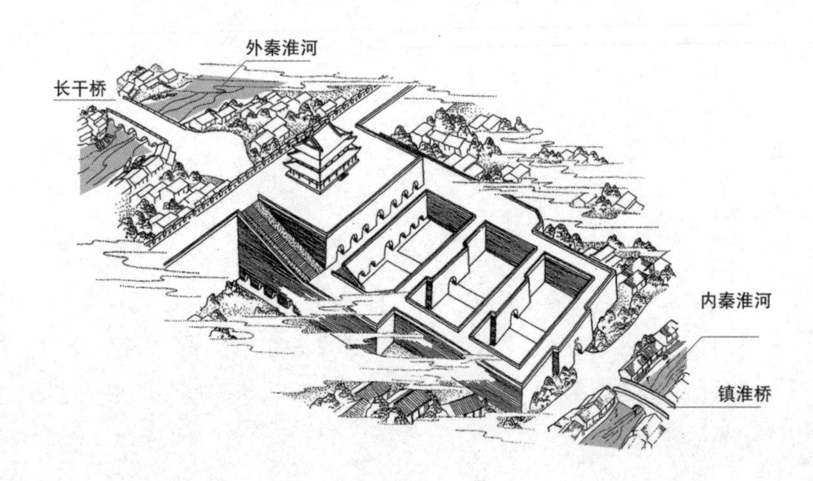

图 4–25 中华门瓮城与内外秦淮河、城墙、入城道路的组合关系

皇城城门：西安门　在中山东路和龙蟠中路交会处东南侧。西安门原是明代皇城西门，当时出门向西以玄津桥跨内秦淮河东段（南唐杨吴城壕，在明初为皇城护壕），通向市民聚居的南唐旧城区（图 4–26）。近现代发展起来的干道系统，在老城纷繁复杂的街巷体系之上建立起清晰有序的骨架。但是仅从历史空间格局保护的角度来看，民国时期建设的中山东路和新中国成立之后建设的龙蟠中路改变了西安门周边地区的形态结构，使明代皇宫区建立的东西向轴线不再明晰，而西安门和玄津桥之间的空间联系也因此弱化（图 4–27）。

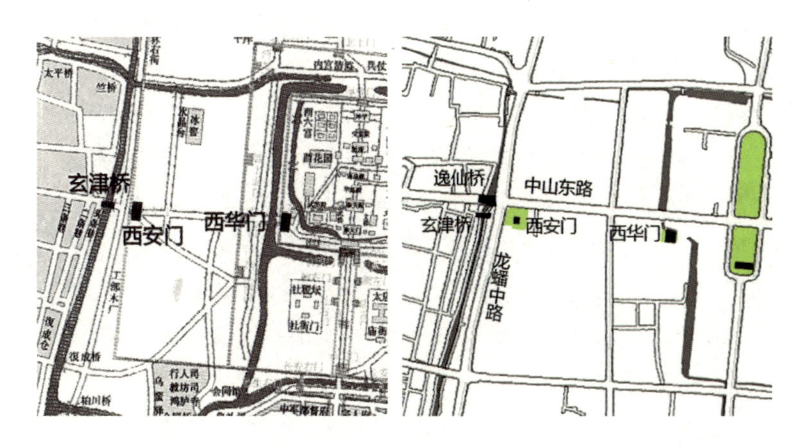

图 4–26　《明应天府城图》中西安门、玄津桥与周边道路水系的关系（左）

图 4–27　城市现状中西安门、玄津桥与周边道路和水系的关系（右）

宫城城门：西华门、东华门　如图 4–28、图 4–29 所示，西华门在中山东路南侧，与五十五所相邻。原是明代宫城西门，当时出门向西应为玉带河（宫城护壕）。民国时期明故宫飞机场在建设和扩张时，将玉带河西段向东推移，使之从西华门西侧改道为西华门东侧。这样的改道对于沿河微观环境而言影响不大，但对于以城门和护壕认知历史空间格局，显然带来了障碍。东华门在中山东路南侧，与轻工机械厂相邻。原是明代宫城东门，当时东华门东侧应为玉带河东段（宫城护壕），而西

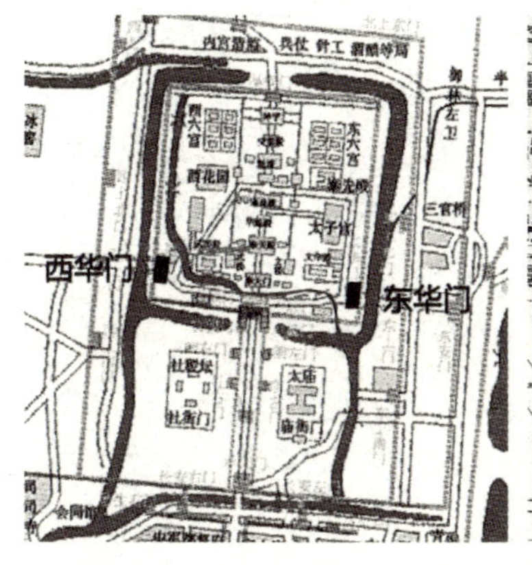

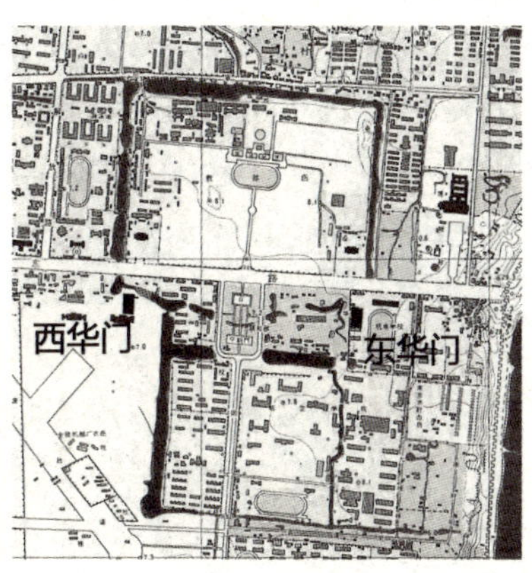

图 4–28　《明应天府城图》中东华门、西华门与水系的关系（左）

图 4–29　1962 年《南京市市区图》中东华门、西华门与水系的关系（右）

侧则是宫内金水河。20世纪50年代将东华门在内的区域建为机电学校，将这一段玉带河并入东华门西侧的金水河河道。因此，今天所看到的东华门位于玉带河之东，与西华门一样，东华门虽然仍能作为玉带河水岸的形态标志，但呈现出的空间关系发生了错位。

2）庙学建筑群

老城中的庙学建筑群多位于水岸，最具代表性的是位于夫子庙地区核心、与内秦淮河毗邻的夫子庙建筑群，位于南唐运渎北岸的朝天宫和位于珍珠河西岸的武庙。这三处庙学的共同之处在于都利用河道定位建筑群的主轴线，其中夫子庙建筑群更以内秦淮河局部段落为天然泮池。夫子庙或孔庙、文庙学宫前的泮池是文庙标志性建筑之一。庙学泮池的设置及表现形式可视为向孔子及鲁国传承周礼致敬的表意符号，同时兼有创造更为美妙的教化空间的实际意义。庙学泮池的位置、形式等有所不同。其中，利用建筑周边原有水系作为泮池之举比较独特，且多出现在南方地区[1]，而南京夫子庙是利用天然水系作为泮池的典型代表。

朝天宫 位于水西门内冶山南麓，建邺路北侧。这里曾是三国东吴冶城故址，之后曾相继改作私家园林、道教宫观、文宣王庙，至明代成为举行祭祀礼仪、朝贺天子礼节演习的场所，20世纪80年代被辟为南京市博物馆[2]。朝天宫建筑群是南京城现存规模最大的一组明清古建筑群，居中为文庙，东侧为江宁府学，西侧为卞壶祠。在《金陵古迹图考》的《江宁府儒学图》中能看到文庙与江宁府学，两组建筑的主轴线均与运渎呈垂直关系（图4–30）。朝天宫南端与运渎相邻的红色“万仞宫墙”长近百米，成为运渎沿岸最显著的形态标志。

武庙遗址 位于北京东路，是明初所建十庙之一，虽为十庙之末，但最为壮丽。明代武庙与当时的文庙相邻，都被包括在明国子监范围之内。今天的武庙为清代重建，现为南京市政协大院[3]。武庙建筑群的主轴线大体呈南北走势，与其东侧的珍珠河岸线基本平行。武庙南侧建有泮池，其水体与和平公园北侧沟渠相连，向东接入珍珠河。

1. 沈旸．泮池：庙学理水的意义及表现形式[J]. 中国园林，2010（9）：59–63.

2. 南京市地方志编纂委员会．南京城市规划志[M]. 南京：江苏人民出版社，2008: 480.

3. 杨新华，王宝林．南京山水城林[M]. 南京：南京大学出版社，2007: 292.

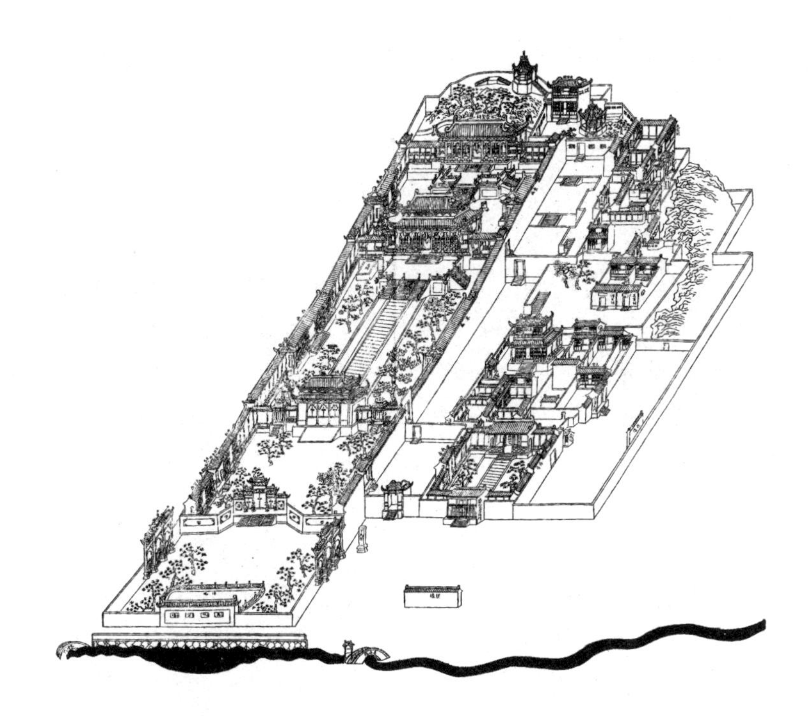

图 4-30　江宁府儒学图

4.2.5　滨河地段的边界

老城的滨河地段实际上是一个相对的存在，但有一些物质要素能够比较明确地作为地段的边界：一是城墙，二是交通流量较大的城市干道。

1）城墙

城墙是典型的城市边界，当城墙位于滨河地段的理论范围之内时，它也可以被认为是地段的空间边界。南京的明代都城城墙在经历了自然和人为破坏之后，现存城墙长度仅为初建时的三分之二，呈不连续的段落状。其中，与滨河地段关系较为紧密的城墙主要位于城市南端，自东水关起，经中华门，止于近水西门的连续段落。这一段城墙限定了内秦淮河滨河地段的空间范围。

2）城市干道

交通流量较大的城市干道和快速路主要服务于机动车交通，对慢行交通客观上容易形成阻碍。当这类道路位于滨河地段内部时，从居民的活动和认知角度来看，很可能构成空间边界。老城的干道系统是在多次旧城改造中逐步形成的，其路幅宽度和机动车流量都经历了多次调整和变化，其中受到很多当时建设条件的制约。因此，与新城整体规划中的干道系统相比，老城干道的宽度、密度和布局都比较复杂多变。我们认为宽幅在 40 米以上的快速路或干道具有较强的空间限定意义，可以作为滨河地段的边界。

具体而言，龙蟠中路、虎踞南路、新模范马路在道路等级上都是城市快速路，分别对内秦淮河东段滨河地段、内秦淮河中段滨河地段、金川河干流滨河地段产生明确的空间限定作用；中山北路和后标营路在道路等级上都是城市干道，但宽幅都在 40 米以上，分别对金川河水系滨河地段和明御河东部滨河地段有较强的空间限定作用。

4.3 水系与滨河地段填充性要素的关联

本节对填充性要素的研究聚焦于滨河地段的类型及填充性要素与水系的关联。由于南京老城在形态演化过程中的复杂性，对滨河地段的分类可以分为两个层次：首先在较低的观察精度下梳理基本类型，并呈现出这些类型的空间分布；其次结合老城的形态分区，在不同类型的填充性元素中分别取样，在较高的观察精度下解析水系与这些要素之间的关联方式。具体包括水系如何影响地段中的街道布局、街廓特征、地块划分及建筑占据地块的方式等内容。

4.3.1 填充性要素的分类与取样

1）填充性要素的基本类型与空间分布

南京老城的现状街区肌理是复杂的，它是不同时代下的规划建设、改造适应与自发调整层层叠合的结果（图 4–31）。在以均质网格为路网结构的城市中，大部分街区的街廓和构成彼此相似，因而街区本身就能够成为辨识城市形态的基本单元。而南京老城在悠长的历史演化中形成了复杂的层级型路网结构，城市干道系统与街巷系统分层并置。城市街区在规模和内部构成上的多样性和复杂性，使本书很难将单个街区作为形态单元进行研究。但是，城市干道的切割作用使在同一干道系统围合下的一系列街区基本保持了相似的构成特征。这种以城市干道系统为边界的一组街区可以构成精度较低而整体性更强的城市，我们称之为“街区组团”。

依据组团内部的道路结构、土地利用方式和建筑肌理的构成特征等因素，老城滨河地段的街区组团可以大致概括为四种类型：历史延续型、局部改造型、大院填充型和整体改造型（表 4–1）。街区组团类型的空间分布与城市形态区域有关，城南区域中以历史延续型组团为主，兼有局部改造型；城中区域内主要是局部改造型街区组团；城东和城北区域比较相似，都包含大院填充型和整体改造型两类街区组团（图 4–32）。

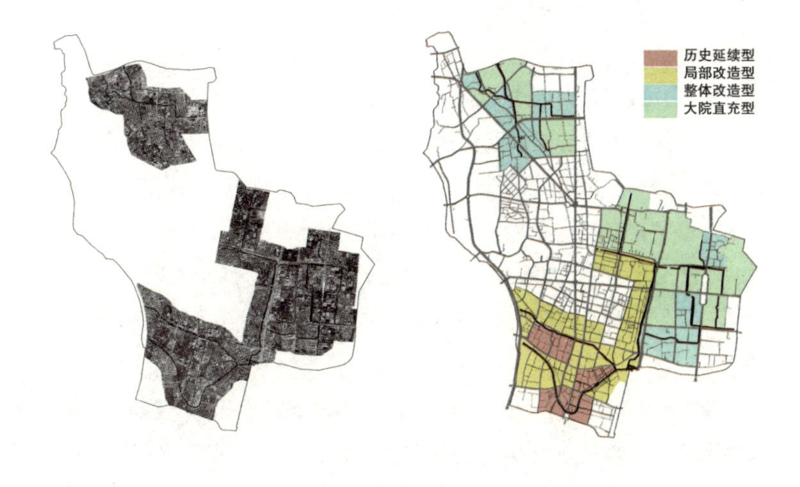

图 4–31　2010 年航拍中的滨河地段肌理（左）

图 4–32　滨河街区组团基本类型（右）

表 4–1　滨河地段街区组团形态类型及其基本特征

滨河街区组团类型	典型组团航拍	所属形态区域	土地利用特点	主要生成时间
历史延续型		城南区域	以居住、商业为主	明清（1919年以前）
局部改造型		城中、城南区域	以居住为主	20 世纪 50 至 70 年代
大院填充型		城东、城北区域	以教育科研、军事、工厂、行政办公为主	20 世纪 20 至 70 年代
整体改造型		城东、城北区域	以居住为主	20 世纪 80 年代之后

历史延续型街区组团 内部占主导的是延续自明清时期的传统街区。其形态不仅总体上延续了明清时期的街巷体系，也基本延续了传统地块划分模式下建筑对地块的占据方式，片段性地呈现出南京老城传统的城市纹理。这一类街区组团主要分布在沿内秦淮河中华门附近区域、夫子庙区域和沿南唐运渎内桥以西的南捕厅区域。其功能构成中，除夫子庙区域属于城市商业副中心，以商业文化为主导外，其他多以居住区为主，沿水系或干道形成带状公共用地。

局部改造型街区组团 总体上延续了明清甚至更久远的街道结构，但街区内部的地块已被大量合并，以近现代建筑肌理进行填充。由于保留了街道结构，而更新了填充的内容，局部改造型街区组团与历史延续型街区组团很容易在支路层级的网络系统上相互衔接。但是，无论在中观的城市纹理上还是在微观的空间体验上，都显示出彼此的差异。这一类街区组团的功能一般以居住区为主，组团内部沿重要干道分布公共街区。

大院填充型街区组团 在城市干道的层级下明显缺乏城市支路或街巷系统，大多数呈现为由干道围合的巨型街区。这一类街区组团一般形成于民国时期和新中国成立初期，主要分布在城东和城北区域。其土地利用以教育科研、军事、工厂、行政办公等为主。这些用地多表现为民国时期和新中国成立初的计划经济时期的单位大院，用地边界由围墙限定，其内部则进一步细分为生活、工作、休闲等区域。街区组团内可能只包含一个大单位院，也可能由多个小型单位大院组合而成。

整体改造型街区组团 内部有少量道路和街巷源自明清时期，但大部分路网结构和街区内部地块的组织都是民国之后形成的。其形态的演化过程并非像南唐旧城区那样缓慢叠加，而是在较短的历史时期形成。这一类滨河街区组团主要分布于城东和城北区域。其土地利用以居住用地为主，间杂以少量商业、办公等公共设施用地，一般沿重要干道呈间断的线性分布。

2）填充性要素的取样

为了进一步观察老城内河对滨河地段平面单元的作用，研究选取了部分样本进行放大，在1000米 ×1000米的范围内观察水系对街道布局、街廓特征、地块组织和建筑肌理的影响方式。样本的选取以城市形态分区为基本依据，同时参考了街区组团类型的分布（图 4–33）。老城的形态分区体现着南京城市在数千年中的兴衰历程，各区域水系在整体城市中的构型方式、路网结构、土地利用方式、开敞空间布局特征和街区组团的平面构成等方面都有着不同程度的差异（表 4–2）。它实质上是将带状的滨河地段按照形态区域的划分，粗略地分解为四大段落。取样过程中以形态分区为基础，兼顾了水系形态角色分类和街区组团的分类，尽量选取形态模式比较典型、特征保留相对完整的样本予以分析。

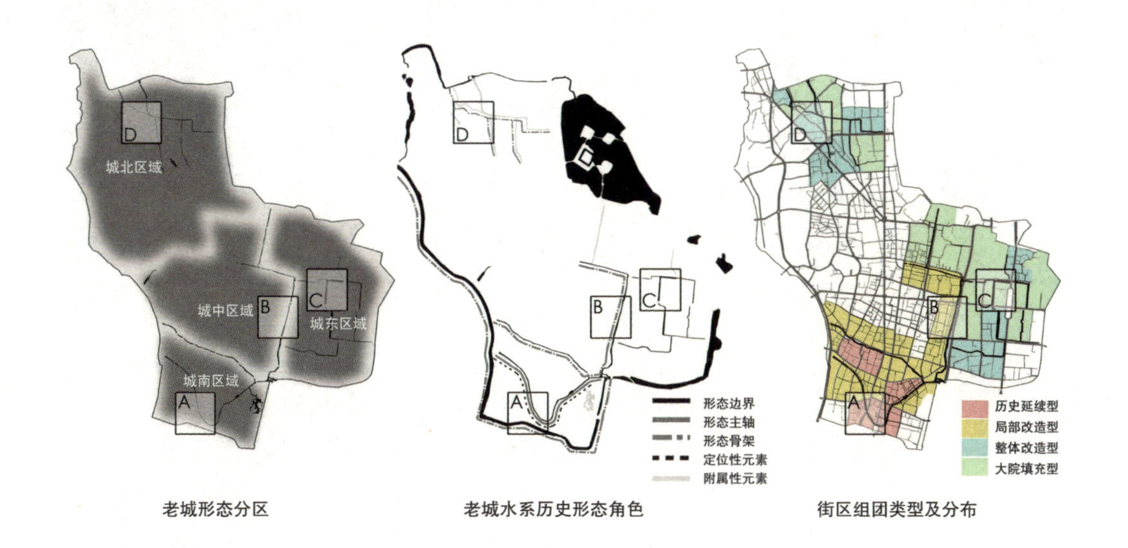

图 4–33　滨河地段取样位置与形态分区、水系历史形态角色、街区组团类型及分布的关系

表 4–2　滨河地段形态类型选取样本的基本特征

滨河地段类型	样本名称	街区组团构成类型	水系形态作用
A 城南区域滨河地段	内秦淮河南段—钓鱼台街区组团	历史延续型	形态主轴 定位轴线
B 城中区域滨河地段	内秦淮河东段—头条巷街区组团	局部改造型	形态骨架 形态边界
C 城东区域滨河地段	玉带河—黄埔路街区组团	大院填充型	形态边界
D 城北区域滨河地段	内金川河—广东路街区组团	整体改造型	形态附属

4.3.2　城南区域滨河地段

内秦淮河南段—钓鱼台街区组团位于城南区域，在中华门西北方向，东临中华路，南抵明城墙，西至鸣羊街，北达集庆路。组团内的水系是

内秦淮河南段，也就是著名的“十里秦淮”，在历史上一直作为形态主轴，同时作为城市重要空间轴线的定位元素。该街区组团是典型的历史延续型街区组团，内部保留了大量明清时期就已经形成的传统街巷系统和建筑肌理。图 4-34 以逐步放大的地图表达了该样本中的典型平面单元，即街道布局、地块划分与建筑平面形态。

图 4-34 城南区域滨河地段典型平面单元

a 街道布局
1000 米 ×1000 米

b 地块划分
500 米 ×500 米

c 建筑平面形态
250 米 ×500 米

1）形态结构的演化

图 4-35 城南区域滨河地段样本演化过程

图 4-35 显示了内秦淮河南段—钓鱼台街区组团自明代至 2008 年的形态演化过程。

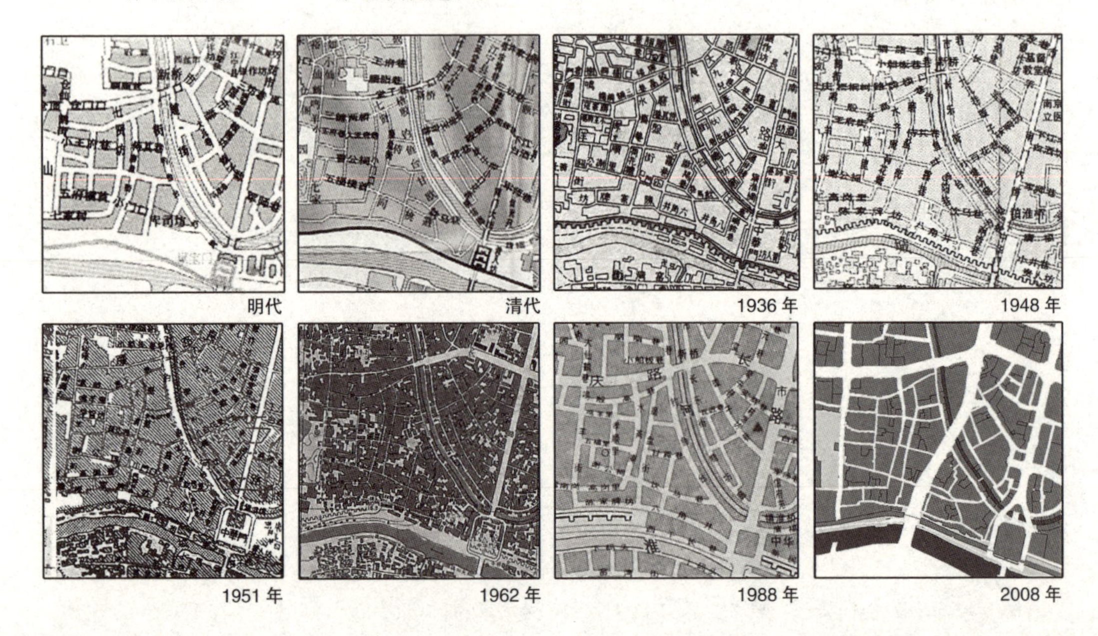

从明代至20世纪50年代，这一滨河地段基本上延续了以水系为核心的有机网络式的街巷布局。民国时期已经开始对城南地区的街巷有所改造，如1930年拓建的集庆路，由原先的牌楼口、梧桐树、仓门口、仓顶等街巷组成[1]。当时对老城改造的基本态度是“因乎地方之情形”，对于城南地区，在原有街巷的基础上设置通车内街、步行内街、后巷等几种街巷类型，即使是通车内街，其宽度一般“定为六公尺”[2]。因此，这一时期的改造建设对滨水地段没有产生结构性的冲击。

1. 杨新华，王宝林．南京山水城林[M]. 南京：南京大学出版社，2007: 113.

2.（民国）国都设计技术专员办事处．首都计划[M]. 南京：南京出版社，2006: 72.

3. 南京市地方志编纂委员会．南京城市规划志[M]. 南京：江苏人民出版社，2008: 795.

自20世纪60年代至今，周边干道开始大幅度地拓宽和建设，原先的有机网络逐渐成为干道叠压之下的基底组织，局部街巷则被吞噬。其中，1997年中山南路南下工程完成，并于明城墙上开通了长干门[3]。其道路红线宽度近50米，与组团内部平均约6米宽的街巷系统形成巨大反差，这是对该地段形态结构的重大改写。水系对街巷方向的控制作用开始转化成干道对支路网系统的控制。

2）水系与街道布局

城南区域中的街巷系统可能带有六朝甚至更早的形态痕迹。东晋时期王导对建康的经营从建康地理与实际出发，在已形成的路网基础上根据新的条件加以创造，而后世对城南一带的既有建设也多采取保留、利用的基本态度。因此，在城南区域，以内秦淮河南段为形态核心的有机网络格局特征延续至今（图4–36、图4–37）。

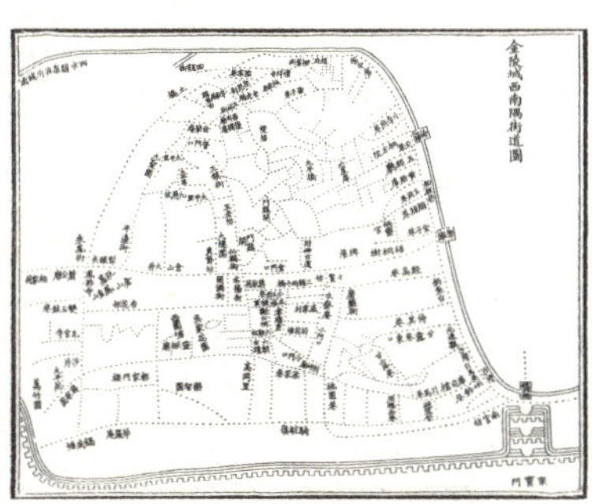

图4–36　清末城南区域的街巷肌理（左）

图4–37　金陵城西南隅街道图（右）

这一网络的基本特征是沿水岸两侧形成两条平行于水际线的曲巷，曲巷与河岸之间以河房填充，建筑山墙之间可能出现垂直于河岸的少量巷道，便于周边居民用水。在曲巷与周边城墙及重要城市干道之间，繁密的街巷逐渐从与水岸协调的方位逐渐过渡成与干道或城墙相协调的方位。由于曲巷有高度的连通性，沿曲巷和与曲巷相交的重要街道往往是

1. 杨新华，王宝林. 南京山水城林 [M]. 南京：南京大学出版社，2007: 423.

2. 梁江，孙晖. 模式与动因：中国城市中心区的形态演变 [M]. 北京：中国建筑工业出版社，2007: 25.

古代商市聚集的场所。如糖坊廊和长乐街在明代为适应商业发展，被修为官廊，即在道路两侧修建可遮阳避雨的建筑。大百花巷曾是明代花卉集市，在附近花市大街（今中华路）上还有花行。每逢农历二月十二和九月十六（分别为百花之神和菊花之神生辰），购花者云集于此[1]。

目前该街区组团内部由于街巷宽度多在 2~7 米，内部仍以步行为主，非机动交通工具可以进入。在新中国成立后逐渐叠加大尺度干道系统的过程中，局部街巷的宽度和方向开始发生变化。在 2008 年的样本图中可见（图 4–35），与中山南路相交的部分街巷消失或发生偏转，而另一些与中山南路交会的街巷在交接处被拓宽至 7~15 米。

3）水系与街廓特征

在细密的街巷围合下，该街区组团包含了 48 个小型街区，平均每个街区的面积约为 0.8 公顷。直接滨河的街区具有极为相似的形态特征，它们由河道与两岸平行曲巷之间生成，是内秦淮河南段特有的一类狭长形街区，其宽度多在 20~30 米，长度受桥梁间距控制，多在 200 米左右。

4）水系与地块组织

在地块的用地性质上，现状街区组团主要由住宅类用地（以 R3 为主）及少量的商业、行政办公、工业和教育等用地构成。公共用地和混合用地多沿河道和干道展开，如在河岸与曲巷之间的沿河地块主要是商业和居住混合类用地，保留了明清以来沿河用地功能的特征（图 4–38a）。

地块的组织方式具有封建小农经济的特点，生产经营活动一般以家庭作坊为单位，规模较小，而产权地块在尺度上与原宅基地一致。这样的地块沿街两侧密集排列，呈现出水平延伸的生长趋势。随着临街商业活动的发展，沿街地块大都会向进深方向发展[2]。在钓鱼台和糖坊廊残留的传统建筑肌理中仍能看出当时的地块排布方式——地块短边一般布局于沿河道或与河道平行的街道上。这一地区早期地块的一般规模在 0.03~0.05 公顷，地块面宽多在 10~15 米，进深则变化较多，其中直接沿河的地块在进深上受到曲巷的限制，其进深在 20~30 米。这些地块的轮廓一般会随着街巷的弯曲扭转而发生拓扑式的变形。

新中国成立后，随着土地制度变革的推进，地段中近似长方形的小尺度地块被逐步合并，目前该街区组团中的 48 个街区已有 17 个街区的地块完全合并为一个完整地块。已合并的最大地块达到了 1.8 公顷。有少量的合并地块内仍然保留了传统建筑肌理，但更多的合并地块，尤其是沿干道的较大地块被整体更新为明显区别于传统住宅的公共建筑或住宅建筑肌理。

水岸没有城市道路，因此邻水地块多由曲巷进入（图 4-38b）。在古代以河道作为交通运输线路之时，临河地块多设私家码头，有水路入口。

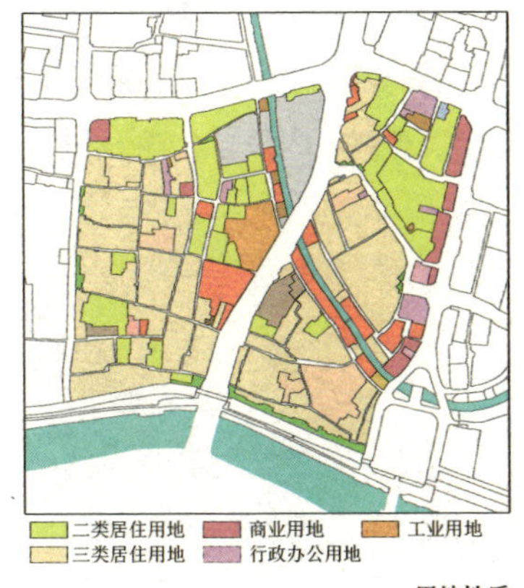

a 用地性质

河道
滨河地块

b 滨水地块出入口

图 4-38　城南区域滨河地段典型地块组织方式

5）水系与建筑肌理

城南区域的传统民居大多是江南多进穿堂庭院（或天井）式住宅，常见的是三进至五进，最多可达七进、八进，大的家族会由好几路多进院落组成群体。从建筑的开间和结构形式来看，其符合明清官方制定的住宅等级制度[1]。《明史·舆服志·宫室制度》载：“庶民庐舍，洪武二十六年定制，不过三间五架，不许用斗拱，饰彩色。三十五年复申禁饬不许造九五间数；房屋虽至一二十所，随其物力，但不许过三间。”富家可以建造多处房舍，但每处的规模不许突破标准[2]。因此，城南的传统建筑在总体上形成了基本一致的肌理（图 4-39）。封建时期的大部分住宅和商业建筑总是尽可能地占满沿街和两侧用地，建筑之间偶尔会留出通行的小巷，建筑覆盖率一般在 80% 以上。临内秦淮河的传统建筑被称为“河房”，如建于清末的糖坊廊 61 号河房。这一类河房沿河岸连绵展开，形成的是沿河观景式的居住界面（图 4-39）。

1. 杨新华，王宝林 . 南京山水城林 [M]. 南京：南京大学出版社，2007: 414.

2. 薛冰 . 南京城市史 [M]. 南京：南京出版社，2008: 68-70.

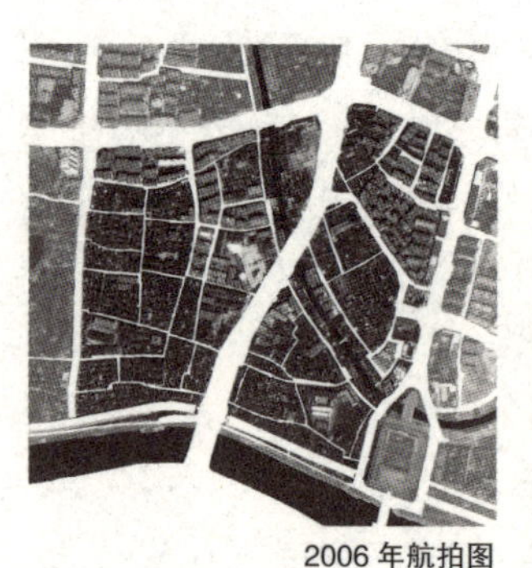

2006 年航拍图

糖坊廊沿河景观（2010 年）

图 4-39 城南区域滨河地段典型建筑肌理

通过对这一样本的分析，可以看到城南区域水系对地段平面单元的推动作用，在城南区域的整体保护下得到部分延续；同时，在大尺度干道的裁切作用下，水系和干道的方向产生了根本的冲突，而街道布局、地块组织方式和建筑肌理正逐步发展为顺应干道的方位。

4.3.3 城中区域滨河地段

内秦淮河东段—头条巷街区组团位于城中区域，东临龙蟠中路，南抵常府街，西至长白街，北达中山东路。组团内的水系是内秦淮河东段，也就是作为南唐江宁府都城护城河的杨吴城壕。这条水系在南唐时期作为城市边界的同时也是运输干道，自明代被纳入城市建设区范围后，继续扮演了皇宫区边界兼运输骨架的形态角色。该街区组团在肌理类型上是典型的局部改造型街区组团，其内部的街巷系统大多来源于明清时期，但地块已经大量合并，传统建筑肌理在新中国成立之后已经基本被置换。图 4-40 以逐步放大的地图表达了该样本中的典型平面单元，即街道布局、地块划分与建筑平面形态。

图 4-40 城中区域滨河地段典型平面单元

a 街道布局
1000 米 ×1000 米

b 地块划分
500 米 ×500 米

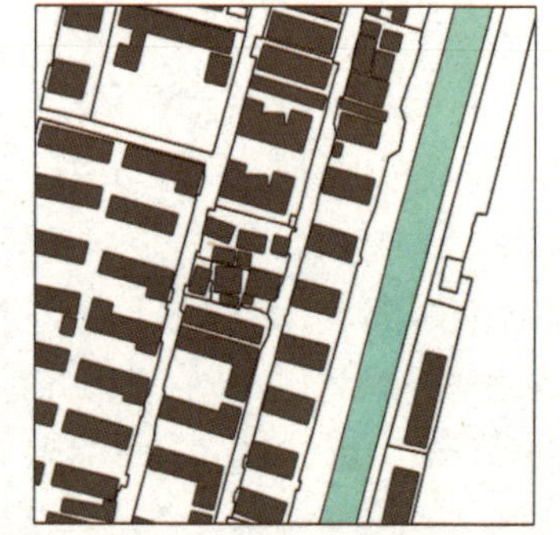

c 建筑平面形态
250 米 ×250 米

1）形态结构的演化

图 4–41 显示了内秦淮河东段—头条巷街区组团自明代至 2008 年的形态演化过程。

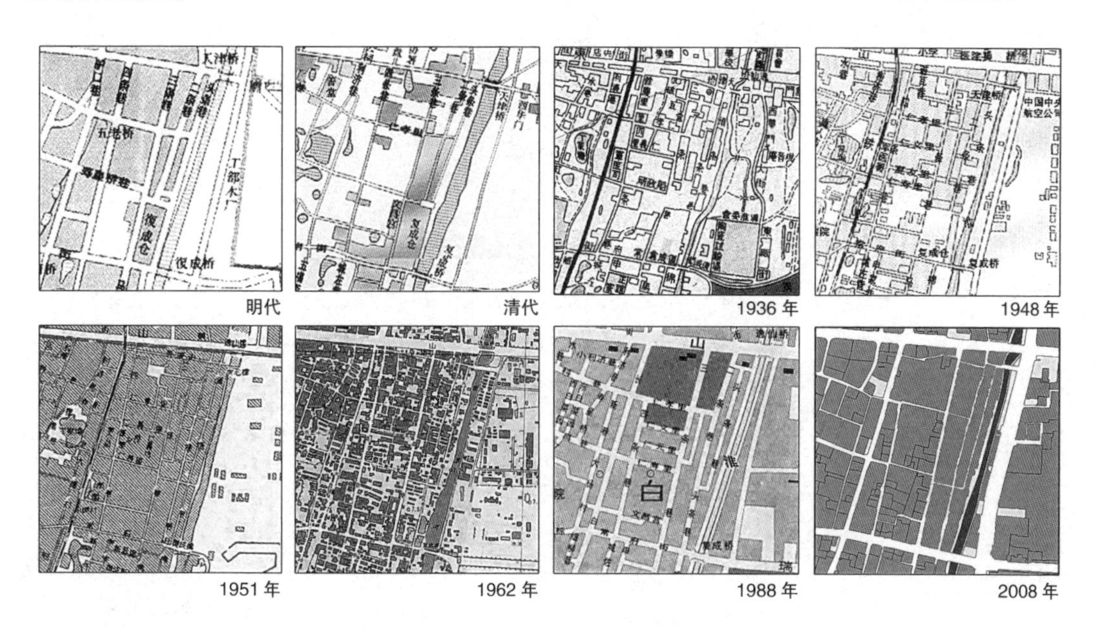

图 4–41　城中区域滨河地段样本演化过程

这一地段虽然自南唐时期就已在都城范围内，但由于位于都城的东北边缘，建设稀疏，至明代才开始真正建设发展，形成今天所见的基本骨架。组团北部的英威街在今天只是一条断裂的小街巷，但在明初是西华门大街的一部分。西华门大街是贯穿明南京旧城区和宫城区的东西向要道，西连旱西门，东出元津桥后穿过西华门、西安门、东安门、东华门直至朝阳门 [1]。民国时期建成的中山东路与西华门大街几乎交叠，因此西华门大街被逐步消减，有的部分被纳入建设用地，残余部分被转化为小巷，并遗留下不再是要津的元津桥。街区组团西侧的长白街北起中山东路长江尽头，南至白鹭洲公园，全长约 2 千米。其路基原为民国时期城内铁路线，1958 年铁路拆除后就原线改筑为路。1998 年在城市改造中，长白街从原来的 5~6 米拓宽至 12~15 米，成为一条南北向城市干道。组团东部的龙蟠中路是老城内部的快速路，于 1997 年竣工。虽然在道路规划建设过程中尽可能在道路与河道之间留足充分的绿化用地，但由于路幅宽达 61 米，不得不在局部与河岸贴近的部分挑出 1.6 米，设置钢筋护栏以作人行通道 [2]。

街区组团内一系列彼此平行的南北向街巷是由在明代宫城和城墙建成后所进行的市政建设形成，并以此发展住宅区。自西安门以西，按顺

1. 杨新华，王宝林 . 南京山水城林 [M]. 南京：南京大学出版社，2007: 266.

2. 南京市地方志编纂委员会 . 南京城市规划志 [M]. 南京：江苏人民出版社，2008: 794.

序定名为头条巷、二条巷、三条巷、四条巷等[1]。可见，这一区域在南唐时期自西向东缓慢建设发展，而在明初随着城市向东拓展，其建设发展的方向扭转为自东向西。南唐都城内部的边缘空间在明代由外向内进行了整体填充。在这一过程中，水系的城市边界意义也随之转化成形态骨架意义。

1. 杨新华，王宝林. 南京山水城林 [M]. 南京：南京大学出版社，2007: 267.

2）水系与街道布局

这一类滨河地段的街道布局是在传统老街巷的基础上，在叠压干道和地块合并的过程中取消或拓宽改造部分街巷而形成的。街巷与水系的方向大体上受到南唐时期南偏西 14 度的城市轴线的控制，只有北侧中山东路成形于民国时期，约呈东偏南 5 度。街巷密度较城南区域略低，南北向街巷连通性明显高于东西向。从头条巷至四条巷，以平行于河道的方向形成了一系列狭长形街区，且街巷间距从 30 米依次提升至 180 米。街巷宽度以 8~16 米为主，多为人车混行街巷。

河道西侧没有直接滨河的城市道路，但水岸公共绿地内通过景观建设辟出了连续步道。由于桥梁密度过低，步道和绿地的利用率都较低。水系东岸的龙蟠中路直接邻水，水岸可达性较高。

3）水系与街廓特征

这一街区组团由 16 个街区组成，其面积悬殊较大，由 0.2 ~ 4.5 公顷不等。在河道西岸，直接滨河的街区主要在水岸和头条巷之间形成，与内秦淮河南段两岸的狭长形滨河街区有些相似。由于水系兼有边界和骨架的形态作用，河道上桥梁密度很低，这也导致滨河街区进深为 20~40 米，但其长度达 780 米。水系东岸在明初是居民生活区与皇宫区之间的模糊地带，民国时期成为水系与明故宫机场用地之间的地带。城东干道的建设带动了城壕东岸用地的建设。由于金城机械厂先于龙蟠中路建设，因而龙蟠中路的拓宽主要向水岸方向进行，最终形成的滨河带状用地中，进深小于 20 米的部分多作为公共绿地，进深在 20~50 米的部分则作为公共设施或居住混合用地。

4）水系与地块组织

在地块的用地性质上，现状街区组团主要由住宅类用地（以 R2 为主），以及少量的商业、行政办公、教育和工业等用地构成（图 4–42a）。水系西岸滨河地块以居住用地为主，北端和南端与干道相邻处为商业或行政办公用地，东岸滨河街区东临龙蟠中路，以公共设施用地为主，另有少量居住混合用地。

水系西岸在明初建设时期的地块划分方式和规模与城南滨河地段遵循着类似的原则。在滨河的街区内，地块均以垂直于河道方向进行划分，大部分地块面宽在 10~15 米。现状中的沿河地块大部分已经相互合并，残留少量小型地块显露出早期划分的基本规模。自二条巷向西，街区的进深明显增大，地块在大量合并的基础上，又出现沿主要道路再度细分的趋势。其中，1990 年竣工的中山东路改造片最为典型。这一改造片南北宽 260 米，东西跨二、三、四条巷，是南京市老城改造中第一个规模较大的改造片。改造片内取消了英威街、顺德里、厚德里、普华巷和四条巷局部，保留并拓宽了头条巷、二条巷、三条巷和长白街。该地段内建成的一组高层建筑是当时南京最早的高层建筑群，拆迁复建房中除大量住宅外，还包含小学、厂房、商业用房等配套公共设施[1]。

沿河地块与河道直接相邻，大部分地块由与河道平行的巷道或干道进入，一般有 1~2 个出入口（图 4–42b）。

a 用地性质

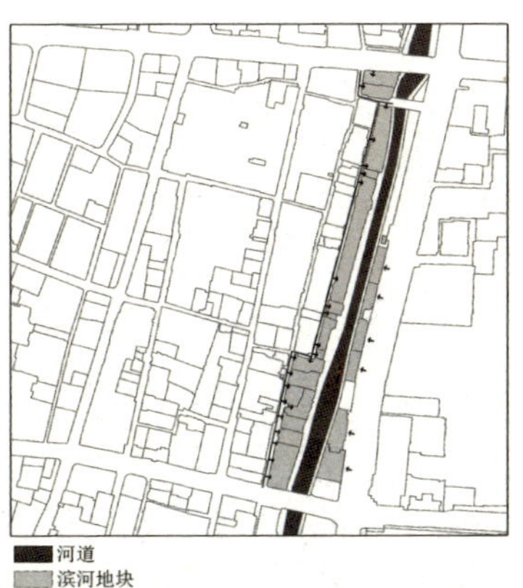

b 滨河地块出入口

图 4–42　城中区域滨河地段典型地块组织方式

1. 南京市地方志编纂委员会 . 南京城市规划志 [M]. 南京：江苏人民出版社，2008: 691.

5）水系与建筑肌理

街区组团内除了四条巷内的李鸿章祠堂旧址、三条巷内的文昌宫等历史遗存外，其他建筑都在新中国成立之后进行了重建，建筑布局普遍顺应南偏西 14 度的总体方向（图 4–43）。现在河道西岸的住宅建筑以多层行列式为主，大多数属于建于 20 世纪 90 年代之前标准较低的单元式住宅。其间距较小，通常以山墙面与水系相对，滨河界面为不透空的围墙；位于元津桥西南侧的逸仙名居建于 2000 年之后，为高标准住宅，面向河道，滨河界面为空透式围墙；河道东岸以公共建筑和居住混合建筑为主，面向河道。

2006 年航拍图

沿河景观（2010 年）

头条巷（2010 年）

图 4–43 城中区域滨河地段典型建筑肌理

总体看来，城中区域的水系兼有边界和骨架双重特性。作为边界，水系两岸大多表现出形态结构的对比；作为骨架，水系两岸的滨河地段经历了自水岸向腹地整体建设发展的过程。这种双重特性延续至今，中山东路、长白街、常府街和龙蟠中路的相继建设使该街区组团的边界产生了结构性的改变，但对于水系西岸街区组团内部的形态结构少有影响。

4.3.4 城东区域滨河地段

玉带河—黄埔路街区组团位于城东区域，东临明故宫路，南抵中山东路，西至黄埔路，北达珠江路。组团内的水系呈“T”字形，南北向河道与东西向河道的东部属于玉带河西支，也就是明初宫城护壕；东西向河道西部属于青溪。该街区组团在肌理类型上是典型的大院填充型街区组团，在城市干道的层级以下明显缺乏城市支路或街巷系统，表现为由干道围合的大型街区。图 4–44 以逐步放大的地图表达了该样本中的典型平面单元，即街道布局、地块划分与建筑平面形态。

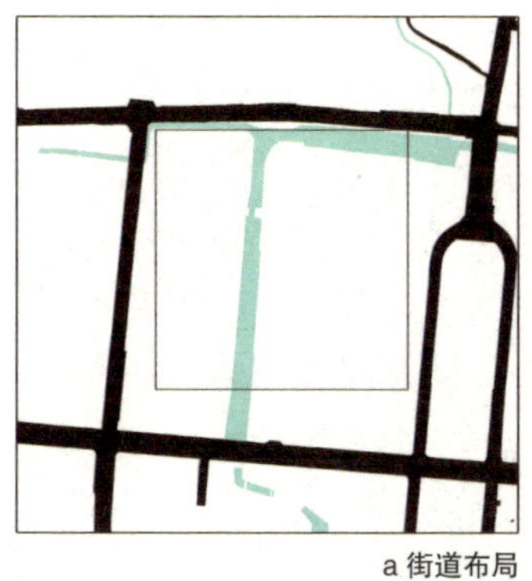
a 街道布局
1000 米 ×1000 米

b 地块划分
500 米 ×500 米

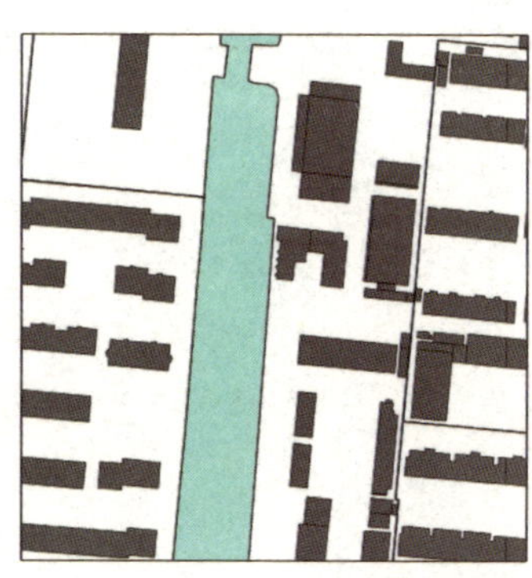
c 建筑平面形态
250 米 ×250 米

图 4–44　城东区域滨河地段典型平面单元

1）形态结构的演化

图 4–45 显示了玉带河—黄埔路街区组团自明代至 2008 年的形态演化过程。

这一街区组团的水系成形于明初，东侧隔宫城城墙与金水河、西六宫、西花园、武英殿等皇宫设施相邻近；西岸与环绕宫城护壕的道路相邻，其西为皇城内较空阔的区域。永乐帝北迁后，皇宫不断衰败，但明王朝明令不许维修[1]。至清代，屯驻南京的八旗军利用明故宫地区建立驻防城，城东区域整体上形成清军营地及旗人后代的居住区。1853 年太平军攻破

1. 薛冰 . 南京城市史 [M]. 南京：南京出版社，2008: 71.

图 4–45　城东区域滨河地段样本演化过程

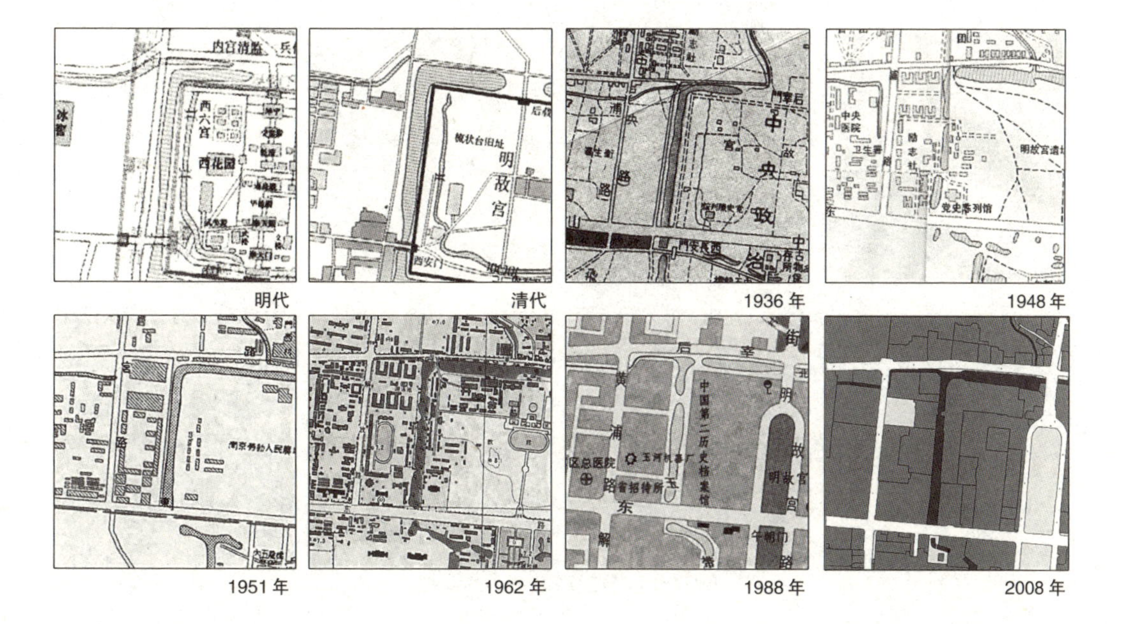
明代　清代　1936 年　1948 年
1951 年　1962 年　1988 年　2008 年

1. 杨新华，王宝林. 南京山水城林 [M]. 南京：南京大学出版社，2007: 203.

2. 杨新华，王宝林. 南京山水城林 [M]. 南京：南京大学出版社，2007: 312.

3. 南京市地方志编纂委员会. 南京市政建设志 [M]. 深圳：海天出版社，1994: 50.

驻防城时，城内衙署、屋宇尽毁，又因建造天王府而拆城取砖。同治三年（1864 年）清军攻陷天京（今南京），并再次重筑驻防城[1]。

民国期间相继建成中山东路和黄埔路，其中黄埔路建于 1927 年，是从广州迁至南京的黄埔军校，即中央陆军军官学校正门外的主要道路[2]。1931 年励志社从中央陆军军官学校内迁至玉带河西岸，1934 年在玉带河东岸建设中央党史史料陈列馆，现为中国第二历史档案馆。宫城内接近中轴线的核心区域在民国时期曾被定为商业区，后改为中央政治区，在新中国成立后相继被定为南京劳动人民广场、教练场等公共空间。1985 年的规划提出保留明故宫三大殿遗址建公园和明故宫路[3]，随后宫城范围除遗址公园外被快速填充为军政系统所属的研究所和住宅区。街区组团内的较小水系在建设过程中逐渐消失或偏移，如明代宫城金水河因中山东路的阻断而堙塞消失，玉带河西北方向的青溪被推移至干道边缘。

2）水系与交通流线

经过民国时期和新中国成立之后的填充建设，目前这一街区组团内没有支路或街巷，明代河道西岸的道路也已湮灭。玉带河在民国之后的建设过程中转化成建设用地的边界，水系上缺乏公共性的桥梁。目前河道上的三座桥梁中，南北向的两座都从珠江路分别连入非公共用地；东西向的一座所连接的是总参第六零研究所位于河道两侧的部分，属于单位内部桥梁。2001 年珠江路拓宽后，与位于黄埔路和珠江路交汇口东部的河岸过于贴近，因此将人行道悬挑于河面上。珠江路其他部分与水系之间有 5 米左右的公共绿地，最宽处达 15 米。因此，“T”形水系中只有东西向水系的北岸可达性较强，其他岸线均作为用地边界，公共性较弱。

3）水系与街廓特征

由于城东区域的道路和水系总体上都服从于南偏西 5 度的轴网系统，因此街区组团内以水系划分成两个近似长方形的街区。街区都呈现出两面临干道、另两面临水系的边界特征。

4）水系与地块组织

在地块的用地性质上，现状街区组团主要由军事用地、行政办公用地、居住、居住混合用地和宾馆、会议中心、文化及少量工业用地构成（图4-46a）。与水岸相邻的主要是总参第六零研究所、江苏省会议中心、南京第二历史档案馆等公共设施用地和黄埔花园、玄武区军干休四所等居住用地。

水系东西两岸的街区在建设时序上有明显差别，西岸街区在新中国成立前已基本形成，东岸街区则主要在新中国成立后的计划经济时期快速建成。两个街区内地块的划分方式也有所不同。西岸街区偏狭长形，南北向长约600米，东西向宽约200米。其内部大部分地块以垂直水岸的方向划分，其中北部的多个地块又沿南北向自地块中部一分为二。参照历史地图，可见民国初期已出现连通黄埔路至水岸的小路，但在民国末期，道路被纳入励志社内部。新中国成立后，街区内的原有道路成为划分地块的依据，并不断细分，形成今日格局。河道东侧街区街廓趋于方整，南北向长约580米，东西向宽约350米。地块划分上沿中山东路的地块相对细密，而沿水的地块则明显单一。街区内的明初金水河与民国时期的小径局部转化成现状中的主要地块线。总之，西岸街区较均匀的切分方式令大部分地块有临水面，而东岸街区在切分过程中体现出中山东路的主导性，大部分地块垂直于这条干道排布，而沿水区被少量地块整体包裹。

由于街区内缺乏城市道路，处于外围的地块均由周边干道直接进入；临水地块则借由外部地块内的道路进入，或通过干道与地块之间的桥梁直接进入。大部分地块仅有一个出入口（图4-46b）。

a 用地性质

河道
滨河地块

b 滨河地块出入口

图4-46 城东区域滨河地段典型地块组织方式

5）水系与建筑肌理

建筑组团内公共设施用地较多，建筑肌理类型多样。但大部分建筑的方向遵循城东区域南偏西 5 度的整体方位（图 4–47）。其中，居住建筑多以南偏西 5 度为主要朝向，原南京军区司令部第五干休所的建筑受其北部水系岸线影响，转为正南北方向。江苏省会议中心和南京第二历史档案馆中的建筑群布局有明确的南北向中轴线，其轴线建立了建筑群和中山东路的空间关系，而与水系无关。

这一街区组团中的水系宽度以 30~50 米为主，是老城内河中最为宽展的河段，有很好的景观资源。但是，在地块内开敞空间的布局与水系的关系上，只有建于 1999 年的黄埔花园以小区绿地和水系空间连接，其他用地建设时期多在 20 世纪 90 年代之前，一般以辅助用房或围墙邻水形成背向河道的私有岸线（图 4–47）。

2010 年航拍图　　沿河景观（2010 年）

图 4–47　城东区域滨河地段典型建筑肌理

总之，由于明故宫宫城的特殊性，作为宫城护壕的玉带河两岸在建设发展上并不均衡，在建设的时序上也不同于城南和城中区域不断累加的进程，而是表现出短期内形成、衰败、重建、破坏和填充的反复变化，呈现出明显的不稳定性和拼贴痕迹。水系从宫城边界逐渐转化成建设用地的边界，水岸的可达性较低。

4.3.5　城北区域滨河地段

内金川河—广东路街区组团位于城北区域，东临广东路，南抵和会街，西至中山北路，北达福建路。组团内的水系呈“Y”形，内含内金川河新干流、老干流、西支和东支局部。该街区组团在肌理类型上属于整体改造型街区组团，组团内的部分道路源自明清时期，但路网结构、地块组织和建筑肌理基本上是民国后在较短的时期内整体生成。图 4–48 以逐步放大的地图表达了该样本中的典型平面单元，即街道布局、地块划分与建筑平面形态。

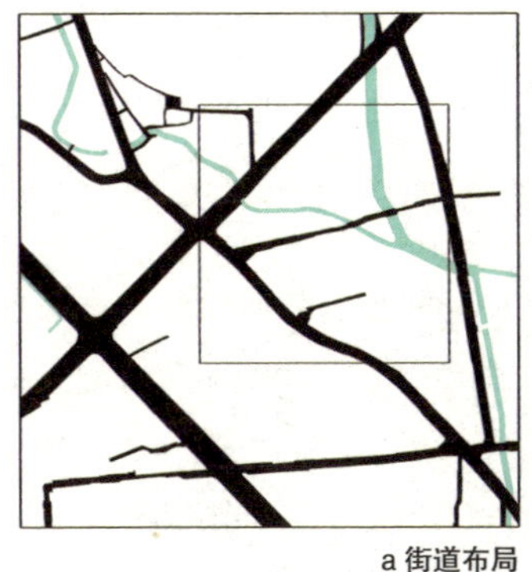

a 街道布局
1000 米 ×1000 米

b 地块划分
500 米 ×500 米

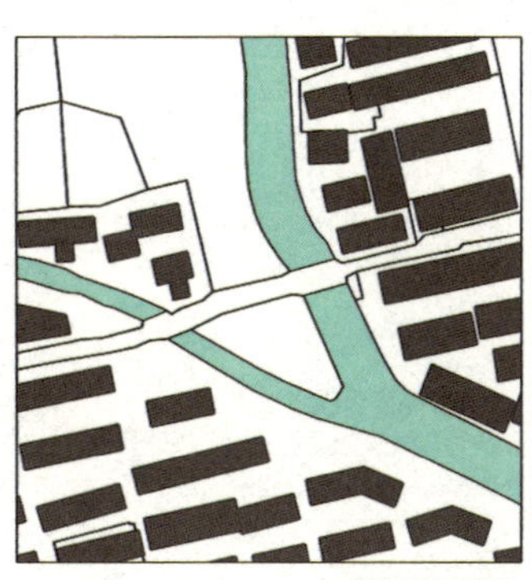

c 建筑平面形态
250 米 ×250 米

图 4-48　城北区域滨河地段典型平面单元

1）形态结构的演化

图 4-49 显示了内金川河—广东路街区组团自明代至 2008 年的形态演化过程。

城北区域在明代是军卫区，其间街巷稀疏，水塘密布。建设内容主要是军营、仓库和少量居住建筑，但城北是贫民编户聚居之地，所以居民区不像城南和城中区域那样设置坊厢[1]。金川河保留了蜿蜒的自然形态，在明初有小型运粮船只通行，修建明城墙后内河水面逐步缩小。街区组团中部的三牌楼大街是明代城市南北向主干道路的一部分，这条干线自

1. 南京市地方志编纂委员会 . 南京城市规划志 [M]. 南京：江苏人民出版社，2008: 92.

图 4-49　城北区域滨河地段样本演化过程

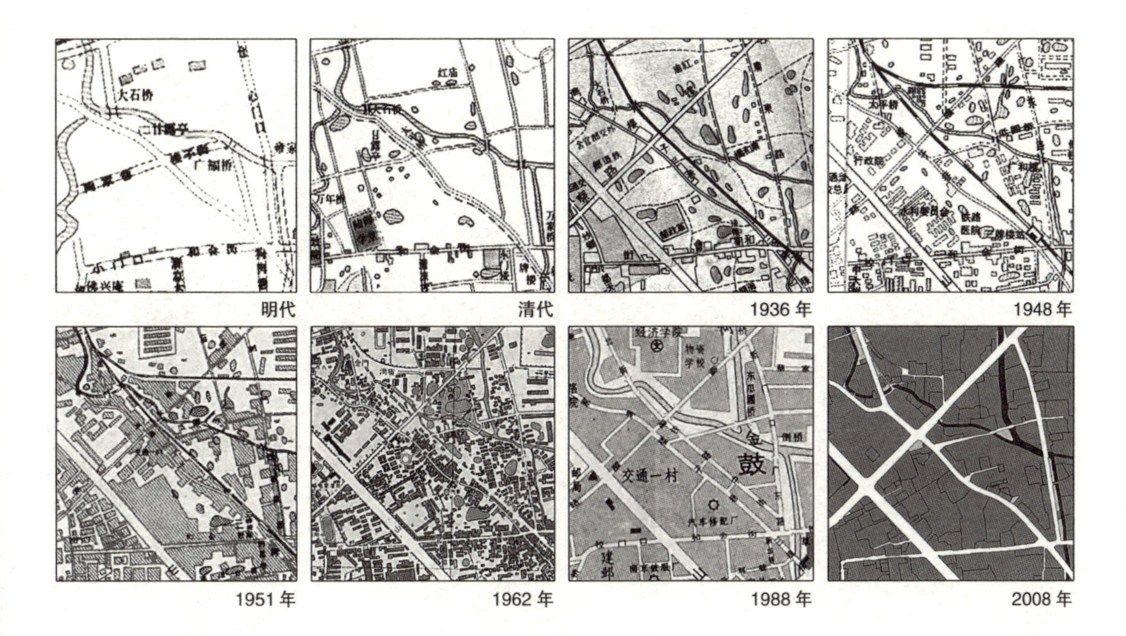

1. 杨新华，王宝林 . 南京山水城林 [M]. 南京：南京大学出版社，2007: 352.

2. 杨新华，王宝林 . 南京山水城林 [M]. 南京：南京大学出版社，2007: 315.

3. 南京市地方志编纂委员会 . 南京市政建设志 [M]. 深圳：海天出版社，1994: 205-210.

水西门经鼓楼向北连接仪凤门。组团南部的和会街则是明代东西向连通度较高的街道，东侧广东路和东瓜圃桥一带在清末是自水路入南京的外地商人聚集处。

民国时期中山北路、福建路和小火车线的建设一方面带动了组团内部的建设，另一方面也加剧了组团形态的矛盾。中山北路在 1929 年第一期工程完成时路幅达 20 米，1936 年铺筑了部分路段的慢车道，1951 年全线慢车道铺筑完毕，现路幅 40 米 [1]。江宁铁路（又叫宁省铁路）于 1909 年正式通车，并于民国后期增加支线 [2]。铁路车站中的三牌楼站位于和会街与广东路交会处。这条小铁路在新中国成立后因城市发展需要于 1958 年全线拆除，部分路基被改筑为街道，如铁路北街和中街，后因这些街道与原先和铁路相邻的道路间距过近也被逐步并入建设用地，有部分道路化作地块划分线。

新中国成立前金川河由于河道弯曲段较多，淤塞严重，泄洪能力不足，汛期淹水成片，特别是五所村及鼓楼区三牌楼、萨家湾一带水涝灾害严重。新中国成立后多次分段疏浚，于 1958 年开始进行主流改道工程，并修建堤防和桥梁水闸。即使如此，在 1975 年的雨水淹水情况图中，沿三牌楼大街一带还是老城内涝最严重的区域，研究样本所在的地段几乎完全被淹（图 4-50、图 4-51）。各条支流上游河道于 1977 年之后的数年内被陆续填埋，改为埋设下水道 [3]。

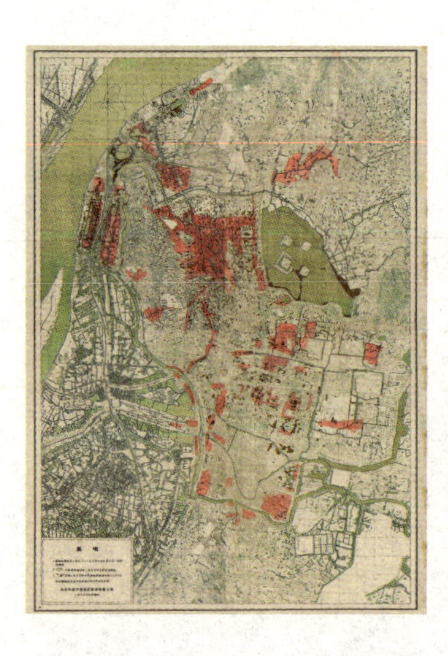

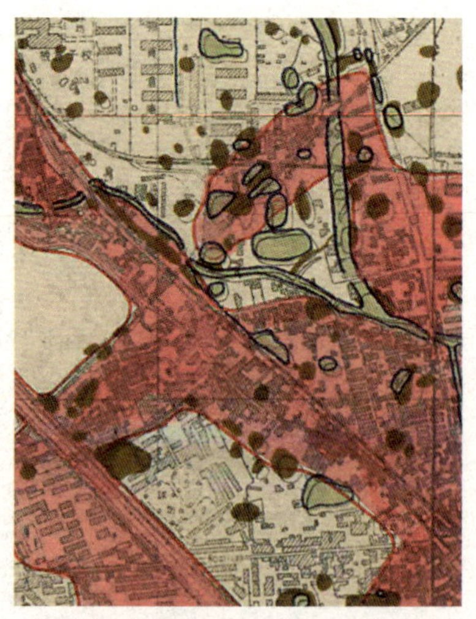

图 4-50 1975 年老城淹水情况图（图中红色为淹水范围示意）(左)

图 4-51 1975 年内金川河滨河地段淹水范围（图中红色为淹水范围示意）（右）

2）水系与交通流线

街区组团东南两侧和内部街道都源自明清时期，西北两侧干道源自民国时期。金川河中支可能在明初影响了广东路的走势，除此之外，路网与水系之间在方向和等级上都没有明确的形态关系。水系两岸不临城市道路，可达性较低。近年来，金川河在全面的水环境治理工程中不仅水质提到了提升，部分水岸也增设了步行通道和公共绿地，可达性有所增强。

3）水系与街廓特征

街区组团内以道路和水系划分为 6 个街区，由于道路与水系在方向上的错动，街区街廓表现出不规则和规模差异较大的特点，街区规模从 0.7~14 公顷不等。

4）水系与地块组织

在地块的用地性质上，现状街区组团主要由居住、居住混合、商业混合及少量工业用地构成（图 4–52a）。其中，商业混合用地沿中山北路排布，进深为 18~50 米；居住混合用地沿三牌楼大街、和会街、广东路、福建路展开，进深也为 18~50 米；沿河两岸主要是居住用地和教育用地。

在地块的组织方式上，从 1936 年至 1962 年的历史地图上可以看到，这一街区组团内的建设大体上由干道沿线开始，随着建设需求向街区内部填充。水岸多处于街区内部，因此是最后填充的区域，大部分水岸被纳入周边不规则的非公共用地内。地块的排布呈现出类似城东区域的规律，即沿主要道路比较细密均匀，沿水岸粗阔不均。由于街区内水岸缺少城市道路，滨河地块的出入口都设于外围城市道路上，大部分地块仅有一个方向的出入口（图 4–52b）。

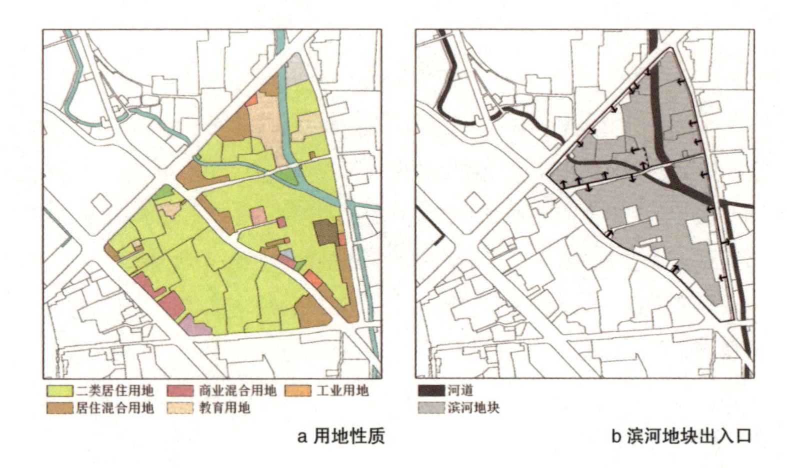

a 用地性质　　b 滨河地块出入口

图 4-52　城北区域滨河地段典型地块组织方式

5）水系与建筑肌理

街区组团内沿中山北路的部分公共建筑建于民国时期，其他现有建筑都在新中国成立之后建成。建筑方向同时受到中山北路、三牌楼大街、福建路和广东路的综合影响，总体上以南偏东为主，水系仅对部分建筑的局部方位产生影响（图 4–53）。住宅建筑以多层行列式为主，在和会街与三牌楼交汇处的居住建筑采用了围合式，以适应不规则的路网。大多数住宅建筑属于建于 20 世纪 90 年代之前标准较低的单元式住宅，其间距较小，通常以山墙面与水系相对。这一地段的住宅小区大多不设围墙，水岸有部分民众可以穿行的小区内部道路。

2010 年航拍图　干流沿河景观（2013 年）　老干流沿河景观（2013 年）

图 4-53　城北区域滨河地段典型建筑肌理

总之，城北区域的水系作为附属性形态元素，对道路布局、街区内地块的组织、建筑占据地块的方式都没有产生主动的影响。地段的平面单元主要由道路，尤其是干道决定。城市开发建设的时序大体按照由道路沿线开始，向水岸沿线填充的方向进行，因此水岸空间地块形态不规则，缺乏出入口。

4.4　水系在滨河地段中的构型方式比较

水系对周边地段产生形态作用，从而使滨河地段区别于非滨河地段。本节将对老城不同形态区域中的滨河地段进行类型间的比较，总结水系与地段要素之间的关联方式。对于结构性要素而言，水系的构型作用体现在与诸多要素建立起怎样的结构关系，这一结构可能是刚性的，也可能是弹性的，或者是松散的；对于填充性要素而言，水系的构型作用体现在与所含元素间的联系中，这种联系可能影响了街道和街区的组织，或是影响了地块的划分，亦有可能仅影响了建筑的排布。联系程度的不同实质上反映了水系对周边居民在生活中对水系的利用频率。水系与两类要素的关系将影响城市居民对水系及滨河地段的整体认知。

4.4.1　水系与结构性元素的关联方式

表 4–3 综合呈现了地段内结构性要素的组织方式，及其对应的城市形态区域。从水系与结构性要素的关联方式上看，南京老城大致上包含四类：以水为核的环状网络、政治主导的理想图式、水路并行的景观廊道和欠缺关联的模糊结构。

表 4–3　各形态区域中水系与结构性元素的组织方式

形态区域	滨河地段结构性要素的分布	水系与结构性要素的关联模式
城南区域		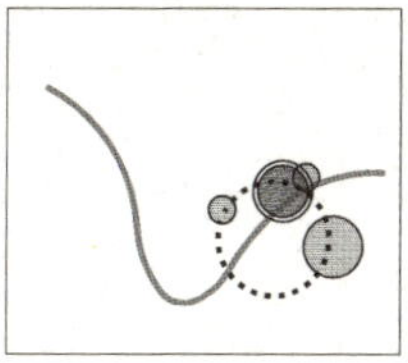 a 以水为核的环状网络 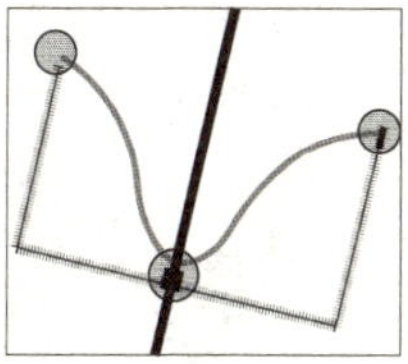 b 政治主导的理想图式
城东区域		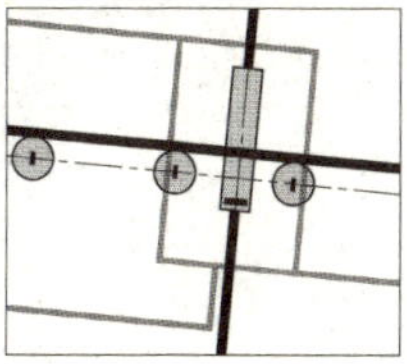 c

（续表）

形态区域	滨河地段结构性要素的分布	水系与结构性要素的关联模式
城中区域		d　水路并行的景观廊道
城北区域		e　欠缺关联的模糊结构

以水为核的环状网络　内秦淮河南段作为南京城市的“母亲河”，推动了城市的持续建设和发展。在历史的沉积中，沿河两岸聚集了大量重要的建筑物和开敞空间。尽管随着时代的变换，这些物质空间的具体功能发生着延续或转型，但其结构性的形态意义被延续下来，转化为今日城市中的公共空间节点或标志。在 1986 年编制的《秦淮风光带规划设想》中，规划沿内秦淮河南段组织起一系列展示城市传统风貌特色的水路交织的认知途径，以此串联起内秦淮河滨河地段中大部分的重要文物古迹和人文景观，如夫子庙商业文化中心、贡院博物院、白鹭洲公园和瞻园等，这实质上建立起了以内秦淮河为中心的环状网络（图 4–54）。尽管这一规划未能完全落实，但对内秦淮河周边公共空间的组织方式产生了深远影响，它促使地段中新建设的公共空间被不断纳入这一网络，如 2013 年开放的“老门东”历史街区进一步拓展了公共节点网络的内容，同时丰富了中华门与水岸的连接方式（表 4–3a）。

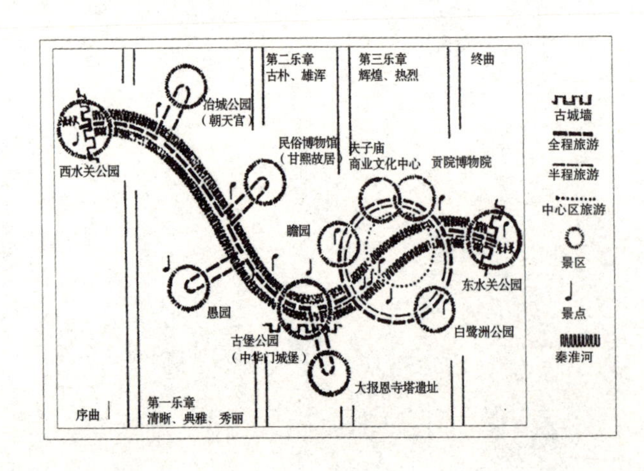

图 4–54　1986 年《秦淮风光带规划设想》中对沿秦淮河两岸旅游路径的设想

政治主导的理想图式　中国古代都城的营建虽无系统的城市规划理论作指导，但其选址和布局大多受到传统规制和文化观念的综合影响。这促使老城的一些水系与滨河地段中的轴线型道路、城墙及城门等其他要素之间建立起吻合特定图式的结构关系。其中最有代表性的分为两组：一是城南区域的内秦淮河南段。其水湾是六朝和南唐都城主轴线的定位要素，因而与南唐都城主轴线（中华路）、在南唐城墙和城门基础上改造建设的明城墙及城门（中华门、东水关遗址公园、西水关广场）构成了一组彼此牵制的稳定图式（表 4–3b）。二是明皇宫区的护壕，即城东区域的青溪、玉带河和明御河。水系虽有局部改道，但与皇宫区的主轴线（纵轴为御道街，横轴已不存）、宫城核心区（明故宫遗址公园）、城门（午朝门公园、东华门广场、西华门广场和西安门广场）等要素构成了体现皇权至上的严谨图式（表 4–3c）。

水路并行的景观廊道　近现代城市规划理论明确并强化了城市内河在公共生活和生态保护方面的价值，河道开始与带状绿地、城市主要道路并行组合。在南京老城，典型者如城中区域的内秦淮河东段、中段、北段和珍珠河等，它们与其相邻的带状绿地作为《首都计划》中的“林荫大道”，影响了城市干道的布局，形成水绿并行的景观绿廊。这一组织方式在现代南京城市规划中被继承和优化，成为新城内河与滨河地段要素关联的基本模式（表 4–3 d）。

欠缺关联的模糊结构　在城北区域的金川河水系两岸，滨河地段中缺乏城市中心、绿地广场及标志物，水系与城市道路、空间边界也尚未形成清晰的关联。因此水系与滨河地段的结构性要素之间的关系比较模糊（表 4–3 e）。

4.4.2　水系与填充性元素的关联方式

填充性要素呈现出城市局部的肌理特征。水系对填充性元素的作用主要表现为如何影响地段中典型的平面单元，即如何作用于街道的布局、地块的划分及建筑占据地块的方式。老城在历史的积淀中生成了复杂的肌理，但在较低的观察精度下呈现出的特征大体与其所处的形态区域相关，因此我们通过在各区域中取样来观察水系对平面单元的作用程度。

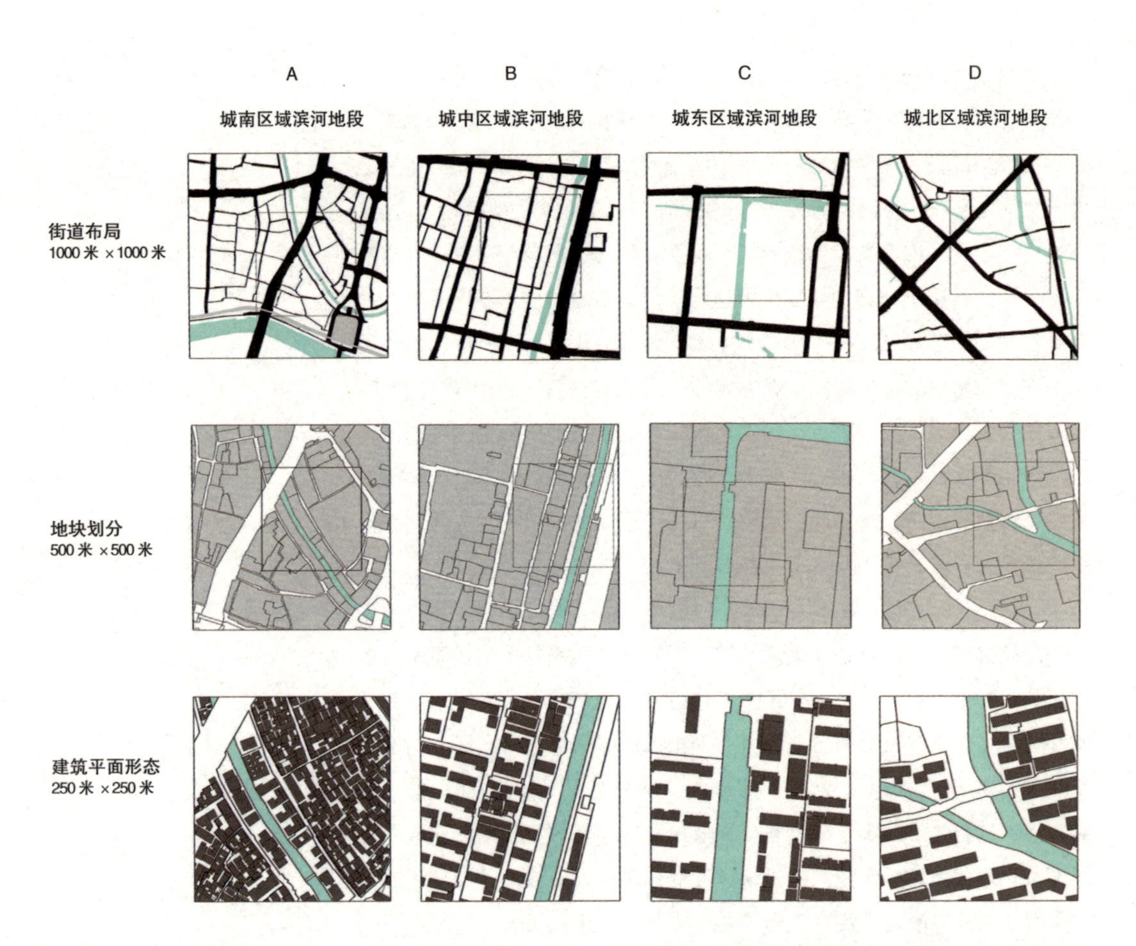

图 4-55 四类滨河地段典型平面单元比较

图 4-55 综合表达了四个滨河地段中较为典型的平面单元，可以看到水系对街道、地块、建筑这一系列形态元素的布局有不同程度的影响。

城南区域滨河地段的平面单元受到水系的主导作用。“十里秦淮”自秦汉时期就已经推动了两岸有机网络的生成，影响商业和文化用地的布局、街道的布局、街廓的尺度、地块划分方式、建筑占据地块的方式，并造就了富有地方特色的“河房”界面。

城中区域滨河地段的平面单元受到水系的一些影响。水系与滨河地段道路网络的走势总体上受到南唐时期城市主轴线的制约，呈南偏西 14 度。地块的划分在明清时期很可能与城南区域滨河地段一样，以地块短边朝向河道，但经过旧城改造后，大量地块已经合并，并逐渐表现出沿城市道路细分的趋势。地块内部的建筑布局主要是依据道路的走势和日照方向，实际上并未受水系影响。

城东区域滨河地段的平面单元受水系影响较弱。水系与周边道路走势受到明代皇宫区主轴线的整体制约，呈南偏西 5 度。地块划分与建筑布局均以城市干道为主导因素，水系虽然与地段的整体肌理呈现相似的方向，但两者之间联系薄弱，滨河建筑多是背向河道的。

城北区域滨河地段的平面单元几乎不受水系的影响。内金川河水系至 20 世纪 50 年代后才真正进入城市建设的视野，而在计划经济时期粗阔的填充建设中，不规则的水系与相对凌乱的路网彼此并置，而用地的开发与建设主要受干道建设的带动。水系仅对少量滨河建筑的朝向产生影响。

仅由这些选自各形态区域的典型样本来看，水系对地段平面单元的影响力由大至小依次为：A 城南区域滨河地段、B 城中区域滨河地段、C 城东区域滨河地段、D 城北区域滨河地段。它们虽然不能代表所有的滨河街区组团，但大致上显示出目前老城滨河地段中的平面单元与水系间可能存在的关联方式。

4.4.3　水系与要素的关联对空间认知的影响——滨河区域的认知地图

从公众对老城内河的认知上看，由于我们所关注的形态要素与城市居民意象结构中的认知要素相对应，因此水系与结构性要素建立的关系将影响公众对水系的认知方式和程度。城市的可读性，也就是城市的特色取决于这些认知要素的可读性。它们在城市空间中的分布特征和相互间的组织关系将体现为市民对水系及滨河区域的整体认知。借用凯文·林奇的认知地图绘制方法，笔者将滨河地段中的认知要素进行提取和抽象，形成图示（图 4–56），并将各类要素的空间分布整理为表 4–4。两者的对照，解释了为什么老城居民对不同城市区域内的滨河地段的印象有着比较大的差异。

比较公众对四个城市区域中水系的认知程度可知，南京居民普遍了解城南内秦淮河的位置，尤其对夫子庙地区的秦淮河印象明晰。这源于该地段囊括了老城结构性要素可能包含的所有类型，其中的结构性要素兼有两重作用，一方面促使两岸的一些公共空间节点形成以河流为中心的环状网络，另一方面与轴线型道路、城防设施等要素组合成古代营建规制造就的特定图式，两重组织方式的叠合为公众认知内秦淮河提供了多样的途径。同时水系对两岸的平面单元具有深刻影响：城中区域的滨河地段含有多数类型的结构性要素，但要素的分布密度较低，要素间的组织关系也不及城南丰富和连贯，因此居民对这两个区域中的内河水系及滨河区较难形成整体的认知，但对局部要素分布较为密集的段落有比较深的印象，如与龙蟠中路并行的内秦淮河东段、与建邺路并行的南唐运渎和与太平北路并行的珍珠河。这些与城中区域的内河水系多与沿河城市干道及公共绿地临近，频频出现在公众的视野中，并提供滨河活动场所有关。城东区域的水系曾是明代皇宫护壕，与该区域的重要空间节点及标志在皇宫区主轴线的总体控制下有着内在联系，但是市民对于城东区域部分河道只有零星的认识，如外五龙桥和北安门桥下的水系及与

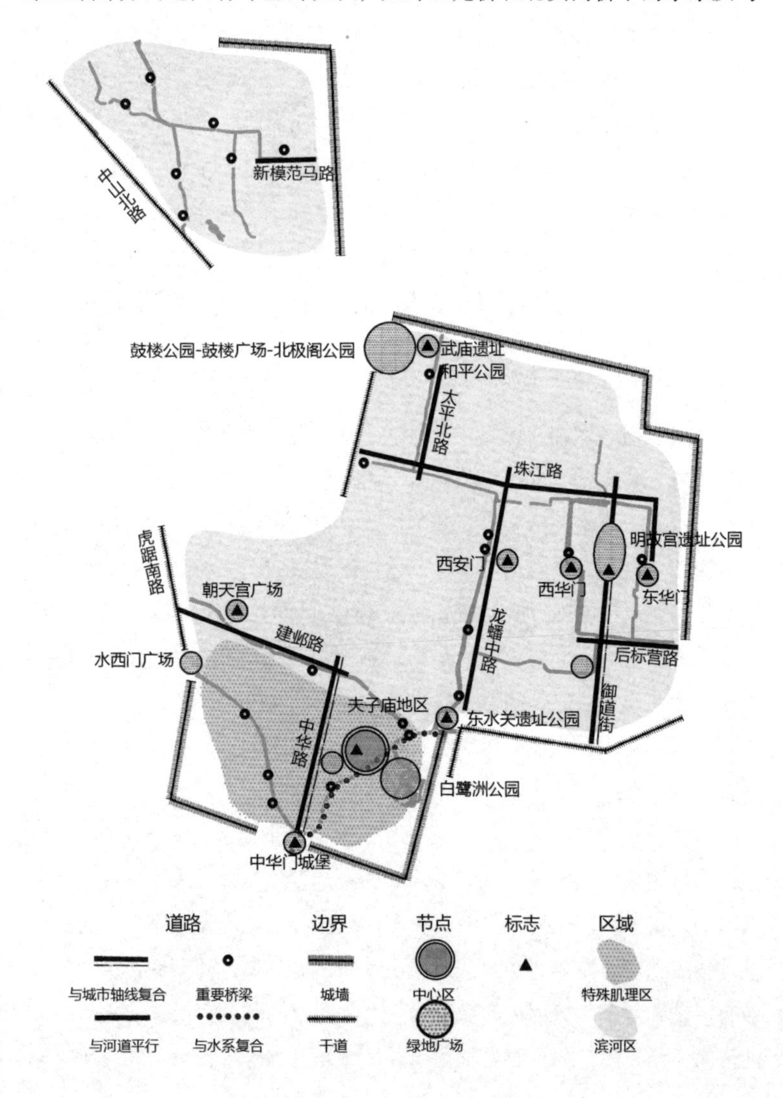

图 4-56 南京老城滨河区的认知地图

明御河路并行的明御河等。这是因为要素之间的路径联系较弱，水系岸线的公共性也偏低，所以水系与要素间构成的理想图式可以借助文献在宏观层面上解读，而难以在微观环境中感知。城北区域的滨河地段主要含有道路、桥梁和边界等认知要素，而要素间的关系相对疏离，因此居民对城北金川河水系及其两岸的总体印象是比较模糊的。

表 4–4　老城滨河地段结构性要素在四个形态区域中的分布

结构性要素 / 形态区域		城南区域	城中区域	城东区域	城北区域
道路	与城市轴线复合	中华路		御道街	
	与水岸平行	建邺路	龙蟠中路 珠江路 太平北路	珠江路 后宰门街 青溪路 后标营路	新模范马路
	与水岸垂直	城市干道桥 古桥	城市干道桥 古桥	城市干道桥 古桥	城市干道桥
	与内河复合	中华门至东水关的河道			
节点	中心区	夫子庙地区			
	绿地广场	白鹭洲公园 东水关遗址公园 水西门广场	和平公园	明故宫遗址公园 午朝门公园 明御河公园	
标志	城防设施	中华门瓮城		东华门 西华门 西安门 午朝门	
	建筑（群）	大成殿 贡院	朝天宫 武庙		
边界	城墙	明城墙南段			
	干道	虎踞南路	龙蟠中路	后标营路	新模范马路 中山北路
区域	特殊肌理区	老城南传统风貌区			

4.5　本章小结

本章将研究视野由宏观整体城市切换至中观滨河地段。首先，限定具体的研究范围，认知老城滨河地段的基本形态结构特征，分解和梳理形态要素；其次，根据要素的特性进行分类，分别观察内河在各类型要素的形态生成与发展过程中所起到的作用；最后，通过类型间的比较，归纳水系在滨河地段中的构型方式。

将上一章水系与老城的形态交互方式与本章滨河地段的形态特征进行比照，我们发现两者间存在明显的联系，水系在整体城市中的形态意义影响了水系与地段要素间的相互作用方式和作用程度。对结构性要素而言，作为主轴的内河在历史进程中吸引了大量城市重要空间分布于两岸，它们之间通过连接逐渐形成以水系为核心的环网结构；作为定位元素和边界的内河与古代都城的营建规制相关，因此与基于古代城防设施或政治中心形成的空间要素共同呈现出政治主导的理想图式；作为景观骨架的内河，影响了城市干道与公共绿地的布局，形成水路并行的绿廊；作为附属性元素的内河在地段层面未能影响要素的布局，其形态作用是模糊的。对填充性要素而言，老城的层叠发展使其内部呈现出较为明显的形态分区，不同分区中的滨河地段的肌理组织显示出本质的差异。城南区域的内河对周边的街巷网络、地块划分和建筑布局均起到主导作用；城中区域的内河对地段的街道布局和地块划分有所影响；城东区域的内河对地段中的局部道路产生影响；城北区域的内河与填充性要素几乎是并置的，很少对形态构型产生作用。

水系在宏观与中观层面的形态作用最终将在微观环境中被认知和体验。下一章我们将关注微观视野下的老城滨河空间的形态特征，讨论其与上层形态结构的关联，同时观察物质空间形态如何影响空间场所中的公众活动。

第五章 南京老城的滨河空间与场所

相比于宏观尺度和中观尺度下的分析，在微观尺度下对滨河空间的认知主要是从人的视角去观察城市的物质空间现象。虽然这种认知相对于宏观层面的认知而言只是局部的认知或片断认知，但是从公众形成的对城市滨河空间的认知与评价上看，这类局部认知或片断认知甚至比整体认识更为重要[1]。微观视野下的形态解析有着较高的难度。一方面，这一层级下物质空间元素会表现出高度的复杂性和多样性；另一方面，这一层级下的物质环境对人的活动有着最为直接的影响，同时也最易受到人为的改造。本章将结合对滨河空间物质形态的构成解析和对场所活动的调研分析，探讨老城滨河物质空间环境如何与公众的认知和活动建立联系。分为三个部分："滨河空间的总体特征""主导类型的空间分布形态构成与场所活动"以及"物质空间形态与场所活动的关系讨论"（图 5-1）。

1. 丁沃沃，刘青昊．城市物质空间形态的认知尺度解析 [J]. 现代城市研究，2007(8): 33.

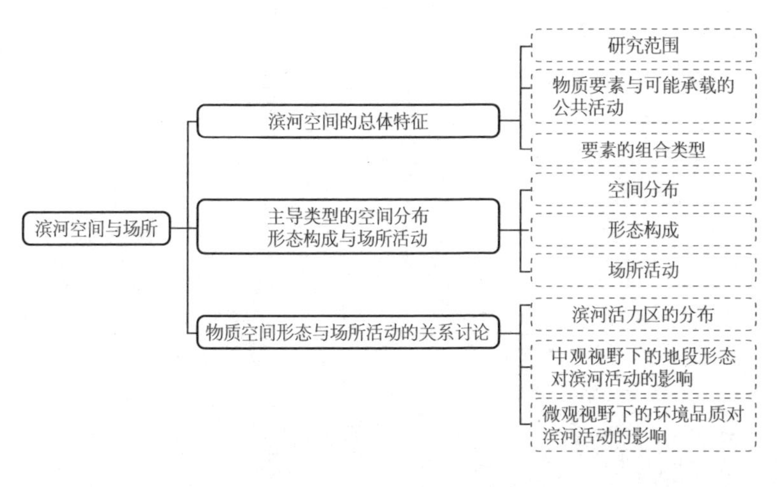

图 5-1 南京老城滨河空间与场所的研究思路

首先，微观视野下的滨河空间丰富多样，研究将限定研究范围、梳理形态要素、归纳要素的组合类型，从而把握滨河空间的总体特征；其次，在诸多要素组合类型中区分出主导类型，详细解读其形态的构成及其形成过程，同时分析该类型空间中容纳的公共活动；最后，通过类型间的比较，探讨滨河空间的活力与哪些空间形态方面的因素相关。

5.1 滨河空间的总体特征

微观视野下的滨河空间必然有着丰富多样的面貌，场所中的活动也随着物质环境和时间的变化而有所不同。本节尝试把握滨河空间与场所的基本特征。首先大致限定研究关注的空间范围；其次，归纳并呈现这一范围内的形态构成要素，并探讨物质要素可能承载的公共活动；最后，以要素组合方式为线索，归纳滨河空间的形态类型。

5.1.1 滨河空间的研究范围

在微观尺度下认知滨河空间的形态特征，其空间范围的选取与人对滨河物质空间的感知能力有关，总体上以沿水系展开的开敞空间为主。研究中由水体两侧岸线分别向城市腹地延伸约 50 米，大约形成了总进深为 120~150 米的线性沿河空间范围（图 5–2）。两岸滨河建设用地的属性、内部建筑的布局和对滨河界面的定义，无不影响着滨河空间与场所的特性，并触发相应的活动。因此，研究范围会向滨河地块或街区范围扩展(图 5–3)。

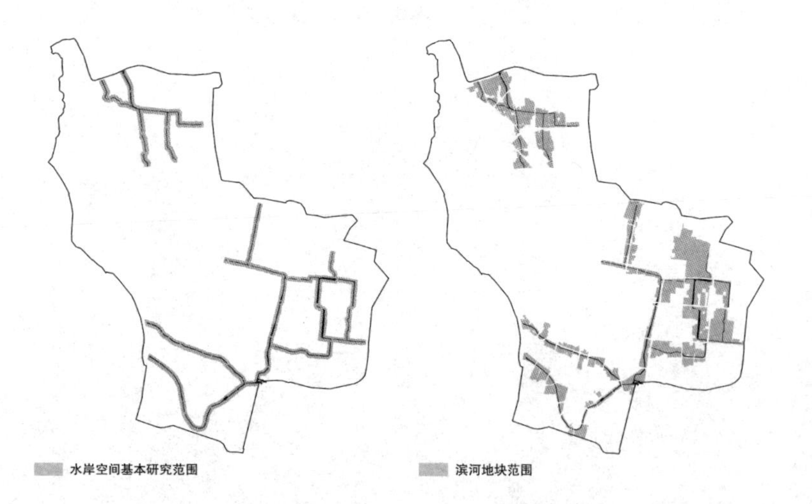

图 5–2 水岸空间基本研究范围（左）

图 5–3 水岸空间涉及的滨河地块范围（右）

5.1.2 滨河空间的物质要素与可能承载的公共活动

在我们所关注的滨河空间范围内，有着丰富多样的物质元素，为公共活动的发生提供了物质基础。从滨河空间物质形态的构成上看，其主要包含滨河建筑、道路桥梁、绿地广场和水域空间等四类要素。从空间认知与场所活动的角度上看，这四类要素也是公众在微观物质环境中认知和利用城市水系的四个主要的途径。滨河建筑为室内观景提供了条件，同时为外部空间中的活动提供了界面。界面的属性和开放程度决定了内外空间的互动方式；滨河道路与桥梁是公众在通行线路中感知水系的重要媒介，交通等级上的差异有可能影响道桥上的慢行环境；沿河分布的绿地广场是公众游憩的主要场所，其规模和布局方式影响了具体的活动类型；城市河道内可以产生多样的水上活动，驳岸的砌筑方式对公众对河道的印象和在水岸的活动都有影响。对应这四类要素，结合对南京城市滨河空间的实际观察，笔者将物质要素与可能发生的具体活动，及其主要发生的时段整理为图 5-4 所示。

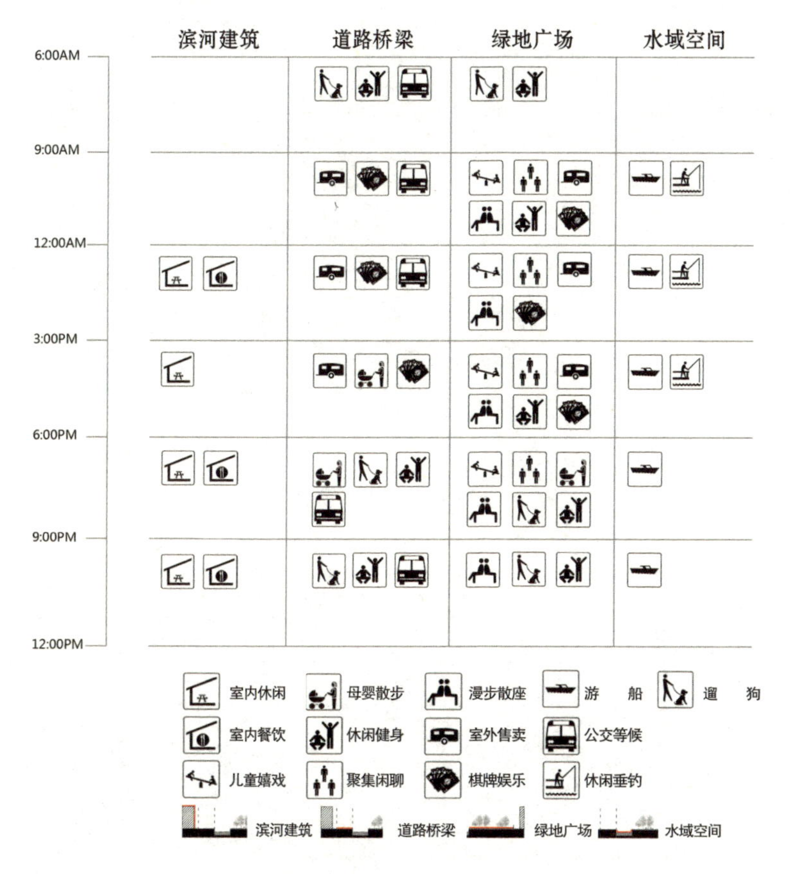

图 5-4　滨河空间物质形态要素与可能承载的公共活动

1）滨河建筑

滨河建筑是微观环境中的关键要素，但其布局方式和临河界面属性都是由滨河建设用地的性质决定的。因此，面对老城沿河两岸大量的滨河建筑，我们首先认识的是滨河用地功能。从各类用地在滨河用地中所占比例上看，居住用地（以二类居住用地为主，兼有少量三类、四类居住用地）、教育科研和工作用地、军事用地和商业文化等公共设施用地占地较大（图 5-5）。因此在南京老城，呈现在公众视野中的滨河建筑以居住、教育与办公、军区、商业文化等建筑为主。受到不同建设时期和具体设计方法的影响，每一类建筑与水系之间在视线与活动方式上，可能是相互渗透的，也可能是彼此隔离的。

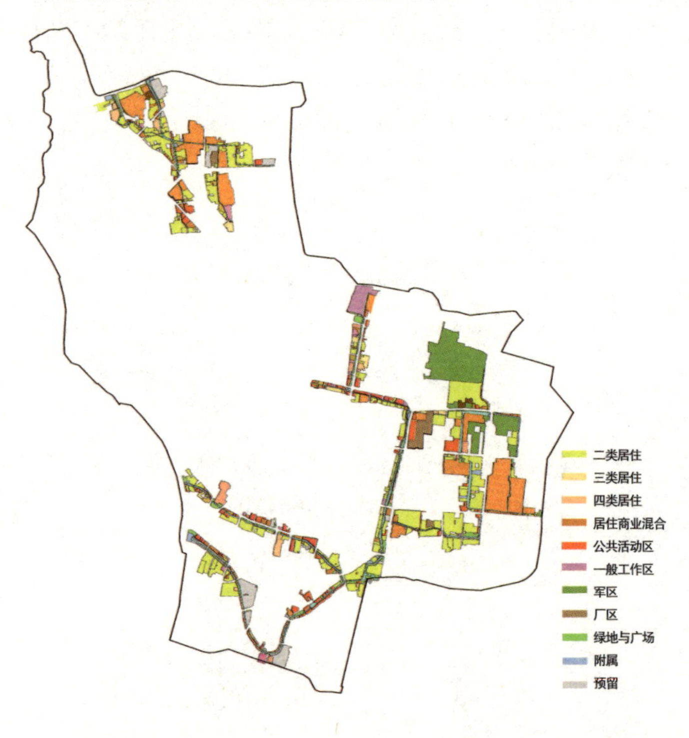

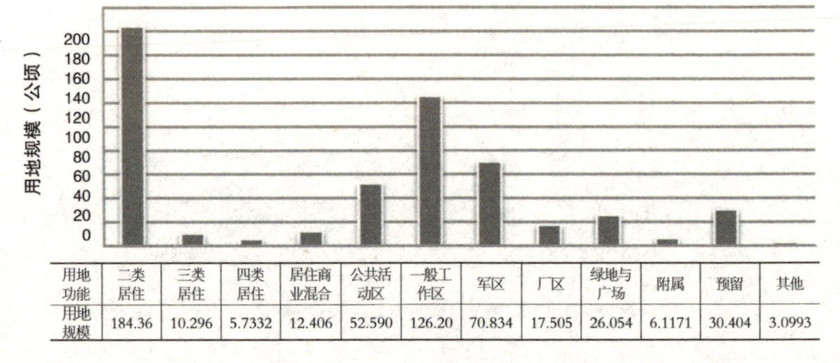

用地功能	二类居住	三类居住	四类居住	居住商业混合	公共活动区	一般工作区	军区	厂区	绿地与广场	附属	预留	其他
用地规模	184.36	10.296	5.7332	12.406	52.590	126.20	70.834	17.505	26.054	6.1171	30.404	3.0993

图 5-5　沿河用地功能构成及各类用地规模统计

2）道路与桥梁

滨河道路的连续程度和桥梁的密度不仅决定了水岸的可达程度，也从根本上影响了城市内河进入公众视野的频率。图 5–6 显示了老城内河滨河空间中城市道路的分布情况。可以看到，在城市各形态区域中滨河道路的连续程度和等级都存在差异。城南区域的滨河道路有很强的连续性，按等级划分属于城市支路或巷道，其走势受河道控制。城中区域的滨河道路有较强的连续性，两岸道路等级不同，属于城中区域的一侧多为城市支路或巷道，另一侧主要是城市干道；城东区域的滨河道路连续性较低，近二分之一的河道位于大型街区内部，两岸皆远离城市道路，其他河道单侧与城市道路相邻；城北区域的滨河道路连续性最低，只有少量河道单侧与城市支路或干道相邻。

桥梁是道路与河道的交汇点，当水岸缺乏相邻的连续路径时，桥的分布对认知水系会起到尤为重要的作用。图 5–7 显示了老城内河上桥梁的空间分布情况。我们以公共桥梁的平均间距来表征与水岸垂直的路径在空间分布中的特征（表 5–1）。由于我们关注的是公众对城市内河的认知方式，因此在统计过程中，附属于某个建设用地的桥梁未被计入。综合比较四个形态区域，桥梁的平均间距由高到低依次为：城南区域、城中区域、城北区域、城东区域。

图 5–6　老城滨河道路分布情况（左）

图 5–7　老城内河桥梁分布情况（右）

表 5-1 老城内河现状桥梁密度统计

河道名称	河道长度 / 米	公共桥梁数量 / 个	平均桥梁间距 / 米	所属区域
内秦淮河南段	4400	15	293	城南区域
内秦淮河中段	3000	11	272	城中区域
内秦淮河东段	2668	5	533	
内秦淮河北段	2048（可见部分 1500）	5	300	
珍珠河	1463	6	243	
内秦淮河支流水系	8494	11	772	城东区域
内金川河水系	11 810	22	536	城北区域

3）绿地与广场

滨河绿地广场是承载水岸游憩活动的主要场所，图 5-8 显示了目前老城内河滨水绿地与广场的总体分布。根据具体的活动内容，老城滨河绿地广场可大致分为公园绿地、沿河绿地、沿路绿地、庭院绿地和广场五类。公园绿地的功能主要是改善城市和社区的微气候，一般规模较大，在城市生态系统中具有斑块意义，其内部容纳的公共活动比较丰富，是滨河地段认知系统中的结构性要素；沿河绿地在城市用地分类中一般属于街头绿地，在城市生态系统中可能与河道结合形成廊道，同时为市民提供户外休闲和健身场所；道路两侧绿地（沿路绿地）在城市用地分类中一般属于防护绿地，位于城市主次干道和建设用地之间的缓冲地带，同时为道路两侧的行人提供必要的街道服务设施，如电话亭、书报亭、公厕、座椅等；庭院绿地指滨河用地内部的附属绿地，一般为特定用地

图 5-8　老城内河滨河绿地与广场总体分布情况

内部人群提供休闲服务设施，公共性相对较弱；城市广场因其所处区位和含有的自然景观资源而具有文化、休闲、健身等多样化的主题，在老城内河沿岸，最为常见的是带状或点状的沿河绿地，宽度多在 3 至 30 米不等，以 10 米左右为主。

1. 参见《城市水系规划导则》（SL431－2008，第 10.2.2 条）根据河道的断面形式应分为梯形护岸、矩形护岸、复合型护岸和双层护岸等。

4）水域空间

目前老城内河的水上活动主要为乘坐画舫游船进行水上观光游览，游览路线以夫子庙地区为核心，向东延伸至东水关，向西延伸至中华门瓮城，并可接入白鹭洲公园。沿老城西侧的外秦淮河设有水上游览路线，内、外秦淮河游线可由中华门瓮城相连接。

在河道范围内，河道护岸的材料和断面形式是河道生态景观质量的重要衡量标准，同时也构成了公众视野下滨河空间的重要特征。南京老城内河护岸材料以石材为主，断面形式主要分为三类——矩形护岸、梯形护岸、双层护岸[1]，其中以矩形护岸最为多见。由于老城内河常水位较低，水岸与河面落差常在 3 米以上，因此近年来在多处河段增设亲水平台以促进水岸活动，如珍珠河、内秦淮河南段、金川河等。内秦淮河东段水面较为开阔，两岸为斜坡式的双层护岸，为水岸活动提供了良好的亲水环境。

5.1.3 滨河空间要素的组合类型

相比于滨河空间元素自身的复杂性与多样性，滨河要素之间的组合方式决定了滨河空间环境的基本形态特征，同时大体限定了滨河空间中可能的公共活动内容。建筑、道路、绿地、内河等四类滨河空间要素可以根据等级、规模或性质等标准进行细分。当我们讨论要素的组合方式时，针对的问题是物质环境对公共活动的影响，因此仅选取了一些有重要影响的要素子类型（图 5-9）。如城市道路的等级差异对水岸空间活动影响较大。城市道路等级的提高，一方面有利于提高水岸的公众感知度，另一方面也可能阻碍垂直于河道方向的慢行联系，同时因噪声安全性等方面的因素降低水岸的活动程度。因此，城市道路因尺度不同被进一步细化为城市干道、城市支路和地块道路。

图 5-9 滨河空间物质形态要素图示（上）

图 5-10 老城内河水岸空间形态要素组合类型和主导类型（下）

类型	城市建筑	城市干道	城市支路	地块道路	公共绿地	城市内河
平面						
剖面						

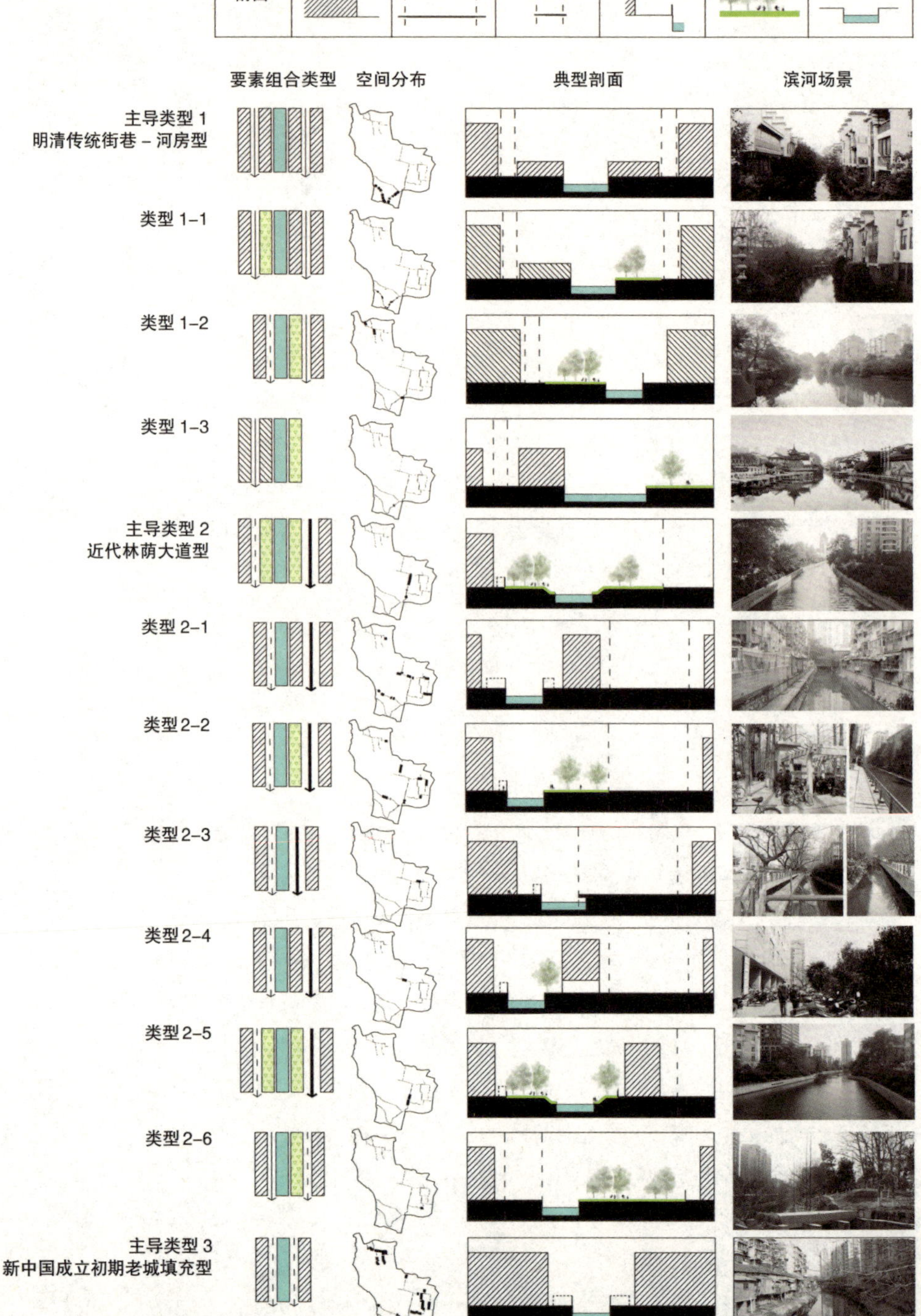

图 5-10 显示了老城内河滨河空间所含有的要素组合类型，并综合呈现了各类型对应的要素组合方式、典型剖面、在老城中的空间分布以及与之相应的滨河实观。

在诸多的滨河空间要素组合类型中，有几类不仅在空间分布范围上占有主导地位，还通过要素的转换或变形，衍生出其他类型。我们认为这样的类型具有主导性和原型性。如果细致考察这几类组合方式的生成过程和更新方式，可以发现其中包含了不同时代对待水岸建设的基本态度。我们将老城水岸空间主导类型归纳为三类：明清传统街巷 - 河房型、近代林荫大道型、新中国成立初期老城填充型。对各类主导类型的形态构成及其中包含的公共活动类型将在下一节详细说明。

5.2　主导类型的空间分布、形态构成与滨河活动

对滨河空间形态要素组合类型的归纳，使微观视野下感知到的滨河空间特征较为清晰地呈现出来。而在诸多类型中对主导类型的鉴别，则进一步揭示了老城中具有代表性的，植根于老城特有的建设发展历史的滨河景观。本节尝试深入解读主导类型的生成与衍化过程，探讨其更新发展的趋势，并观察滨河形态要素的组合方式如何影响沿河展开的公共活动。

5.2.1　主导类型的空间分布

早在 20 世纪 70 年代，南京的城市建设就已全面突破明城墙的限制。经过数十年的建设发展，目前新城的空间范围已经远远超越老城。在水系规划方式和水岸建设策略上，新城遵循了与老城全然不同的原则，也相应形成了有别于老城的滨河景观。在已经建设的新城中，河西新城位于老城西界与长江岸线之间，地势低洼而含有丰沛的内河水系。目前新城的北部地区和中部地区已经基本建成，形成了特征鲜明、形式统一的内河滨河景观。我们以其作为新城滨河形态的主导类型，与老城进行对比。因此，本节探讨的主导类型包含老城中的明清传统街巷 - 河房型、近代林荫大道型、新中国成立初期老城填充型和河西新城中的当代新城建设型。

图 5-11 呈现了 4 个主导类型及其衍生类型在老城和河西新城中的空间分布。南京滨河形态的主导类型皆对应于不同的城市历史发展阶段，因

此类型的分布与城市整体建设步调相关，也就是与城市形态区域存在联系。如明清传统街巷－河房型分布于城南区域；近代林荫大道型主要分布于城中区域，少量分布于城东区域；新中国成立初期老城填充型主要分布于城东区域和城北区域；当代新城建设型主要位于河西新城中部地区。

图 5-11 滨河要素组合主导类型及其衍生类型的空间分布

5.2.2 明清传统街巷－河房型

1）形态的生成

这一类型在当代的老城中，仅在内秦淮河南段沿岸可见。河道上口线与曲巷之间形成了连续的带状滨河用地，进深约 20 米，地块内部建有一至三层的低层建筑，其在临水的一进多向河面挑出，侵入部分河道上空（图 5-12）。典型案例如内秦淮河位于镇淮西桥至中山南路之间的段落。

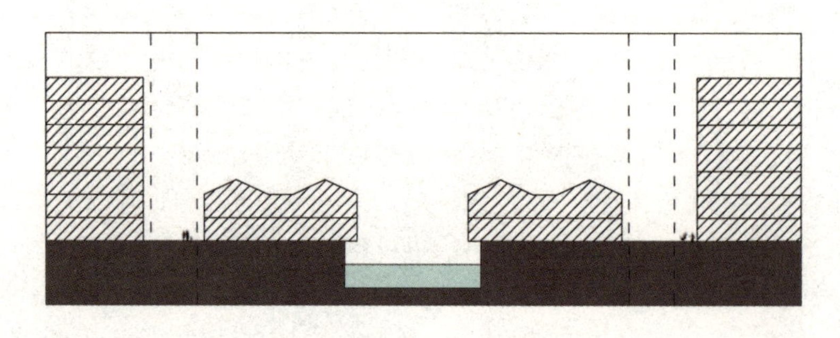

图 5-12 明清传统街巷－河房型典型平面与剖面示意图

内秦淮河南段两岸的街巷布局可能带有六朝甚至更为早期的形态痕迹，但留存至今的滨河空间形态特征可能是在明清时期自发形成的。六朝时期的秦淮河（今内秦淮河南段）紧邻长江，宽度在百米以上[1]。南唐之后，随着长江岸线西移和城墙对内外河道的隔离，内秦淮河水面宽度缩减，两岸建筑向河道延伸。至明初，河道宽度缩窄至20米左右，两岸汇集了大量商市、会馆、厂坊和居住等类型的建筑。这些建筑多临水而立，被称为“河房”，一般以前门临曲巷，后窗面水，大多二进或者三进，正房对河开窗，临水的一进多向河面挑出，下埋木桩石墩或石构件，上筑轩、阁、亭、台[2]。其中轩椽外形弯曲似乌篷船顶棚者，称为船篷轩。其下有驳岸船坞，既可凭栏观赏也可划船游览。从《明代南京城图》和《金陵图咏》中可见，当时的沿河曲巷与河房与今天所见已比较接近（图5-13）。

1. 薛冰 . 南京城市史 [M]. 南京：南京出版社，2008: 17.

2. 南京市地方志编纂委员会 . 南京文物志 [M]. 北京：方志出版社，1995.

图5-13　《金陵图咏》中对明代内秦淮河两岸生活场景的描绘

自明成祖迁都北京后，大量人口相继迁出南京，城内商市的数量和规模都相应减小。自清末至新中国成立初期，内秦淮河两岸的河房建筑不断颓败，加上秦淮河水污染严重，因此沿岸河房在改造或重建的过程中，逐步由面向河道转化为背向河道（图 5-14）。此外，随着城市人口不断增加，沿河用地增建扩建现象严重，使滨河景象进一步衰败。

图 5-14　新中国成立初期内秦淮河景观

2）形态的更新

自 20 世纪 80 年代开始，南京市政府和规划局开始对内秦淮河两岸进行有组织的保护和更新工作，力求保护和延续沿岸的传统风貌，同时提高水岸的公共性。首先，将部分传统河房纳入文物保护范围，如糖坊廊 61 号、钓鱼台 192 号、信府河 55 号及钞库街 38 号等。其余大部分破旧河房被置换为能够延续传统河房形态特征的新建筑。如图 5-15 所示，

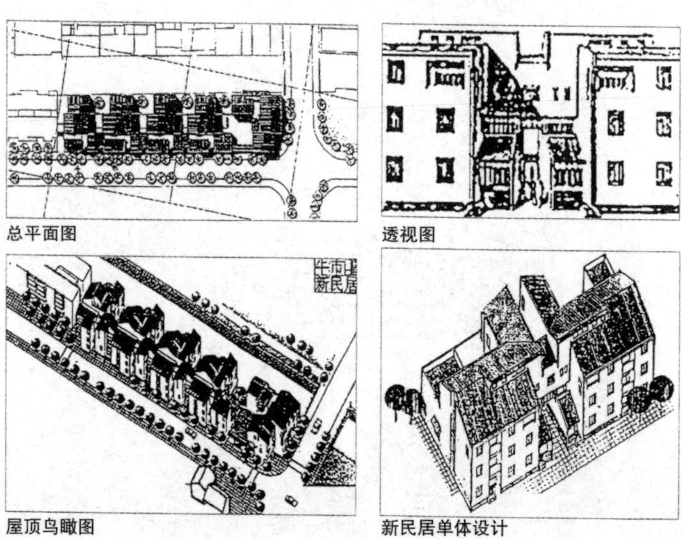

图 5-15　牛市新民居规划设计图

20世纪80年代末，由东南大学建筑系完成的牛市新民居规划设计方案，采用了向秦淮河畔叠落的错层方式，设计方案中亲水平台和房间伸出水面，在临水一侧形成新的河厅河房。此后沿内秦淮河南段建设的沿河建筑，也都带有类似的“新河房”特征。

传统河房多有水陆双向入口，因此沿河两岸的公共街道并不直接临河，沿河岸线总体上是私有的。在《南京老城控制性详细规划（2006深化版）》中，沿内秦淮河两岸，大量居住用地将逐步置换为商业、文化、居住混合用地及公共绿地与广场。

3）滨河活动

内秦淮河的滨河活动可以在河道、建筑、绿地广场和街道四类空间要素中交互进行，这不仅使内秦淮河在老城诸多内河水系中具有较高的认知度，也使其水岸自古至今保持着旺盛的活力。在古代南京，内秦淮河上的交通和游览、沿岸河房中的观景游乐、街道桥梁上的市集桥棚、夫子庙广场的商市娱乐等构成了丰富的活动。现代，南京通过对夫子庙地区、秦淮风光带及门东门西地区的整体保护与更新，实质上是为了在当代的城市生活背景下，延续滨河空间的传统形态特色，加强滨河空间的公共性，促进老城南地区整体活力的提升（图5-16）。

图5-16　夫子庙地区平江桥附近沿河景观（2013年）

目前的更新建设已产生了很多积极作用：夫子庙地区作为城市的历史文化和商业中心对市民与游客都产生着高度的吸引力；两岸的新建筑延续了传统滨河空间的形态特点和面向河道的界面特征；沿河的公共设施用地和公共绿地的增加提高了岸线的公共性；此外，自中华门瓮城至东水关的水上游览线路的开通，不仅再度将秦淮河的两岸风光呈现在市民眼前，也推动了沿线水岸建筑以及门东地区的整体更新建设。

1.（民国）国都设计技术专员办事处．首都计划 [M]. 南京：南京出版社，2006: 97.

2.（民国）国都设计技术专员办事处．首都计划 [M]. 南京：南京出版社，2006: 98.

但是，仍存在一些问题有待优化：一是在近期建设的临河公共用地虽然重视临河步道和绿地花园的组织，但门禁的设置还是限制了河岸的公共性效率；二是河道上的大部分桥梁都是城市干道，沿河慢行线路的连续性不足。

5.2.3 近代林荫大道型

1）形态的生成

在类型表中，有大量的组合类型中含有城市干道，以“建筑—河道—建筑—干道”相组合的类型最多，这些类型主要分布在老城城中和城东区域。河道一侧的上口线与干道红线之间通常会形成进深在 10~90 米不等的带状用地，其中进深在 20 米以下的部分多为公共绿地，其他则以公共设施和居住用地为主；不临干道的一侧则以居住和教研科研用地为主。如内秦淮河北段位于太平北路至洪武北路之间的段落。

这一系列类型的源头，实际上是近代规划的“林荫大道”，可称为近代林荫大道型，即以“建筑—绿地—河道—绿地—干道—建筑”相组合的类型（图 5-17）。1929 年的《首都计划》明显借鉴了近代西方城市的规划设计方法，对水岸空间的形态特征有着明确具体的规划意图。计划中保留了内秦淮河水系及其主要支流，认为这些水系“只宜因利乘便，即取为游乐及宣泄之用”[1]。因此沿河规划带状公园，称为“林荫大道”，并以这些大道串联老城内拟建的5座公园，构成公园与林荫大道系统。《水道之改良》中提出的具体改造方案是：“应拆除背河而筑之房屋，至与河道同向而最近河岸之街道而止；其非背河而筑之房屋，在距河岸不足宽度以内之部分，亦应拆去。拆卸房屋后，两岸辟为林荫大道。”[2]（图 5-18、图 5-19）

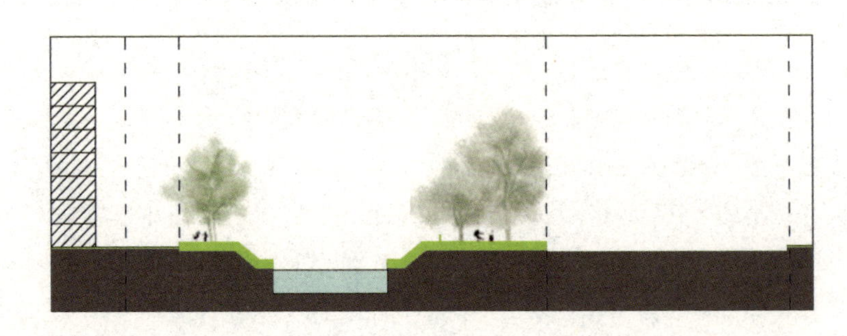

图 5-17 近代林荫大道型典型平面与剖面示意图

同时，《道路系统之规划》提出“干道和林荫大道融合，更可表出城中之优点，同时更可增加往来者之愉快，故林荫大道两旁，在可能范围以内，皆设有干路与之平行”[1]。按照这样的规划，老城河道水岸会普遍具有公共、开敞，与干道相并行的滨河形态要素组合特征。

1.（民国）国都设计技术专员办事处．首都计划 [M]. 南京：南京出版社，2006: 67.

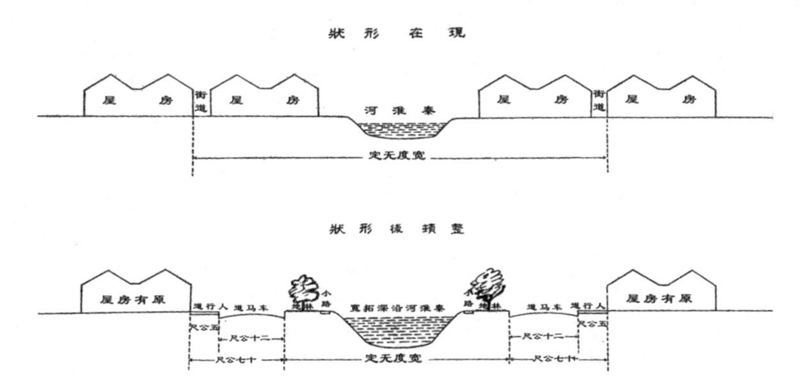

图 5-18　《首都计划》中的《整顿秦淮河横断面草图》

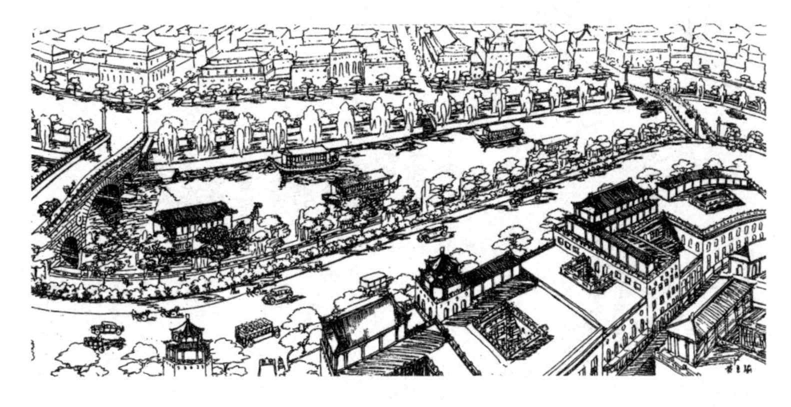

图 5-19　《首都计划》中的《秦淮河河岸林荫大道鸟瞰图》

在民国时期的实践中，林荫大道系统的规划未能按计划彻底实施，沿河房屋并未拆除，带状公园也未及形成。但是，一部分城市干道按照计划在与水岸相邻近之处得以建设。1946 年《首都道路图》（图 5-20）显示了当时邻水干道的建设情况（图 5-21）。当时已建成的邻河干道有与内秦淮河北段相邻的广州路和珠江路、与内秦淮河中段相邻的建邺路和白下路的局部路段；当时预备建设的邻河干道在新中国成立后也相继建成，主要有与内秦淮河东段相邻的青溪路（今扩建为龙蟠中路）、与清溪和玉带河相邻的干道（今珠江路东段和后宰门街）、与明御河相邻的干道（今后标营路）、与珍珠河相邻的干道（今太平北路）。

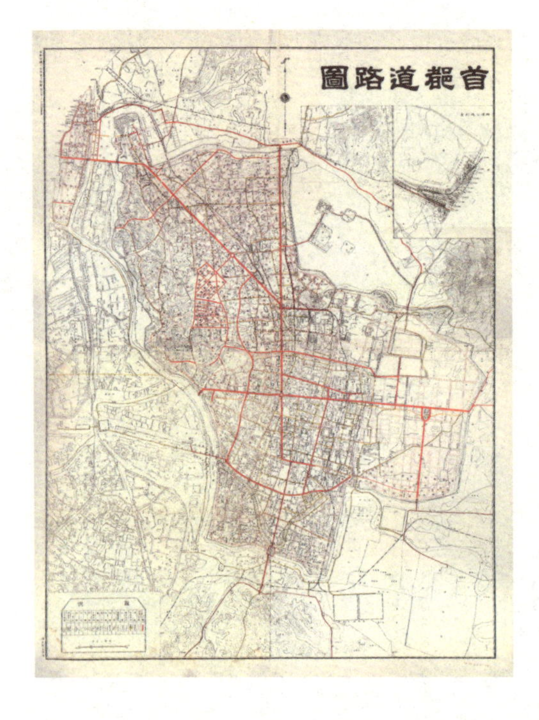

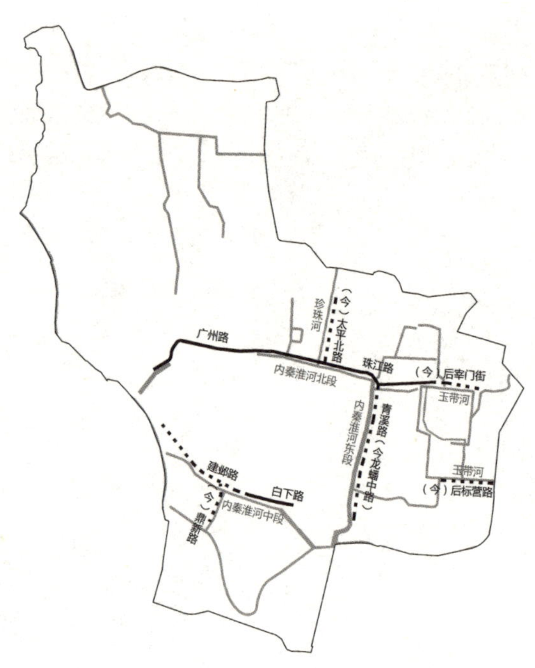

图 5-20 1946 年《首都道路图》（左）

图 5-21 1946 年与河道相邻干道建设情况（图中实线为已建干道，虚线为待建干道）（右）

图 5-22 近代林荫大道型衍生类型平面与剖面示意图

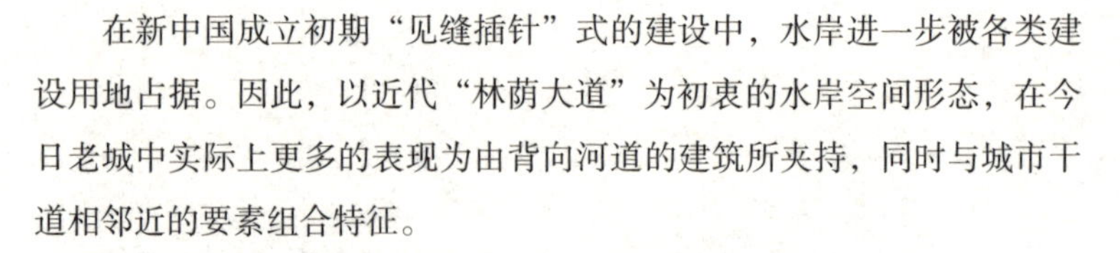

在新中国成立初期“见缝插针”式的建设中，水岸进一步被各类建设用地占据。因此，以近代“林荫大道”为初衷的水岸空间形态，在今日老城中实际上更多的表现为由背向河道的建筑所夹持，同时与城市干道相邻近的要素组合特征。

可以认为，近代林荫大道型因建设而发生了变形（图 5-22）。这一改变，一方面使居民对老城秦淮水系的感知度剧烈降低，另一方面也暗示了滨河空间的优化潜力（图 5-23）。

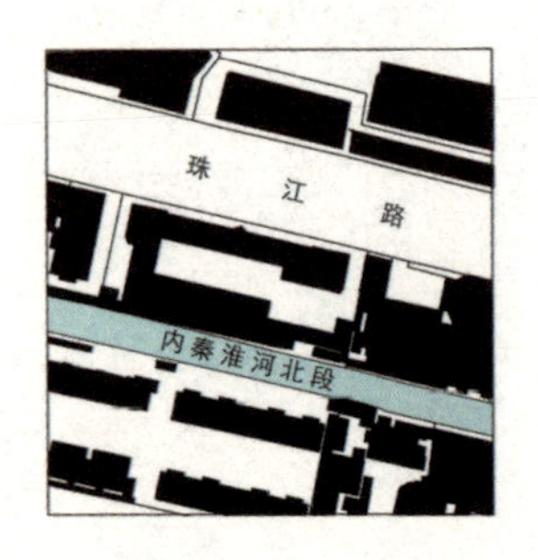

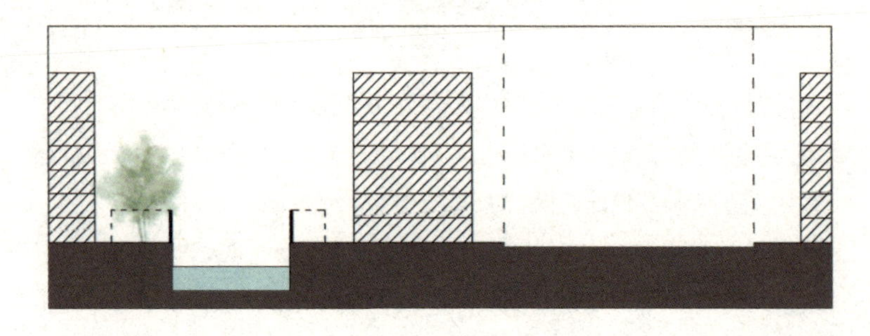

图 5-23　河道与道路间的填充建设阻碍了水岸的公共活动（2011 年）

2）形态的更新

20 世纪 80 年代至今，这一类型滨河空间形态的更新与改造方式，实际上是继承了民国时期对林荫大道的设想，同时也结合了城市的建设现状。具体的更新方式存在两类：一是结合城市道路的更新建设将道路与河道之间的部分建设用地改为公共绿地与广场，如 1997 年在建设龙蟠中路时，尽可能地将原有沿河用地置换为公共绿地，形成今日滨河带状公园；二是在保留沿岸建设用地的前提下增辟沿河公共绿地，如与珠江路相邻的内秦淮河北段沿河两岸，均加建了宽度为 5 米左右的公共绿地。

对内秦淮河水系沿河用地的更新主要是依据《南京市内秦淮河管理条例》。其中将内秦淮河水系分成三类[1]：① 内秦淮河南段蓝线和建筑退让线均根据秦淮风光带的特点，由市规划部门划定，报市人民政府批准。② 内秦淮河中段、东段、北段规划河道蓝线为上口线两外侧各不少于 5 米，河道保护线外侧的建筑退让线不少于 3 米。③ 支流各段（玉带河、珍珠河、明御河、香林寺沟、青溪等）规划河道蓝线为上口线两外侧各不少于 3 米，河道保护线外侧的建筑退让线不少于 3 米（表 5-2）。

表 5-2　《南京市内秦淮河管理条例》中对三类老城内秦淮河水系的管理办法

内秦淮河水系河段	河道保护线（蓝线）与上口线距离	建筑退让线与河道保护线距离	所属区域
内秦淮河南段	特殊控制	特殊控制	城南区域
中段、东段、北段	不少于 5 米	不少于 3 米	城中区域
支流各段	不少于 3 米	不少于 3 米	城东区域

1. 1989 年 7 月 1 日起施行的《南京市内秦淮河管理条例》第二条称：本条例适用于内秦淮河主流的南段、中段、东段、北段，支流的珍珠河、九华山沟、青溪、玉带河、香林寺沟、明御河及其设施。第三条规定的内秦淮河管理范围如下：一、主流中段、东段、北段规划河道及上口线两外侧各不少于五米；支流各段规划河道及上口线两外侧各不少于三米，为河道保护线。河道保护线外侧的建筑退让线不少于三米，由市规划部门制定，报市人民政府批准。二、主流南段保护线根据秦淮风光带的特点，由市规划部门划定，报市人民政府批准。第五条规定：内秦淮河实行统一管理与分级管理相结合的制度。

3）滨河活动

目前近代林荫大道型滨河空间的公共活动聚焦于公共绿地内部，而很少在滨河建筑、道路及水域内发生。民国年间对“林荫大道”的设计集中体现了“民主共和”的社会理想，沿河而设的带状公园正是特为市民而设的活动场所。民国后期至新中国成立初期在河岸插建了大量的建筑，使河道虽然与城市道路近在咫尺，却游离于公众视野之外。经过多次调研观察，笔者发现两类更新方式对公共活动产生的影响明显不同。河岸与道路之间的公共绿地对公众较有吸引力，而在河岸与建设用地之间增设的绿地则少有人至（图 5-24）。

图 5-24 滨河绿地的建设对滨河活动的影响（左图 2012 年龙蟠中路西侧，右图 2012 年珠江路南侧）

5.2.4 新中国成立初期老城填充型

1）形态的生成

新中国成立初期老城填充型滨河空间是指河道远离城市道路，岸线与建设用地贴临或被包含在大地块之中，即以“建筑—地块内道路—河道—地块内道路—建筑”相组合的类型（图 5-25）。这一类型在当代老城中主要集中于城东与城北区域。两岸用地以住宅和教育科研类用地为主。用地边界一般与河道上口线重叠，通常以地块内道路直接临河，滨河界面为围墙或加建的构筑物（如停车棚或自行搭建的棚屋）。典型案例如明御河位于解放路至龙蟠中路之间的段落。

该主导类型主要生成于新中国成立初的计划经济时期。这一时期中国城市的空间结构普遍采用了“大街区、宽马路”的规划模式，对老城的城东和城北区域产生了重要的影响。这两个形态区域中的路网密度偏低，缺乏支路层级，河道与道路的关系也缺乏系统规划。这导致大量岸线远离城市道路，水系隐藏在街区内部。

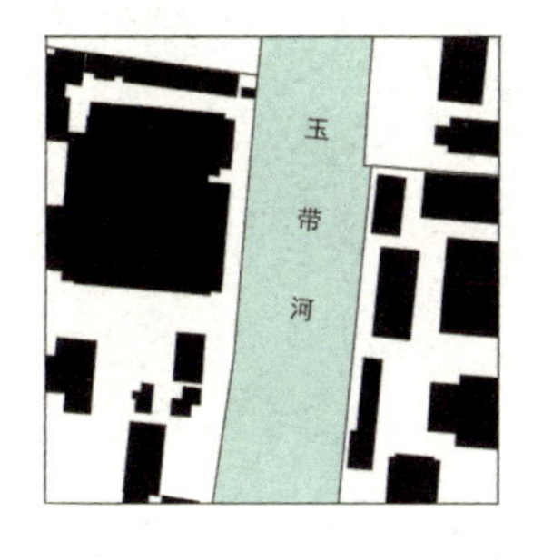

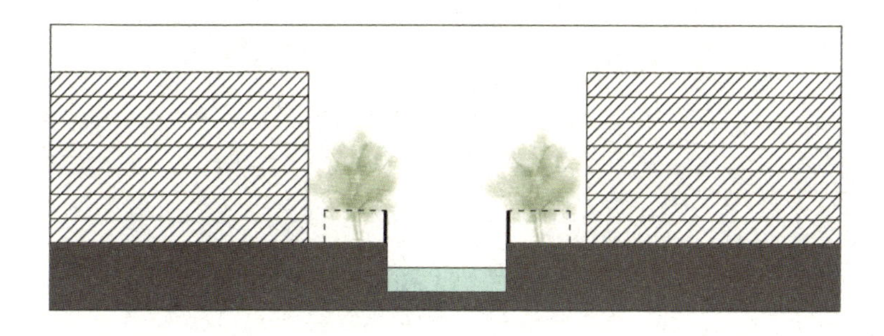

图 5-25　新中国成立初期老城水岸填充型平面与剖面示意图

以居住建筑为例。1952 年 6 月，为解决市劳动模范的住房困难，市总工会在芦席营西、南昌路以南地块上，筹资兴建南京第一个工人新村，于 1953 年 9 月建成（图 5-26）。新村在规划上沿用 20 世纪 50 年代至 60 年代通用的“街坊理论”，采用南北向行列式布置，在空间上围成相对集中的街区。由于建筑质量较差和设施配套不足，于 1990 年重建成公共设施配套比较齐全，辟有花坛绿地的新型住宅小区 [1]。新村在建设之初将金川河主流局部河段含入其中，作为住区内部设施。目前工人新村已被化解为工人新村、青石村小区、长江新村和新金茂花园等多个地块。

1. 南京市地方志编纂委员会 . 南京城市规划志 [M]. 南京：江苏人民出版社，2008: 676-677.

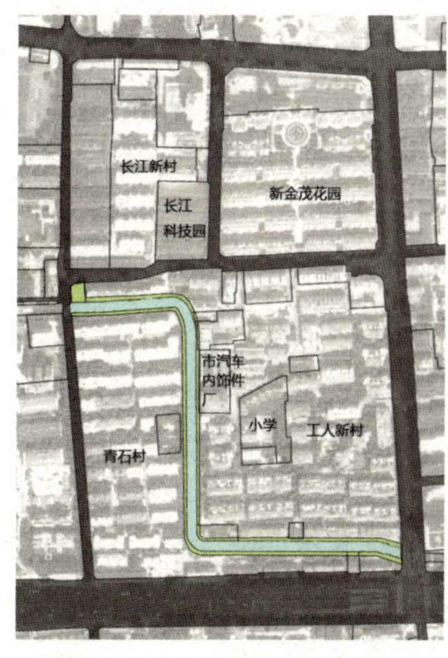

图 5-26　1953 年芦席营工人新村总平面图（左）

图 5-27　2013 年工人新村总平面图（右）

2）形态的更新

这一类型的主导性，导致城东和城北区域大量岸线的私有化，沿河环境品质普遍较低。目前的更新方法主要是尽可能在河岸与两岸建设用地之间，辟出3~7米宽的公共绿地，并于绿地内设置连续的公共步道。例如被含入工人新村的金川河水系两岸分别划出5米宽的公共绿地（图5-27）。

3）滨河活动

由于河道远离城市道路，两岸又被各类建设用地占据，这一类型的滨河空间中很少会有公共活动，公众对这些河道的认知度也普遍较低。近年来在沿河两岸建设公共绿地后，水岸环境品质有显著提升。但是，从公共活动的方式上看，目前滨河活动受到绿地宽度的制约，其形式相对单一；从公共利用的效率上看，由于水系仍然位于建设用地内部，岸线长达680米却不能与城市道路相连通，加之河道上缺乏桥梁，水岸的可达性仍然不足，因此水岸绿地仍是少有人至（图5-28）。

图5-28 滨河空间在增辟公共绿地前后都少有公共活动（2013年）

5.2.5 当代新城建设型

1）形态的生成

在南京老城周边不断崛起的新城中，河西新城由长江主泓道自南唐后西移而逐渐形成，在新中国成立初期是河道、水塘密布的低洼区域。1983年批准的南京市城市总体规划，将河西作为城市生活居住备用地；1995年国务院批准的南京市城市总体规划进一步明确河西地区是以生活居住为主要职能的城市新区；1998年对河西地区做出调整规划；2002年修编河西地区的总体规划，在布局结构上将其划分为北部、中部和南部三个功能区[1]。河西新城实际的开发建设时序自北向南进行，目前已经基本完成了北部和中部地区的建设。其中，北部地区的开发建设主要集中在20世纪八九十年代，此时尚处于缺乏规划引导的时期，因此北部地区的用地布局、交通组织和水绿网络等方面都存在不足。相比之下，中部

1. 南京市地方志编纂委员会. 南京城市规划志[M]. 南京：江苏人民出版社，2008: 222-224.

地区的规划建设在《南京市河西新城区中部地区控制性详细规划》等规划设计的指引下，其水系和滨河地段形态的形成有明确具体的控制意图和方法。因此本书选取河西中部水岸空间作为当代新城建设型水岸形态类型的代表性解析对象。

河西新城中部地区沿河形成的水岸空间典型平面与剖面如图 5-29 所示。这一地区中的河道多与城市干道并行，不同地段的水岸空间形态大体相似，滨河空间要素一般以“建筑—绿地—河道—绿地—城市干道—绿地—建筑”相组合。由于河西中部的干道、建筑、河道、绿地较老城的宽度更大，因此新城沿河开敞空间的总体空间非常开阔。

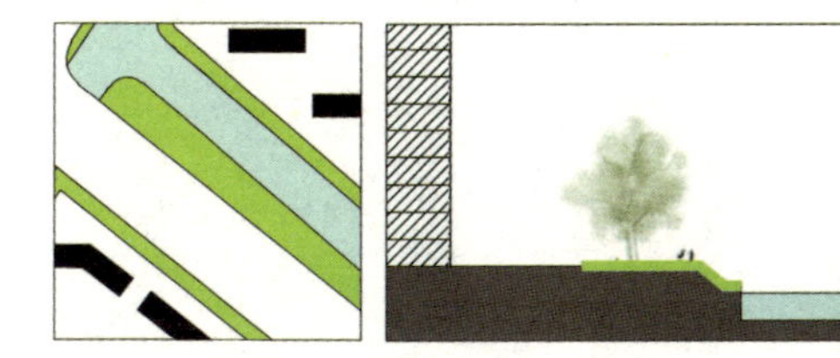

图 5-29　当代新城建设型平面与剖面示意图

当代新城建设型滨河空间是在近二十年内，由明确具体的规划和引导形成的。首先是对新城绿地系统规划的基本定位。1998 年，河西地区调整规划中的新城绿地系统规划提出突出西江东河的特色，规划大面积的滨江公园和沿河绿带，以实现使河西成为环境优美的园林化城市新区的目标[1]。这一规划原则意在保障水岸空间的公共性，扩大沿河绿带的规模，提高其品质。

其次是与城市道路、绿地、水系关系生成相关的规划文件。一般来说，首先由水行政主管部门提出新城水系的总体规模和位置，以“水系工程规划图”定义内河的中心线、河道上口线（水系边线）和河道保护线（蓝线）位置。这一规划通常仅考虑水系防洪排涝的职能，因此在规划中存在这样一些弊端：较少考虑规划水系与现状水系的吻合度，采用直线型水道而避免弯道，沿城市干道布置河道，多采用不透水的侧壁和底面。在此基础上，规划部门组织编制的控制性详细规划具体定义城市道路、沿路绿地、河道蓝线、沿河绿地的尺度和位置。如果控详规划较多地延续了水行政主管部门的水系规划，那么很有可能形成比较单一的水岸空间形态。

再次是与沿河界面位置生成相关的技术规定。《南京市城市规划条

1. 南京市地方志编纂委员会．南京城市规划志 [M]. 南京：江苏人民出版社，2008: 222.

例实施细则》对河道两岸的建筑界面如何退让道路和用地红线、绿线和蓝线做出具体规定。由于在实际操作中，上述控制线存在彼此重合的段落，因此我们尝试系统研究这些退让距离相互间的关系，以观察哪些数据起到有效的控制作用。

将建筑退让道路红线距离定义为 $S1$，《南京市城市规划条例实施细则》对 $S1$ 的具体规定可以整理为表 5-3[1]。

表 5-3　《南京市城市规划条例实施细则》中对建筑退让道路红线距离的规定

道路红线宽度 R（米）	建筑高度 H（米）	对应建筑层数（米）	建筑退城市道路红线距离 $S1$（米）
$R>30$	$H \leqslant 24$	1 ~ 9	$S1 \geqslant 6$
	$24<H \leqslant 100$	10 ~ 34	$S1 \geqslant 15$
	$H>100$	> 34	$S1 \geqslant 25$
$R<30$	$H \leqslant 24$	1 ~ 9	$S1 \geqslant 4$
	$24<H \leqslant 100$	10 ~ 34	$S1 \geqslant 12$
	$H>100$	> 34	$S1 \geqslant 18$

将建筑退让用地红线距离定义为 $S2$，《南京市城市规划条例实施细则》对 $S2$ 的具体规定可以整理为表 5-4[2]。

表 5-4　《南京市城市规划条例实施细则》中对建筑退让用地红线距离的规定

建筑高度 H（米）	建筑沿用地边界面宽 L（米）	建筑退让用地红线距离 $S2$（米）
低层住宅、多层建筑 $H \leqslant 24$	$L \leqslant 15$	$S2 \geqslant 4$
	$L>15$	$S2 \geqslant 6$
小高层住宅 $24<H \leqslant 35$	$L \leqslant 20$	$S2 \geqslant 8$
	$L>20$	$S2 \geqslant 10$
高层住宅 $H>35$ 或其他高层建筑 $H>24$	$L \leqslant 25$	$S2 \geqslant 10$
	$L>25$	$S2 \geqslant 15$

1. 2007 年 8 月 1 日起施行的《南京市城市规划条例实施细则》：
第四十二条　在城市道路两侧建设的各类建筑应当按照以下规定退让城市道路红线；其中，在经批准的控制性详细规划或者城市设计中已有规定的，按照规定执行：
（一）在规划路幅 30 米以上的城市道路两侧建设的永久性建筑：
1）高度不超过 24 米的，退让距离不得小于 6 米；
2）高度超过 24 米不超过 100 米的，退让距离不得小于 15 米；
3）高度超过 100 米的，退让距离不得小于 25 米。
（二）在规划路幅不足 30 米的城市道路两侧建设的永久性建筑：
1）高度不超过 24 米的，退让距离不得小于 4 米；
2）高度超过 24 米不超过 100 米的，退让距离不得小于 12 米；
3）高度超过 100 米的，退让距离不得小于 18 米。

2. 2007 年 8 月 1 日起施行的《南京市城市规划条例实施细则》：
第四十四条　新建建筑退让用地边界应当符合以下规定：
（一）用地边界另一侧已有相邻建筑的，应当符合建筑间距规定的相应要求；用地边界东、西、北侧为住宅用地或者规划住宅用地的，不得小于拟建建筑与住宅间距规定的一半。
（二）建筑退让用地边界的最小距离为：低层住宅和多层建筑沿用地边界面宽小于 15 米的，不得小于 4 米；面宽大于 15 米的，不得小于 6 米。小高层住宅沿用地边界面宽小于 20 米的，不得小于 8 米；面宽大于 20 米的，不得小于 10 米。高层建筑沿用地边界面宽小于 25 米的，不得小于 10 米；面宽大于 25 米的，不得小于 15 米。
（三）用地边界外侧为城市道路、河道和绿地的，应当按照本细则或者规划设计要点的规定进行退让。
（四）在城市中心区、商业集中区以及特色意图区等地段，沿道路且位于相邻用地边界两侧的公共建筑，在满足消防和施工安全等要求的前提下，可以毗邻建造。

将建筑退让城市绿线与河道保护线（蓝线）的距离分别定义为 $S3$ 和 $S4$，《南京市城市规划条例实施细则》对 $S3$ 和 $S4$ 的具体规定可以整理为表 5–5[1]。

表 5–5　《南京市城市规划条例实施细则》中对建筑退让城市绿线与河道保护线距离的规定

建筑高度 H（米）	建筑退城市绿线距离 $S3$（米）	建筑退河道保护线距离 $S4$（米）
低层住宅、多层建筑 $H \leqslant 24$	$S3 \geqslant 4$	$S4 \geqslant 3$
小高层住宅、高层建筑 $H > 24$	$S3 \geqslant 6$	$S4 \geqslant 6$

综合看来，$S1$ 和 $S2$ 是河西新城建筑界面退让值的有效标准，河道两岸建筑退让用地边界的距离主要由道路宽度与建筑高度两个因素决定。以奥体大街与庐山路交会地段的滨河空间为例（图 5–30）。河道的水系边线间距 30 米，水系边线与奥体大街红线间的绿地宽 20 米，水系另一河岸沿河绿地宽 10 米，奥体大街另一侧沿路绿地宽 10 米。两岸住宅建筑高度超过 35 米，按照细则中的控制办法，$S2$ 是最终的有效取值，建筑界面均应退让用地边界线 15 米。最终形成了总宽度为 150 米的沿河开敞空间和高度约 80 米的空间界面。

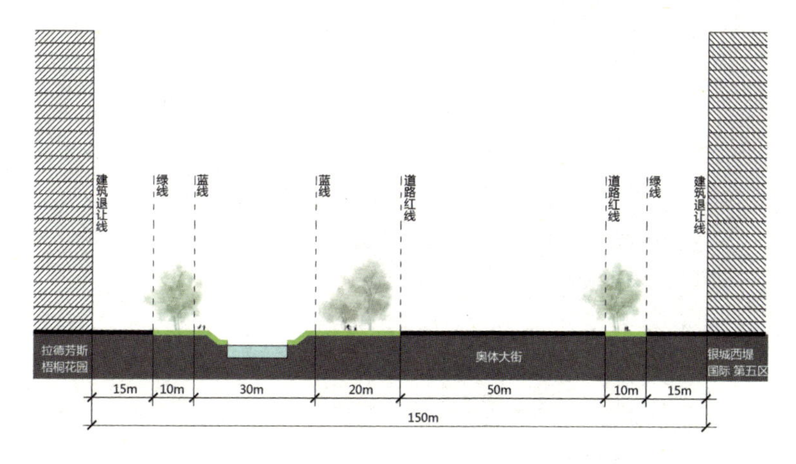

图 5–30　奥体大街南侧河道滨河空间断面示意图

1. 2007 年 8 月 1 日起施行的《南京市城市规划条例实施细则》：
第四十六条　城市绿化用地范围内不得建设与园林绿化工程无关以及小型公共市政设施以外的建筑物、构筑物。城市绿线外侧新建的低层、多层建筑退让城市绿线不得小于 4 米；小高层住宅、高层建筑退让城市绿线不得小于 6 米。建筑悬挑部分的垂直投影和踏步不得进入上述建筑退让线。
第四十七条　河道保护线范围内不得建设与河道或者绿化工程无关的建筑物、构筑物。河道保护线外侧新建的低层、多层建筑退让河道保护线不得小于 3 米；小高层住宅、高层建筑退让河道保护线不得小于 6 米。秦淮风光带、明城墙风光带范围内的河道保护线和建筑退让线，应当根据批准的控制性详细规划确定。

2）滨河活动

在河西新城中部地区，由于河道主要临主干道而设，两岸又有着品质优良、尺度宽阔的公共绿地，因此河道有着很高的景观生态价值。但从公共活动的角度审视，笔者通过长期的观察，发现沿河绿地中的活动频率和类型远不及老城的滨河空间，较有活力的区域一般集中在公交站点、商业建筑和社区出入口附近等一些局部地带，而大部分的优质绿地景观成了新城中的摆设（图 5-31）。

图 5-31 新城水岸活力偏低（2013 年）

5.3 物质空间形态与滨河活动的关系

当代的城市建设已经越来越关注城市居民的生活品质，因此往往着力于滨河空间环境更新和塑造。但在现实城市空间中，并非只要有河流与绿地就能吸引公众的活动，充满活力的区域与空无一人的区域总是并存的。本节重在分析活力区域的分布规律，并探讨物质空间形态对滨河活力的影响方式。

5.3.1 滨河活力区的分布

滨河空间形态的主导类型呈现出内河水岸最为常见的形态特征。滨河活力区与主导类型在空间分布上的关系比对，大致上呈现出不同类型在公共活动承载力上的基本特性。笔者在 2012 年秋和 2013 年春对南京老城与河西新城中部地区的滨河空间进行了多次调研，观察滨河空间所容纳的公共活动类型，并比较不同地段滨河空间的活力程度。图 5-32 大致呈现了老城滨河空间中公共活动比较频繁和多样的区域。

由于新城的河道建设与滨河街区的建设还未完全结束，因此目前对滨河空间的活力区域的空间分布仅针对老城表达。但在新城已建成使用的区域，总体上反映出滨河活力不足的倾向。如果将四个主导类型进行一个大致的比较，可以看到活力程度由高至低依次为明清传统街巷 - 河房型、近代林荫大道型、当代新城建设型、新中国成立初期老城填充型。这一现象不难理解，滨河空间的四类要素本身就是容纳多类型公共活动的物质载体，因此四者的组合方式从根本上影响了城市空间对公共活动的承载力。

但是，形态类型与空间活力之间显然不存在绝对一致的关系。在同一主导类型的空间范围内，充满活力的区域与几乎不发生公共活动的区域总是并存的。明清传统街巷－河房型水岸的公共活动主要集中于自东水关遗址公园至中华门的沿河地带，而自中华门至水西门广场的河岸活动稀疏；近代林荫大道型水岸的公共活动主要集中在内秦淮河东段、珍珠河、南唐运渎西段等部分滨河绿地内；当代新城建设型水岸的公共活动相对分散，较多发生在公共建筑、公共交通换乘点或小区的出入口附近；新中国成立初期老城填充型水岸的公共活动则聚集于明御河公园、东华门广场等城市节点空间。

总之，滨河要素组合类型对滨河空间的活力有一些影响，但显然还存在着其他因素促进或阻碍了公共活动的发生。笔者将其归为两类：一是中观视野下滨河地段形态结构的特性，二是微观视野下环境品质的优劣。

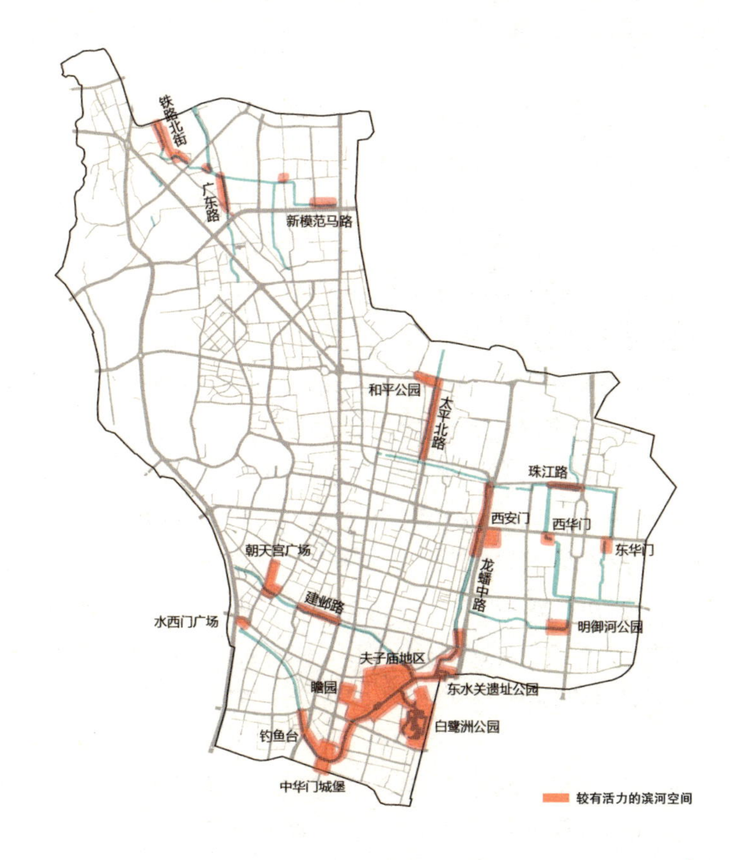

图 5-32 老城内河滨河空间范围内较有活力的地带

5.3.2 中观视野下的地段形态对滨河活动的影响

滨河活动虽然发生在具体的微观环境中，但活动为什么会发生以及如何发生却会受到地段形态结构的内在作用。主要涉及滨河用地性质、道路的连接性、公共空间节点的布局、门禁出入口的位置和滨河界面的特性等多方面因素。

1）公共空间节点的布局

经过田野调查所获取的活力区，大体上由两类空间构成。一类是城市中心区、城市公园与广场等相对特殊的公共节点。在南京老城，这些公共空间通常同时承载了商业、文化、游憩等复合性的城市功能，能够满足多样的活动需求。因此，它们成了滨河空间中最为显著的活力区，如夫子庙地区、朝天宫广场、明御河公园、东水关遗址公园、水西门广场等。另一类是遍布内河两岸的滨河带状绿地，这类绿地虽然在规划中被算作“G1 公园绿地”[1]，但能够在居民的日常生活中触发公共活动，实现空间活力的范围非常有限。

实际上，滨河空间中的公共节点也正是滨河地段中的结构性要素，当这些节点内部的空间组织围绕河道展开时，就能在容纳丰富活动的同时有效强化公众对城市内河及滨河地段结构的认知。在水岸的一系列空间节点中，夫子庙中心区的内秦淮河沿岸有着最明显的活力和最有效的认知途径。客观地说，这一地区特殊的滨河形态类型有着漫长复杂的历史背景，简单的形态复制并不能获取其意义。但是，我们还是可以从物质空间形态的角度探究一个好的滨河空间场所是如何形成的。这一滨河空间以大成殿南立面、泮池南岸照壁及周边商业建筑界面为围合要素，开敞空间中包含了河道局部（泮池）、道路和绿地广场。这样的要素组合为公共活动提供了良好的场所感，而广场上的棂星门和聚星亭成为广场内部视觉的焦点，广场南侧的文德桥跨越泮池，不仅建立了河道两岸的步行联系，也进一步强化了沿河区域的场所感。大成殿的主轴线也强化了空间的凝聚性；相比之下，太平北路西侧的和平公园虽然结合了珍珠河的局部段落，但由于两者之间关系疏离，水岸对认知与活动的作用显然是微弱的。

总之，滨河空间与城市公共节点，尤其是城市中心区的布局紧密相关，是内河两岸富有活力的重要因素之一。节点内如何组织水系与其他物质要素

1. 根据 2017 年 11 月发布的《城市绿地分类标准》（CJJ/T85—2017），城市绿地分为 G1 公园绿地、G2 防护绿地、G3 广场绿地、XG 附属绿地、EG 区域绿地五大类。

的关系，将进一步影响水岸的活动程度和市民对城市水系形态价值的认知。

2）道路的连接性

道路的连接性实际上反映的是滨河空间借由城市道路的可达程度。笔者运用 Depthmap 软件（version 10.14.00b）辅助生成图形和数值，并与田野调查获得的信息进行比对和分析。

集成度分析（segment map analysis）是空间句法中最基础的分析，参数 *R* 的取值与采用某一类交通方式相关，如 *R* 等于 400 米，主要关注了步行 5 分钟左右易于到达的地区；*R* 等于 3000 米则主要关注了车行 15 分钟左右易于到达的地区。分析的结果将指向一定空间范围内道路网络中具有较高可达性的部分，显示出实际存在的或是潜在的中心（道路由红色至蓝色表示连接性的强弱，越偏红色表明道路的连接性越强，也就是具有成为中心的潜力）。笔者分别关注了老城整体道路网络和滨河区域局部道路网络的集成度，在其中观察集成度较高的道路分布是否位于水系沿岸。

从南京主城区范围的局部集成度分析结果来看，当 *R* 等于 3000 米时，显示出的局部集成度核心总体上与南京一些城市中心或重要地段相对应，如新街口、山西路、太平南路、中央门、热河路、瑞金路等，但其中并不包含内秦淮河的夫子庙副中心。这不难理解，分析显示的是车行环境下具有高度连接性的城市中心，因此很有可能忽略了历史文化意义显著但车行可达性相对较低的中心区。当我们以老城内河水系与这张分析结果相叠合，会发现大部分水系都处在集成度较低的区域（图 5–33）。这表明在车行可达程度上，老城内河所在的区域内在的结构意义普遍较低。这一结论在一定程度上解释了老城内河的整体认知度为什么处在一个偏低的水平。

表 5–6 显示了老城中的四部分滨河区域和河西新城中部地区滨河区域的道路集成度分析，以 *R* 等于 400 米和 *R* 等于 3000 米分别进行计算。从关注步行的集成度分析结果上看，滨河区域中的可达性较高的地带主要集中在城南内秦淮河南段沿岸，尤其是夫子庙地区、钓鱼台街区组团和安品街等，在河西中部主要集中在中心区内部，在城中、城东和城北区域滨河地段中并不明显；从关注车行的集成度分析结果上看，滨河区域中的可达性较高的地带主要集中在各区域的城市干道及干道交汇处，如城南的中华路、城中的新街口中心区、城东的御道街、城北的中山北路及河西的江东中路等。

图 5-33　南京主城路网集成度分析成果与老城内河水系叠加（图中黑色为老城内河水系）

表 5-6　老城与河西新城中部地区局部集成度分析

距离（米）	**城南区域** 内秦淮河南段	**城中区域** 内秦淮河中段、东段、北段、珍珠河	**城东区域** 明御河、玉带河 香林寺沟、清溪	**城北区域** 内金川河水系	**河西新城中部地区** 河西新城水系
R=400 （步行）					
集成度较高的道路	夫子庙地区 钓鱼台街区 安品街	太平桥南 北门桥 红花地	瑞北街 御阳路	铁路北街 虹桥	河西中心区
R=3000 （车行）					
集成度较高的道路	中华路 升州路－建康路 集庆路－长乐路 建邺路	中山路 中南东路 珠江路 龙蟠中路	珠江路 御道街 中山东路 瑞金路	中山北路 湖南路 新模范马路 福建路	河西中心区

注：图中黑色为水系。
道路由红色至蓝色表示连接性的强弱，越偏红色表明道路的连接性越强，也就是具有成为中心的潜力。
与河道临近的道路越偏红色表示水岸的可达性有可能比较高。
表中分别按照 R 等于 400 米和 R 等于 3000 米计算滨河地段的局部集成度。
R 等于 400 米反映了采用步行为主的交通方式时连接性较高的道路。
R 等于 3000 米反映了采用车行为主的交通方式时连接性较高的道路。

对比滨河空间中具有较高集成度的道路位置和滨河活力区的空间分布，笔者发现两者基本重合，这说明步行环境下的集成度反映了空间慢行活动的聚集的可能性，而车行环境下的集成度反映了滨河空间进入公众视野的频率。可以认为，滨河空间的可达性是其吸引公共活动的基础条件之一。

3）门禁出入口的位置

滨河空间中的公共活动常常是由水岸附近的居民带来的。在调研中，笔者看到一个明显的现象：如果小区的门禁出入口面河而设或邻近河岸，水岸就很自然地成为居民频繁经过的地方。此时，即使水岸并不具备高品质的绿地环境，也同样会时常发生聊天、打牌、下棋、遛狗等多种活动；相反，如果临河的居民从小区出入口需要经过复杂绕行才能到达水岸，那么滨河绿地内的活动就相对较少。

在新城，以河西新城庐山路以东滨河区为例，大部分沿河小区的出入口皆设于不临河道的城市支路上（图 5-34a）。新建成的滨河绿地景观优良，设施齐备，但笔者很少看见老人或小孩聚集于此。在随机的调查访问中，附近居民反映“滨河绿地离小区大门有点远，不如直接去小区内部的公共绿地活动，既方便又安全”。在老城，位于工人新村附近的金川河水系经过环境整治，增辟出带状公共绿地，为周边建于 20 世纪 80 年代的老小区提供了良好的绿化环境。但是，河道南岸小区的出入口远离河岸，导致居民为避免绕行，在小区围墙上自行开洞连接绿地（图 5-34b）。

图 5-34　滨河居住小区门禁出入口设置对滨河活动的影响

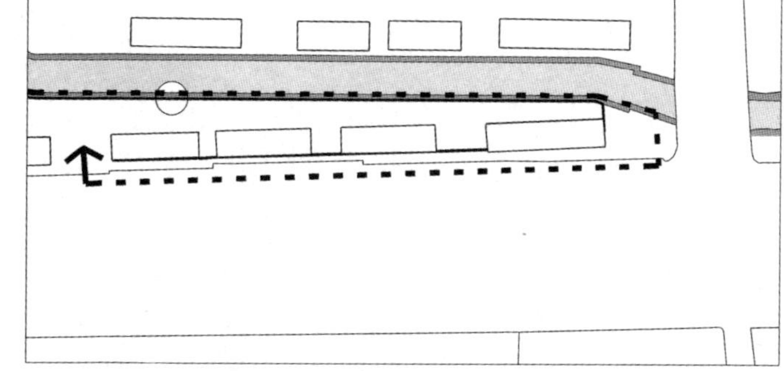

a　河西新城滨河居住小区门禁出入口的设置　b　老城金川河水系滨河居住小区居民为避免绕行而在围墙上开洞（图中圆圈表示围墙上的洞口）

4）滨河界面的特性

滨河界面是沿河开敞空间的物质边界，是居民或游客对水岸空间产生的直观感受的重要组成要素。滨河界面的公共或私有、面向或背离，都对滨河空间内的活力产生着外在的刺激。

在老城，滨河界面的形式是丰富多样的，但在界面与河道之间的互动关系上，可以简单分为“面向河道”与“背向河道”两类。面向河道的界面显示出以河道为景观素材的价值取向，通常提供了地块内外或建筑内外空间在活动和视线上进行交流的可能性；而背向河道的空间界面则将外与内隔离，具有空间上的内向性特征。根据界面具体的功能构成和形式特征，两类滨河界面可以进一步分类（图 5-35）。面向型界面可以分为公共界面、半公共界面和观景河房界面三类。公共界面主要指商业、文化、居住区沿街底商等，通常在河道和建筑之间促使公共活动的发生；

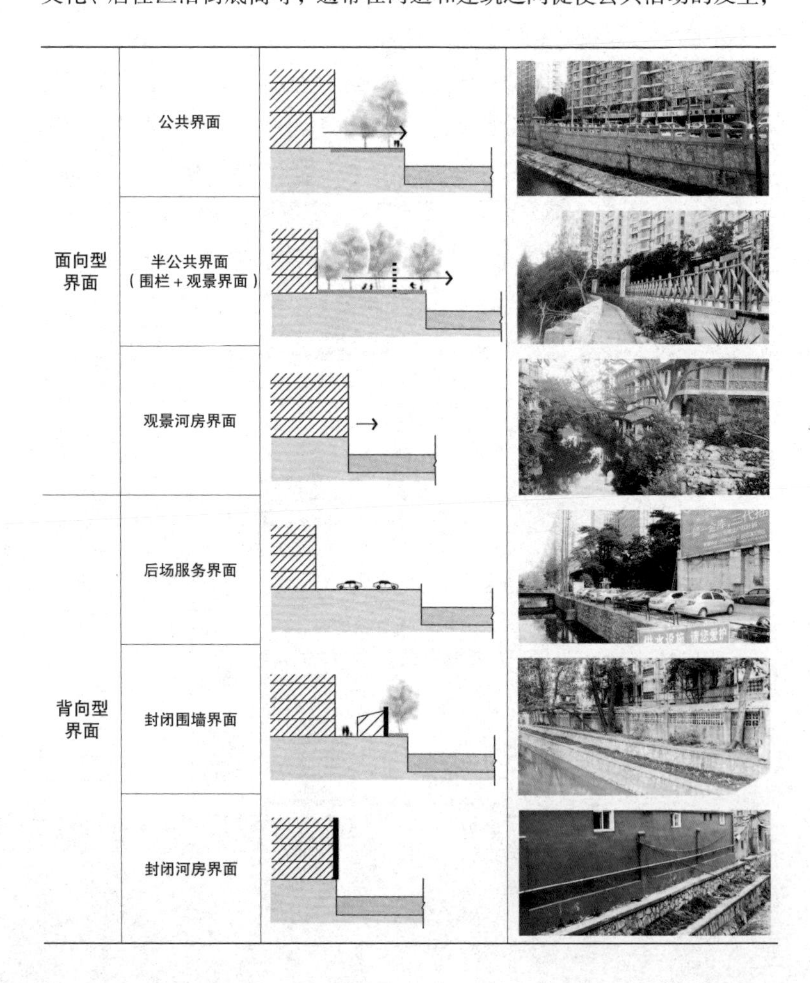

图 5-35　水岸空间界面类型

半公共界面一般是指居住区、教育科研、办公等用地的空透围栏，用地内部的集中绿地和活动设施与河道相邻；观景河房界面不受用地性质所限，在建筑内部空间布局中一般将重要的功能空间和活动空间临河设置。背向型界面包含后场服务界面、封闭围墙界面和封闭河房界面三类。后场服务界面常见于公共设施用地，与河道相邻的是用地内的服务设施或停车场；封闭围墙界面常见于居住、军事和工厂用地，围墙内侧往往结合车棚或辅助用房等设施；封闭河房界面一般出现在建设标准较低的住宅用地内，河房临水面开小窗或不开窗。

根据2010年对南京老城水岸空间的调研，两类界面的分布大体如图5-36所示。不难看出，老城内河沿岸尚存在大量的背向型界面。笔者进一步将面向型界面中的“公共界面”提取出来，并与滨河活力区的分布对比（图5-37），发现两者比较吻合。因此，可以认为面向河道的空间界面，尤其是能够推动公共活动发生的公共界面也是滨河空间形成活力的重要因素之一。

图5-36　老城面向河道型界面（红色）与背向河道型界面（蓝色）的分布情况（左）

图5-37　沿河公共界面分布（右）

5.3.3　微观视野中的环境品质对滨河活动的影响

滨河地段形态特征从根本上对滨河活动的发生给予支撑或产生抑制，而微观视野下的环境品质则决定了公众对滨河空间的切身感受，主要涉及功能的复合度、慢行的安全性、气候的舒适度及空间的场所感等方面。

1）功能的复合度

在对南京滨河空间的调研中，滨河空间与公共服务设施的结合程度及水域内的活动方式，对激发滨河活动有显著的影响。滨河空间与多类型公共服务设施结合，有利于提高滨河土地的集约利用程度、促进滨河公共活动的发生并形成令人印象深刻的空间形象。

在老城，与商业文化、体育健身、公共交通站点等多类型公共服务设施结合的滨河空间活力程度相对较高。滨河空间为消费、健身或候车的人群提供了开阔舒适的环境，而公共服务设施为滨河空间中休憩的老人与小孩营造了富有吸引力和安全感的氛围。此外，商业文化及交通站点本身也可能具有一定的标志性，成为约定会面的地点，进一步促进人群的聚集。值得注意的是，滨河空间公共服务设施的使用效率，与周边居住区内部服务设施配置情况相关。老城沿河地区多为老旧小区，其内部往往缺乏公共绿地和服务设施，因此居民乐于在水岸聚集活动；但新城新建小区普遍具有高品质的公共绿地和完备的服务设施，因而滨河空间中运动设施的利用率普遍较低。

对于水域空间，设置水上游线可以促进水陆公共活动的交互，有利于提高滨河地段的整体活力。如在老城，自东水关至中华门城堡的河段上设置了画舫游线，这一段河道及周边地段的活力程度明显高于其他河段。公众普遍有着亲近河道的意愿，除了设置游船线路，还可以通过在水域设置可活动平台、多标高平台、生态斜坡等多样化方式为公众提供亲水活动的可能（图 5- 38）。

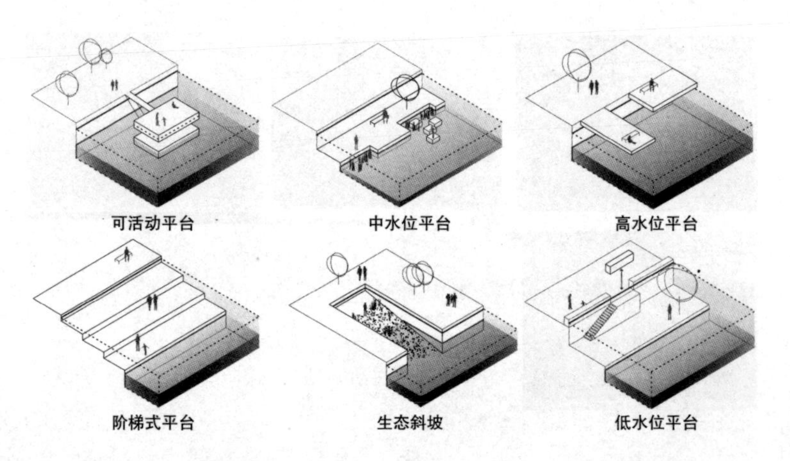

图 5-38 水域亲水设施类型

2）慢行的安全性

无论景观品质如何，滨河慢行环境的安全性是空间活力的基础条件。在老城，滨河慢行的安全性主要受到两方面因素影响，一是相邻道路等级及停车场布局方式；二是滨河空间可达性影响下的人流密度。

当河道与主次干道相邻时，快速车流带来的噪声、污染和潜在的危险都降低了滨河空间的吸引力。因此应保障道路红线与河道上口线之间绿地的宽度，提供安全舒适的休闲环境，同时避免沿河慢行活动穿越干道。由于老城建设用地停车配套设施普遍不足，一部分滨河空间成为相邻地块的机动车停车场，阻断了滨河空间中的公共活动。需要在城市管理中分离出滨河慢行空间，避免安全隐患。

滨河慢行空间如果可达性不足，也会因人流密度过低而降低滨河空间活力。如在老城，部分河道位于大型街区的内部，沿河步道与城市道路外围的城市道路几乎没有连接，两岸之间也不通桥梁。这样的滨河空间因安全性不足而少有公众停留。因此，在促进滨河慢行连续的同时，应尽可能提升滨河空间的可达性。

3）气候的舒适度

在对老城的观察中，具有舒适宜人的风热环境与光环境的滨河空间对居民活动有着明显的吸引力。水体和绿地是帮助城市降温的天然要素，但滨河空间能否形成优良的微气候环境，还与水体质量及自然特性、绿地植被布局方式及开放空间日照调节等有关。

在水体质量及自然特性上，水质优良且自然流动性较好的河道对人群和动物有着更强的吸引力。城市内河一旦缺乏流动性，就会因产生淤积而破坏水质。因此，对内河与滨河环境的治理，首先关键在于促进水体的流动和恢复驳岸的生态特性，其次是滨河景观的提升。

在绿地及植被布局上，与城市风廊相适应的绿地布局更有利于提升微气候环境质量。沿河道展开的开放空间廊道是城市生态网络中的重要组成部分，其中顺应城市夏季主导风向的沿河廊道具有夏季风廊的作用，能在夏季为周边城市建设区缓热降温。对于这一类河道空间，应尽可能提高滨河空间绿地及植被占比，充分发挥其风廊作用，为滨河空间以及城市腹地提供更好的微气候环境。

在开放空间日照调节上，冬季纳阳、夏季遮阳及适宜的光线强度为滨河空间的持续活动创造条件。因此，在滨河空间中对建筑体量及高大乔木的布局，需要综合考虑其对主要活动场地在多季节的日照影响。

4) 空间的场所感

场所感是公众能否被微观空间吸引聚集的重要因素。在滨河空间的物质环境建构过程中，空间尺度、岸线特征、单元划分等方面的差异，带来了具体空间场所感的不同。

在滨河空间尺度方面，南京老城与新城差异较大。在河西新城，由河道、绿地、城市干道共同构成的沿河开敞空间，其宽度最大可以达到 150 米；而在老城，内秦淮河沿河开敞空间宽度一般为 10~30 米。新城滨河空间尺度过大，影响了滨河空间场所感的营造，也降低了新城居民在滨河空间中的聚集度（图 5-39）。

图 5-39 内秦淮河滨河空间（左）与河西新城滨河空间（右）尺度对比（2013 年）

在河道岸线特征方面，调研发现水系自身形态的蜿蜒曲折能够带来一定的识别性，增强空间节点的凝聚力。如南京老城金川河多条水系在相交之处形成的三角形节点，在近年间被改造为公共绿地，成为了金川水系沿岸具有高度识别性的空间节点，也成为城北滨河空间中活力旺盛的区域（图 5-40）。

在空间单元划分方面，调研发现以建筑界面、桥梁、乔木和灌木、河道栏杆及高差限定出的区域，更容易吸引老年人的聚集，成为打牌、下棋、唱歌、聊天等活动场所。如在外秦淮河沿岸空间中，因局部标高变化形成的半私密空间单元对公共活动产生吸引作用（图 5-41）。因此，对于岸线相对平直、类型相对单一的滨河空间，可以利用空间的再次划分增加趣味性和场所感。

图 5-40　金川河水系上的特殊岸线形态（2013 年）

图 5-41　滨河空间的高差变化对公共活动的影响（2013 年）

5.4　本章小结

本章在微观视野下，描述并解释南京老城与新城的滨河空间形态特征，同时探索物质空间形态特征对空间活力的作用方式。

在对空间形态特征的解读上，本章首先归纳了滨河空间形态的四类构成要素，同时也是承载认知与活动的四类途径——建筑、道路与桥梁、绿地与广场、水域空间。要素间的组合方式不仅概括了形态类型的本质特征，同时显示出空间可能容纳的公共活动类型。其次，通过对老城滨河空间的分析，笔者归纳出 12 个要素组合类型，并依据类型出现的频率和与其他类型间的转化关系，确定出主导类型。主导类型实际上反映出老城能够感知到的最为典型的滨河景观。最后，通过对主导类型的形态生成、更新趋势及滨河活动内容的解读，揭示出老城和新城滨河空间的形态价值与存在的问题。

在对物质空间形态对空间形态作用方式的解析上，通过比对实际观察所获取的滨河活力区与形态类型的空间分布，我们发现空间活力的产生会受到物质要素组合方式的影响，同时也受到中微观层面多重因素的综合作用。首先，中观滨河地段公共空间节点的布局、道路网络的连接为滨河活动的发生提供了内在支撑；而滨河用地门禁出入口的设置方式和滨河界面是否有刺激活动的可能，则进一步推动或阻碍了活动的发生。其次，我们从空间使用者的视角对滨河空间进行了连续观察，发现微观视野下多种形态要素和环境条件也共同影响着公众对滨河空间的观感。

对比本书在第四章与第五章中对滨河形态的解读，可以看到中观地段形态结构同时作用于微观视野下的滨河空间特征和空间中的活动。微观视野下的物质空间具有高度的复杂性和可变性，滨河空间很容易因为道路等级的改变、建筑物的建设或拆除而发生巨大的变化。但是，一方面中观层面的地段形态结构从内部控制了要素组合的变化，将之限定在某种主导类型的总体特征之下；另一方面地段中一些结构性要素的布局影响了活力区域的分布，而平面单元的类型则影响着公众对滨河建设区肌理的印象。

第六章　时空维度下的城水关联

伴随着南京城市的形成与发展，老城中的内河水系携带了大量的历史空间信息。这些信息不仅以文字的形式在文学作品中频频出现，也通过水系与物质空间形态的关联在城市形态中留下痕迹。本章将在空间维度下总结水系在城市形态中的构型方式，进一步探讨不同视野尺度层级之间的相互作用；在时间维度中归纳城水形态关系发生变化或得到延续的基本成因。这将全面揭示老城内河在传达南京城市特色方面的作用和在提高城市空间活力方面的规律。在此基础上，尝试在当代社会背景下，为南京老城与新城探寻更为适宜的滨河形态发展策略。

6.1　空间维度下的城水关联

在空间维度下，南京老城的内河水系与物质空间形态的关联性可以在宏观视野下的整体城市、中观视野下的滨河地段和微观视野下的滨河空间三种认知尺度下进行分解。本节在总结每一尺度层级内水系与其他物质空间形态要素之间的关联方式的基础上，对三个层级进行连续观察，讨论不同层级之间的相互作用。

6.1.1　三个尺度层级内水系的形态作用

1) 水系与整体城市的互动——与城市历史空间格局息息相关

在南京城市形态的演化过程中，老城内河水系在各个历史阶段以多样的方式参与了城市形态的构型。当时代变迁，城市的政治制度、经济技术和社会文化发生转变时，内河水系的构型方式也相应发生变化。在古代南京，水系的形态作用主要包含了形态主轴、形态骨架、形态边界和轴线定位等多种类型，这与它所具有的生活生产、交通运输、军事防御等多重功能和在文化观念的影响下形成的图形意义有关；在近现代南京，老城内河的一些城市职能逐渐消解，并转化为城市生态景观系统的重要组成部分，主要起到景观骨架的作用。同时，对老城水系的全面继承和对一些滨河地段的保护，客观上延续了水系的历史形态作用，使得现今的内河水系不仅有景观生态上的价值，也具有揭示城市历史空间格局的作用。

从内河水系对城市整体形态的作用强度来看，内秦淮河南段源于自然水系，其水湾作为六朝和南唐都城主轴线的定位要素，是城市形态生成和发展的动力。同时，这一河道自秦汉时期就成为居民生活的轴心，推动了两岸有机网络的生成，并吸引城市中的重要功能区聚集于滨河地区。内秦淮河水系的其他支流主要是人工运河，且大多曾作为古代都城、皇城或宫城的护城河，人工运河与同时期建设的城市道路系统都受到城市主轴线的影响，三者之间存在内在协调性。内金川河水系的形成可以追溯至东吴建都之前，但作为城市内河至 20 世纪 50 年代后才被真正纳入城市建设视野，构型作用较弱。

水系与地段要素的组织——建立滨河地段的认知结构

城市内河滨河地段的形态特殊性源于城市与河流的双重作用，该地段是城水形态交互作用最为明显的城市地段。从城市总体形态的影响上看，南京老城自东吴建都至今已有一千七百余年的建设历程，城市形态有着明显的层叠特征。由于城内的不同区域在建设时期和累计程度上有所差异，因此在形态结构上各有特点，大致上形成了城南、城中、城东和城北四个形态区域。这为理解老城滨河地段的段落差异提供了基础。

地段中的形态要素及要素间的关联方式形成了地段的形态特征，同时也为公众对地段形态的认知提供了线索。要素与要素间的关联越清晰，城市居民对其就越易于理解和记忆。我们借用凯文·林奇提出的五种元素作为滨河地段意象中的物质形态要素——道路、边界、区域、节点和标志物，对地段要素进行梳理。其中，道路、边界、节点和标志物构成了地段的骨架、核心或关键部位，为滨河地段建立起显在的形态秩序，被称为“结构性要素”；而区域则在形态框架之下呈现出细密的填充组织，可以理解为“填充性要素”。水系与结构性要素的关联方式有可能转换为公众对滨河地段的意象结构，水系与填充性要素的关联方式显示出水系对城市肌理特征的作用程度。在南京老城，水系与两类形态要素之间存在多种关联方式，在其空间分布上都与四个形态区域有关。

在城南区域，水系对结构性要素和填充性要素（平面单元）的组织方式都起到了很强的主导作用。内秦淮河对滨河地段的结构性要素兼有两重作用，一方面促使两岸的一些公共空间节点形成以河流为中心的环状网络，另一方面与轴线型道路、城防设施等要素组合成古代营建规制造就的特定图式。两重组织方式的叠合为公众认知内秦淮河提供了多样的途径，使“十里秦淮”令人印象深刻。同时，内秦淮河主导了两岸街巷的布局、地块的划分方式和建筑占据地块的模式，使两岸肌理总体上呈现出与河道共生的特点。

在城中区域，水系对两类要素的组织方式有较强的影响。内河水系多与沿河城市干道及公共绿临近，形成水路并行的景观绿廊。由于河道频频出现在公众的视野中，并提供了滨河活动场所，因此这一区域的内秦淮河东段、珍珠河、内秦淮河中段等河道在市民中有较高的认知度。这一区域的水系对两岸滨河地段的平面布局有一些渗透作用，主要表现在对街道布局和地块划分方式的影响上。

在城东区域，水系对两类要素的组织方式有较弱的影响。城东区域的水系曾是明代皇宫护壕，与该区域的重要道路、空间节点及标志物可以构成政治主导的理想图式，但由于要素之间的联系较弱，水系岸线的公共性也偏低，因此市民在微观环境下较难理解这一区域潜在的结构关系，对河道也只有零星的认识。这一区域的水系对两岸滨河地段的平面布局有少量渗透作用，主要表现在对街道布局的影响上。

在城北区域，水系对两类要素的组织方式几乎不产生影响。滨河地段总体上缺乏结构性要素，水系与要素间也没有形成明确的关联方式，因此市民对城北的金川河水系的印象基本上是模糊不清的。地段内的平面单元主要受到城市干道的主导，而极少受水系影响。

滨河空间的形态特征——影响微观空间中的公共活动

微观视野下感知到的滨河空间形态必然是片段的，它包含了丰富的物质空间信息，并与人在水岸的活动有所关联。通过对南京老城滨河空间的调研和观察，本书以水系与道路、绿地、建筑等滨河空间要素的组合方式作为表述空间类型的基本方法，归纳出 12 个基本类型。经过对比，可以发现其中一些类型在空间分布上占据绝对优势，同时与其他类型之间有转化关系。它们作为老城滨河空间形态的“主导类型”，以抽象的图示语言表达了城市居民在老城中最常感知到的滨河景象。本书将南京老城和新城滨河空间形态的主导类型归纳为四类：明清传统街巷 – 河房型、近代林荫大道型、新中国成立初期老城填充型、当代新城建设型。

中观层面的滨河地段形态结构和微观层面的滨河空间特征及环境品质对公共活动产生了综合的影响。中观滨河地段公共空间节点的布局、道路网络的连接程度为滨河活动的发生提供了内在支撑，而滨河用地门禁出入口的设置方式和滨河界面是否有刺激活动的可能则进一步推动或阻碍活动的发生；微观视野下形态要素的组合方式和具体的环境条件则影响着公众对滨河空间的感受。

6.1.2 三个尺度层级之间的相互作用

老城水系与城市其他形态要素的交互作用，蕴含了不同时代营建和规划城市的思想与智慧，具有传达城市特色和提高空间品质的作用。这些存在于不同尺度层级中的形态关联能否在微观环境中被感知，取决于市民是否认可其为城市的特色与品质。

1）自上而下的传递

表 6–1 综合呈现出南京老城内河水系在三个尺度层级中与其他要素建立的主要结构关系，同时也显示出宏观层面的结构关系能够向中微观层面渗透，产生自上而下的传递作用。

老城南的内秦淮河在城市形态构型过程中有着“形态主轴”和“定位性元素”的双重作用。作为历代南京市民区的中心河流，其两岸汇聚了大量文化、商市和居住建筑，并在时间的累积中持续更新和发展。滨河地段的结构性要素彼此串联，形成了以水为核的环网模式。而填充性要素则在水系的强势渗透作用下，形成了由水系主导街道布局、地块划分和建筑占据方式的细密肌理；作为六朝和南唐时期都城主轴线的定位元素，这一 V 字形河道与南唐时期的城市主轴线（今中华路）存在中心对称式的几何关系，地段内的结构性要素的组织方式实质上是一种政治主导的理想图式。

表 6–1　三个尺度层级之间的关系示意

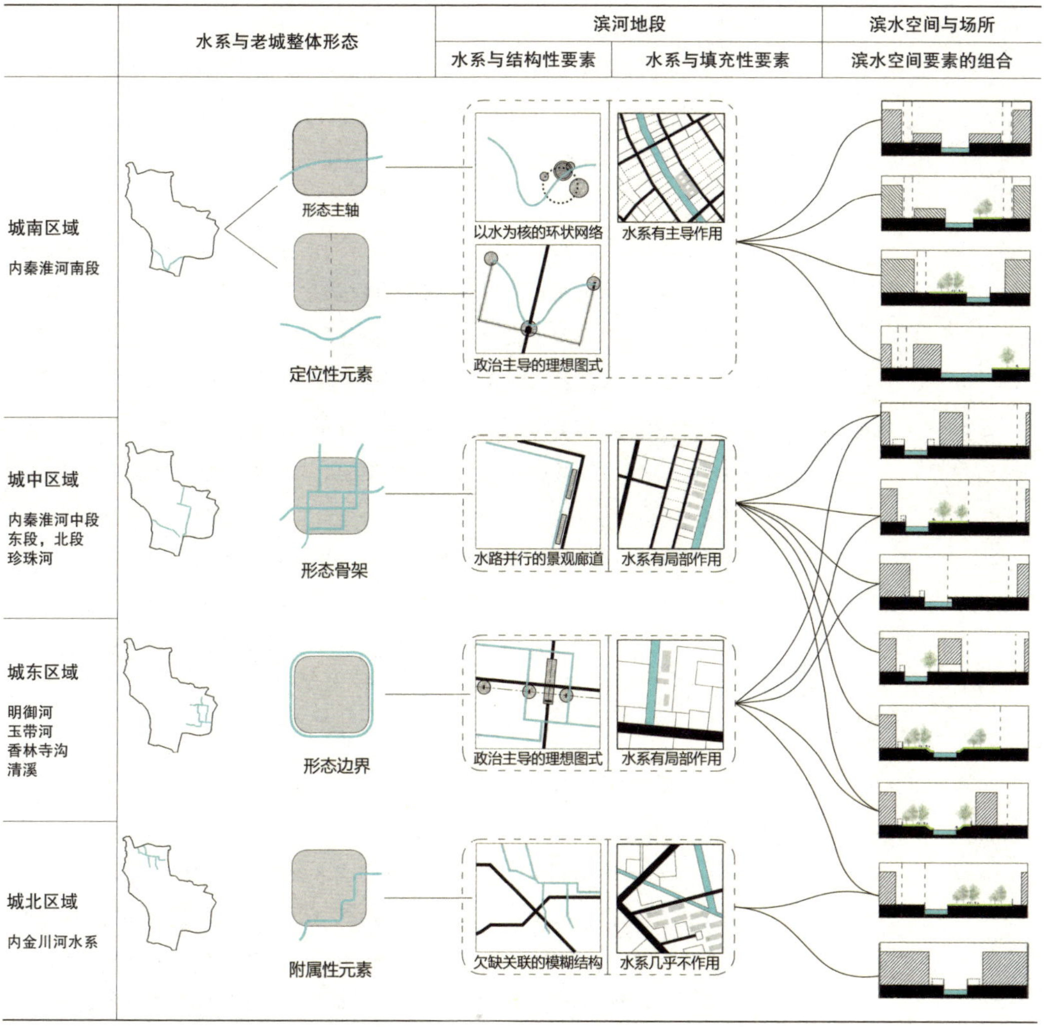

	水系与老城整体形态	滨河地段		滨水空间与场所
		水系与结构性要素	水系与填充性要素	滨水空间要素的组合
城南区域 内秦淮河南段	形态主轴 定位性元素	以水为核的环状网络 政治主导的理想图式	水系有主导作用	
城中区域 内秦淮河中段 东段，北段 珍珠河	形态骨架	水路并行的景观廊道	水系有局部作用	
城东区域 明御河 玉带河 香林寺沟 清溪	形态边界	政治主导的理想图式	水系有局部作用	
城北区域 内金川河水系	附属性元素	欠缺关联的模糊结构	水系几乎不作用	

城中区域的内秦淮河中段、东段及北段，曾作为南唐都城或皇宫区域的边界，明代之后逐渐融入市民区的建设，于民国时期间在《首都计划》中成为正式的“形态骨架”，左右着城市干道的布局。地段结构性要素之间彼此平行且相邻，形成了水路并行的绿廊模式。填充性要素的组织受到了水系的一些影响，主要表现在街道布局和地块划分上。

城东区域的明御河、玉带河等内秦淮河支流水系，多为明代皇城或宫城的护壕，主要具有“形态边界”的作用。在地段层面，水系与明皇宫区的轴线（今御道街）、城门遗址、宫城核心等其他空间要素的组合方式与以政治主导的理想图式相吻合。水系对填充性要素的影响较弱，影响主要体现在道路布局中。

城北区域的内金川河水系，在城市层面上的构型作用很弱，仅作为“附属性元素”，在地段层面，水系与其他结构性要素之间的结构关系比较模糊，对填充性要素几乎没有产生主动作用。

总体看来，水系与物质空间形态在自上而下的传递过程中含有两方面特点：一是水系在各层级的形态构型程度存在对应关系。例如内秦淮河南段在城市层面上推动了城市的选址和总体布局，具有很强的构型作用。其滨河地段的结构性要素和填充性要素的组织都以水系为主导因素，建立起强势稳定的结构关系。其滨河空间表现出承载多样化公共活动的能力。二是层级间的传递力度有所不同。水系在宏观视野下参与城市总体形态构型的方式对中观视野中滨河地段要素的组织模式有直接影响，两者紧密相关。微观滨河空间要素的组合方式虽然受到上层形态结构的内在作用，但由于滨河建筑、公共绿地的布局以及滨河道路的等级都比较容易改变，因此宏观、中观下的城水关系在向微观滨河空间形态特征的渗透过程存在诸多可变性。

2）自下而上的强化或消解

从空间认知的角度上看，水系与城市形态在不同尺度层次上形成的意象，有时是相互关联、相互重叠的，可以被连续感知，而有时却很难被联系在一起。在对南京老城的观察中，可以得知微观滨河环境中的要素组合方式趋于复杂和多样，其中一些受到上层结构关系的明显作用，甚至自下而上地强化了城市或地段层面中水系的构型特征；而另一些则随着时空变换，发生了结构性的变化，使微观视野下的滨河空间难以透露上层结构的信息。

内秦淮河南段整体上是城市历史发展过程中的形态主轴，但这种构型意义随着历史的发展和两岸形态的演变，发生了局部的变化。比较河道在中华门以东和以西的两部分段落可以发现，城市居民对东段河道的认知较为鲜明，沿河形成了更有活力的公共生活。其主要原因在于东段沿岸的夫子庙地区、白鹭洲公园、瞻园等一系列城市节点环绕水岸，彼此串接，有效彰显了这条河流的特殊地位。而近年建设完成的老门东历史街区作为河道南岸新增的公共节点，在融入环状结构的同时，进一步强化了水系作为公共中心的意义。西段河道两岸也曾汇聚大量商市，但时至今日，河道与两岸公共空间节点关系疏离，对公共活动的影响仅存在于间插于两岸居住区中的滨河绿地。内秦淮河对两岸肌理的作用也是其中心意义的表现，但在一些局部地段中，沿河街巷的消亡、地块的大量合并以及建筑占据地块方式的改变，逐渐消解了以水系为主导的肌理特征，削弱了水系在形态上的中心意义。图 6–1 中的类型 2 代表了明清时期内秦淮河滨河地段中的典型平面单元，其街道街廓、地块划分、建筑布局都受到水系的内在作用。图 6–1 类型 1 则是内秦淮河两岸经过更新后形成的平面单元，水系的影响力相对收缩，主要是对临河建筑方向的作用。

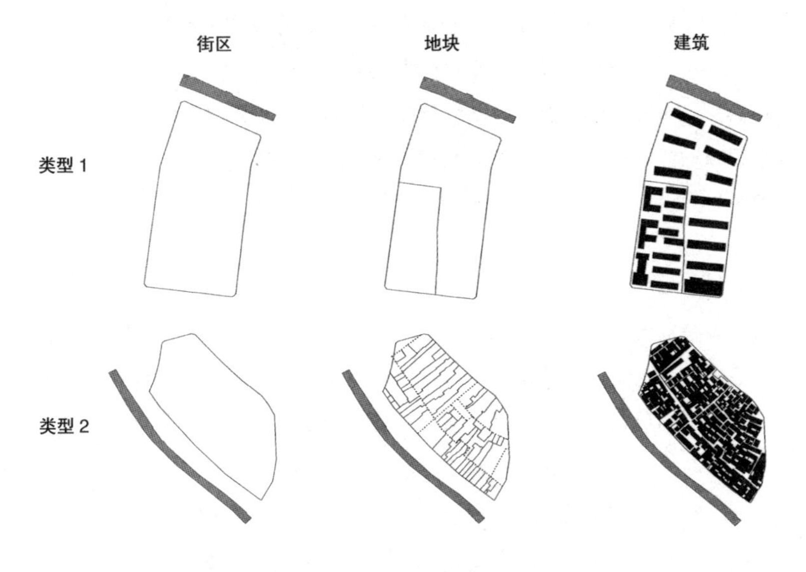

图 6–1 相同尺度下南京内秦淮河滨河街区建筑—地块—街区组合类型

内秦淮河的水湾为东吴建业城、东晋和南朝建康城、南唐江宁府城确立起城市的主轴线。这种城市层面的形态作用延续至今，透过河道与中华路、中华门、东西水关及城墙显现出来。其中，中华门是城市轴线南端的关键节点，正位于水湾南岸。城堡自身作为城市建筑，其平面布局中的主轴线与城市主轴线相合。这虽然源于其特殊的历史功能，但从形态的角度上看，则是非常有效地在微观视野下展现了水系与城市轴线之间的关系。1987 年在对中华路—雨花路改建详细规划中提出控制中华门周围的建筑高度和体量以突出城堡的策略[1]，有效地提高了城堡、水湾、城市轴线三者形态关联在微观环境中的感知度（图 6–2）。

1. 南京市地方志编纂委员会 . 南京城市规划志 [M]. 南京：江苏人民出版社，2008: 721

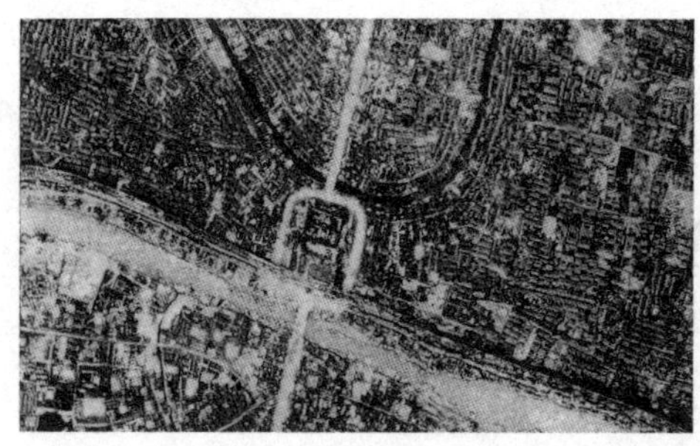

门东、门西地区影像图（1946 年）

中华门与周边城市建筑（2013 年）

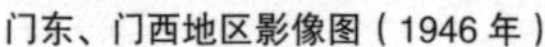

图 6-2　中华门对历史空间形态格局认知的价值

明皇宫区的护城水系作为特殊区域的边界，与地段形态要素建立起特定的图式联系，并以皇宫区纵横两条轴线为核心。古代南京的皇宫区较市民区有着明显的不稳定性。这一区域自明初至今在历经了兴盛、衰退、荒废、破坏、更新和保护等复杂的变迁过程之后，两重城墙仅存部分城门，护城水系也有多处被填盖或改道。从微观认知的角度上看，水系与南北向轴线的格局关系尚可辨认——外五龙桥、御道街、午朝门、明故宫遗址公园、北安门桥，提示出水系所附有的边界作用；但水系与东西向轴线的格局关系相对模糊——位于东西轴线上的东华门、西华门、西安门、玄津桥虽然都有遗存，但彼此间的路径联系已经随着中山东路的建设而消失。而河道的偏移使其与东华门、西华门的相对位置发生重要改变。

内秦淮河东段和北段，曾是南唐江宁府城的护城河。由于南唐都城城墙有局部被明代继承利用，而其他部分已消失无存，因此护城河成为后世辨识都城边界的实物依据。这些河道在民国时期转化为城市的景观骨架，延绵的水系、城市主干道路及沿河两岸的公共绿地成为典型的空间要素组合方式。但是，在新中国成立初期的建设活动中，老城内河沿岸的一些空地被建筑填充，影响持续至今。如位于内秦淮河北段，与珠江路相邻的部分河道，其两岸多为背向河道的建筑占据，致使滨河空间逐渐淡出公众视野（图 6-3）。

图 6-3　与珠江路相邻的内秦淮河北段（杨吴城壕）滨河景观（2013 年）

6.2　时间维度下的城水关联

城市发展是一个动态演进的过程，某一时期的城市空间结构不会凭空产生，也不能强行移植。经过城市长期的发展与积淀，水系与城市的形态关联一方面在发生着变迁，另一方面又因为有意识的保护或形态自身的稳定性而延续。那么，对于老城而言，有哪些主要的力量推动了城水形态关系的变化或维持着形态的稳定？

6.2.1　关联方式的转型——推动形态变化的力量

水系与城市在不同尺度层级下的形态关系是在特定的历史基础上形成的，与当时的政治、社会、经济、技术、文化、生活等密切相关，反映出特定历史时期、特定地理环境下的合理原则与适宜形式。在新旧更迭的动态发展过程中，水系与物质空间形态的关联方式的转变，实质上反映的是各历史时期社会经济的变迁。

1）古代："皇权至上"与"天人合一"

古代南京的城市内河在三个形态层面皆与物质空间形态产生了密切而多样的构型关系。水系在宏观层面上的构型方式，一方面体现着统治阶级突出"皇权至上"的政治意图与传统的"天人合一"的文化观念，另一方面也显示出特定经济水平和技术水平下城市居民生活生产的基本方式。中国古代都城是封建政治和军事统治的产物，其选址和布局受到传统的都城营建制度和文化观念的综合影响。对南京而言，《匠人》所述营国制度中的王城规划结构和"风水说"中倡导的背山面水的城市总体空间格局模式相结合，在南京的山水地理条件下，推动了老城形态的生成和发展。这使得老城中的大部分水系都与城市历史轴线存在某种图形联系，或作为定位轴线的依据，或作为历代都城的边界。而内秦淮河能够成为具有强大凝聚力的中心，则与当时水系在生活生产、交通运输、防洪排涝方面的价值相关；水系在城市宏观格局上的构型作用在地段层面表现为与城市轴线叠合的干道、城防设施等结构性要素的结合，并对主要商市、文教中心（礼制建筑）、大型宅院的布局产生影响。而官方制定的住宅等级制度限定了居住建筑的开间和结构形式，实质上是为地块划分方法提供了基础依据。由于河道相比于街巷是更重要的朝向，因此街巷布局和地块的布置均以河道为主要方向，形成了以水系为主导的地段肌理特征；至于滨河空间中以私有化的观景河房林立两岸的特点，则主要源于江南水网地区临河而居的传统生活习俗，与当时的经济水平和技术条件相适应。

2）近代："民主共和"与公共景观体系

近代南京继承了历史遗存的老城水系，但更新了水系在城市形态中的构型原则和方式。随着政治制度的变革和科学技术的发展，老城内河在军事防卫、生产生活、交通运输等方面的功能逐渐衰退。老城内河的形态价值不再源于"皇权至上"的政治意图或生活生产等实际用途，而是来自城市公共生活对物质空间形态的诉求。此时的城市建设开始由城市规划进行控制和引导。《首都计划》中的"公园和林荫大道"尝试依托老城内河，沿岸布置连续的带状公园、城市主路和公共设施用地，并将老城内结合自然人文资源而设置的"五大公园"彼此串联，建立系统化的公共活动空间。这一规划思想受到了当时在国际上风行的公园道规划理论与方法的影响，对公园和林荫大道的设计在城市层面继承了明清遗留下的部分内河，并将其转化为景观骨架；在地段层面则引导水系与带状公共绿地、城市干道、公共设施用地等结构性要素平行相邻，与斑块状的城市公园相接。不过，对于滨河地段的肌理，城市主干道路逐渐成为主导因素，影响着地块的划分密度和建筑的布局方式；在滨河空间层面，由于林荫大道系统的规划未能完全实施，水岸的带状绿地只建成了一小部分，沿河用地多为居住用地填充。总体而言，水系与城市干道相临近仍然是老城滨河空间的典型特征。

3）现代：生态保护与历史传承

新中国成立后，老城水系的形态作用随着不同阶段城市建设中的价值追求发生了起伏变化。在计划经济时期，城市规划尚未步入正轨。尽管城市规划中屡次提出要整治河道及滨河绿地，但由于此时的经济条件有限，城市防洪防涝技术落后，加之规划文件的法律意义不足，以致老城内大量有历史文化意义的内河水系被视作洪涝隐患和城市"鸡肋"而被大量填盖。进入市场经济时期之后，伴随着城市经济复苏、南京市规划局的正式成立，以及对历史文化保护和自然生态系统建设等方面理论认识的深化，老城及其内河系统的保护和更新进入了良性发展阶段。主要表现在两个方面：一是使老城内河成为整体城市生态景观系统的有机组成部分。这个网络的含义较民国时期的林荫大道系统要更为深入和复杂，它包含了老城内外不同等级和类型的自然要素，构筑了一个多层级的开放空间系统；二是从历史保护的角度对部分水系及其滨河地段采取具有针对性的保护和更新策略，相应延续了水系在不同历史时期对各层级的形态产生过的构型作用。其中，尤以20世纪80年代起对夫子庙地区、秦淮风光带和门东、门西的保护与规划最为典型，这有效延续和强化了内秦淮河的形态构型作用。

6.2.2　关联方式的累积与并存——保持形态稳定的力量

在城市与水系的形态关系随着时代转换发生深刻转型的同时，历代城市建设对某些区域的有效保护和空间形态的自发调节机制又保证了一部分形态特征的稳定延续。正是在这一过程中，老城中留存了不同历史时期积淀下来的空间特征和构型方式，它们并存于今天的城市环境中。

1）营建规划的主动继承与保护

仅从老城形成与发展的过程上看，自六朝、南唐至明初，城市总体范围呈现出由南向北和由西向东的推移与扩展过程；民国时期对老城结构的梳理和更新则在古代时期遗留的形态基础上叠加了新的结构特征；新中国成立之后，对老城内部结构进一步的填充和优化，使其形态更为复杂和充实。在这长达一千七百余年的建设活动中，老城内部各区域的形态结构发生了不同程度的层叠，南京成为中国典型的层叠型城市。这从根本上决定了老城水系与空间形态的关联方式，且留下不同时代的印记（图6–4）。

在老城鲜明的层叠现象背后，存在一个重要的动力，就是古代营建对既有建设的有意保存和现代规划中对特定地段的主动保护。南京自古就有对既有建设善加利用的传统。六朝时期对秦淮河两岸的稠密居住区就已经采取了保护和沿用的态度；南唐时期更将这一区域的主体部分纳入都城范围；明初为得民心对南唐旧城进行整体性的保护，甚至为此在城东填湖造宫；民国时期虽然在南唐旧城范围内叠加了城市干道以建立全新的秩序，但对这一范围的规划建设仍以“因其固有”为原则。正是历代对既有建设的尊重和保护，使老城中的形态层叠程度有了区域之分（图6–5）。新中国成立后，尤其是20世纪80年代之后对老城的整体

图 6-4　南京历代都城相互关系图（左）

图 6-5　老城历代建设区域叠合示意（右）

保护和对内河水系的全面继承，在客观上延续了水系早期的构型意义，使水系在不同阶段参与城市形态构型的方式得以并存。

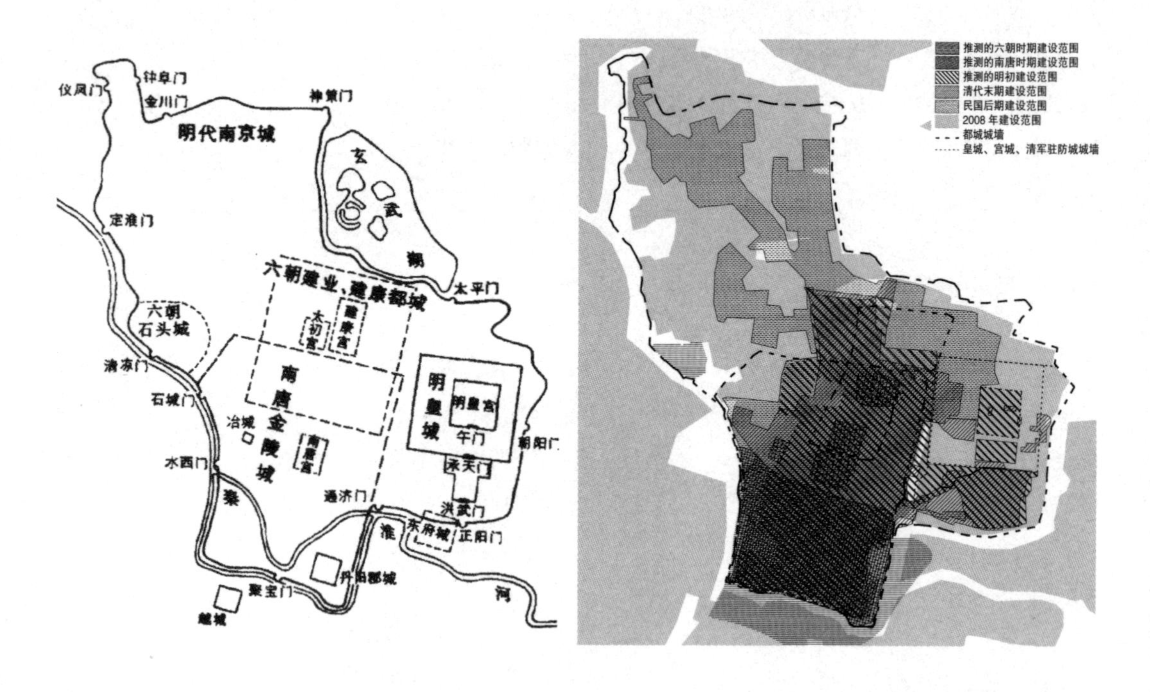

2）物质空间形态的自发调节与适应

即使没有人为的保护与继承，城市形态中的一些元素也因其具有内在的弹性和惰性而能进行自发的调节和适应。当城市的政治、经济、社会等方面的深层结构发生变化时，这些形态元素会尽可能地适应新的结构，而不改变自身的形态。在老城，内河水系、滨河地段中的结构性要素以及平面单元中的街道都有着比较强的应变能力，这些具有较强稳定性的形态元素是值得关注的。

水系结构　在老城现状水系与已消失的重要历史水系叠合图中（图 3-48），可以发现叠合水系有较强的完整性，这说明内河水系是比较稳定的城市形态要素。从东吴至今，南京城市已经经历了一千七百余年的建设和发展。在这个过程中，城市的范围、道路结构、用地结构、建筑肌理等形态内容都发生了不同程度的变迁。而城市水系一旦被开凿疏浚，参与城市的运转，其河道就不会轻易地更改或是消失。即使在改朝换代的过程中，城市也会尽可能地利用前朝已有的城市内河，使新增的水系成为原有内河系统的一部分。正因如此，在中国古代，较为完善的城市内河水系结构通常也有着稳固城址的作用。如春秋时期已将水利学原理运用于吴都的规划建设中，形成了比较合理的内河水系结构。这一水网促进了苏州城在楚国时期、唐代至宋代的城市建设，同时也在后世建设中被不断优化，这正是苏州城数千年来城址稳定的重要原因之一。

滨河地段的结构性要素　滨河地段中的大部分结构性要素都与古代城市建设内容相关。在时代的变迁中，这些要素的功能或性质发生了变化，但其形态特征却是相对稳定的，同时也延续了其在居民认知结构中的重要价值。图 6–6 以目前的文献和地图资料为依据，大致呈现了这些要素的形成时期。作为轴线型道路、边界、节点、标志物的结构性要素多形成于明代或明代之前，如中华路、夫子庙地区、白鹭洲公园、中华门等；作为重要道路和桥梁的要素多形成于民国之后，如中山北路、逸仙桥等。而这些道路和桥梁中有一部分是在明清街巷的基础上拓宽建设而成的，如龙蟠中路、珠江路、建邺路等。

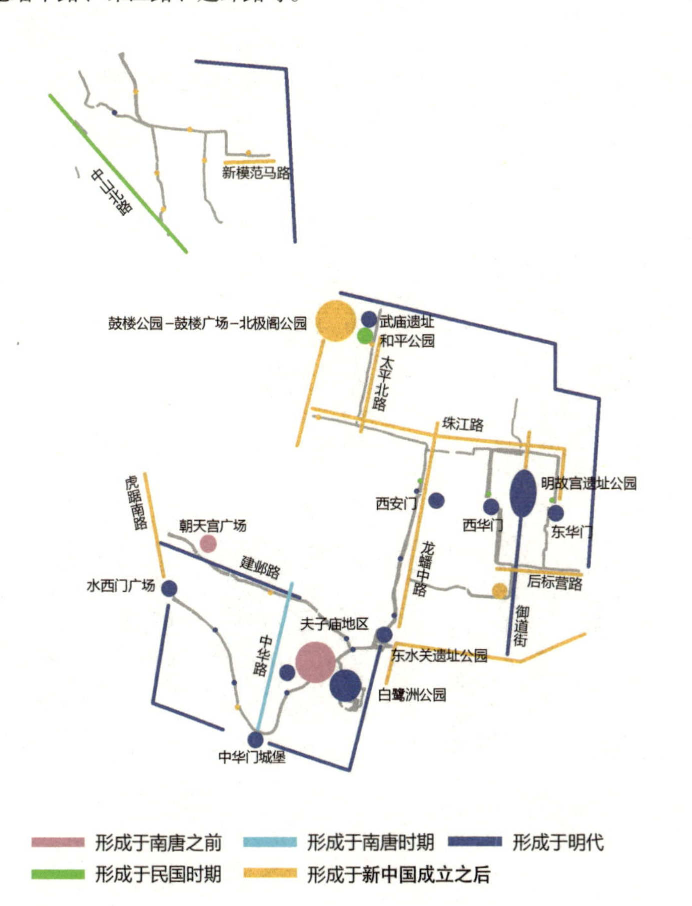

图 6–6　滨河地段结构性要素的形成时期

平面单元中的街道布局 城市道路是稳定的形态要素，有着很强的延续型。图 6–7 显示了老城四个形态区域中的平面单元于明代和 2008 年的样态。从中可以看到，平面单元中的道路主要经历的是叠加、拓宽和局部变化的过程，如城南、城中和城北区域的道路系统。城东区域则比较特殊，其中的道路布局随着明代皇宫区的整体兴盛和衰落、置换和填充，而经历了波动起伏的变化。但是，那些具有城市空间轴线意义的主干道（今御道街）以及明代官署区中的很多重要道路（今后标营、八宝前街、大光路、大阳沟等现状道路的前身）仍被延用，并对民国期间和新中国成立后的道路建设起到了内在的控制作用。

滨河道路的稳定性印证了城市形态学中对于城市构成要素稳定性的判定。M. R. G. Conzen 认为由街道、地块和建筑三个形态要素构成的平面单元是城市中最为稳定的形态复合体。他通过对一些城镇形态演变过程的观察，发现街道是平面单元中最具稳定性的要素，能够在城市发展中相对稳固地保留初始的印记，而地块在街区中的切分方式和建筑占据地块的方式则相对容易变化[1]。因此，在对城市形态的分解研究中，道路及其布局方式通常是比较重要的问题。

1.CONZEN M R G. Alnwick, Northumberland : a study in town-plan analysis[M]. Londin: Institute of British Geographers, 1960.

图 6–7 老城四类滨河地段典型平面单元的变迁

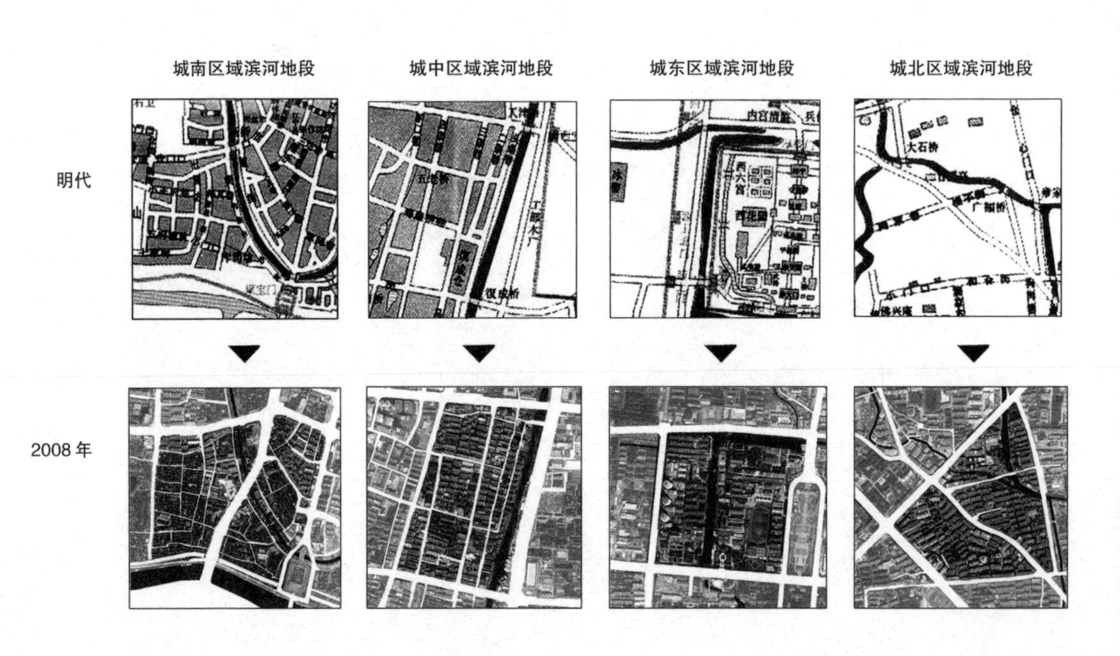

第七章 设计实践

对于城市而言，那些能够软化城市的粗糙感和自然元素总是可贵的。因此，无论是南京老城还是南京新城的内河水系，都将成为城市居民和城市设计者共同关注的城市要素。这些内河水系与城市物质空间形态如果能够建立起适宜的关联，不仅可能表征城市的特色，而且能够促进滨河地区的活力，显示城市的内在品质。笔者所在的 UAL 工作室（Urban Architecture Laboratory, 城市建筑工作室，简称“UAL”）是依托东南大学建筑设计研究院有限公司和东南大学建筑学院，以“城市建筑”为主要研究方向的产学研一体化团队。本章结合前文研究结论，在运用层面，以团队近年来的典型设计实践为例，对老城城河形态关联的保护与再生及新城城河形态关联的强化提出建议。

7.1 基本观念：城市内河作为多元价值的物质载体

回顾老城内河水系与城市形态的交互过程，可以看到水系在城市形态中的构型方式总是受到特定时空背景下产生的价值观的影响。在当代社会背景下，大部分中、小尺度的内河水系[1]不再承担城市的生活生产、交通运输、军事防御等职能。水系的价值体系转而由自然生态、防洪排涝、历史文化传承、景观休闲和促进土地集约利用等方面构成。这意味着对水系的研究也会并存于多个学科领域之中。各学科基于特定的研究目标和内容，对城市内河水系的形态提出了相应的要求。

景观生态学则以实现可持续性的景观生态系统为目标，关注水资源的保护和利用，从优化生态结构的角度上要求水系结构完整且主支流比例协调，河道形态自然曲折且尽可能利用现状水系，河道方向顺应夏季

1. 参见中华人民共和国水利行业标准 SL431—2008《城市水系规划导则》基于生态修复和水环境质量改善技术选择的城市河道等级划分应依据河道的宽度（面宽）确定，可分为一级（河道面宽 B 不小于 100 米）、二级（河道面宽 B 不小于 10 米，小于 100 米）和三级（河道面宽 B 小于 10 米），相应地也可称大尺度、中尺度和小尺度。

季风的走向，此外，由于硬质基底和边坡吸热而且呈强碱性，不利于动植物生长和补给地下水，因此宜采用软质驳岸或湿地型边界；水利科学以防治城市水旱灾害为目标，侧重于对水系结构、流量、水质等方面的控制和调配，从提高城市排涝和泄洪效率的角度上要求内河水系形态平直，宽度稳定均一，河床断面采用硬质驳岸和基底，河道走势顺应规划干道及排水方向；历史学以揭示河流所附有的历史文化含义为目标，关注特殊河段及相关遗存的保护与展示，要求修复与保护部分河道的历史原貌，在滨河地段根据其蕴含的历史价值划定保护范围；环境行为学以研究外界环境与人类自身行为之间的相互作用为目标，关注水系与滨河空间对人的活动产生的影响，倡导自然的和多样的滨河环境。

不难看出，内河水系蕴含的价值目标中，既有相互协调和加强的部分，也有相互矛盾的部分。当代城市水系与物质空间形态的关联设计应当基于多元价值观，在上述多专业的配合下完成。相反，如果水系是在相对单一的价值观下引导生成或改造的，就很有可能有着内在的缺失。国内一些新城水系表现出的形态单一、走势平直、与城市干道并行等特点，正是源于水系形态设计中以市政排水为单一价值目标。城市设计的介入正是为了统筹和协调多元化的价值诉求，结合城市土地集约利用的规划目标，探索更为合理的水系结构，创建蕴含特色和富有活力的城市物质空间形态。

7.2 老城滨河形态的保护与再生：特色的保护与传承

老城的内河水系是历代城市形态层叠的结果，它与物质空间形态建立起的形态联系综合地展现出南京城市在历次重要发展阶段中的独特印迹，并使其并存于今天的城市形态中。因此，老城的内河水系及其蕴含的形态信息具有表征南京城市特色的潜力。针对老城在内河水系及滨河地段形态方面的保护与更新，我们认为在不同的形态层级中都有一些值得关注的问题（图 7–1），而其中的关键问题聚焦于中微观层面。老城内河在宏观城市层面推动了城市整体形态的生成和发展，在中观地段层面与各类结构性要素建立起多样的联系，对填充性要素则产生不同程度的渗透作用。这些在上层形态结构中形成的城市特色如何能有效传达至相对微观的滨河空间层面，使城市居民有所感知？

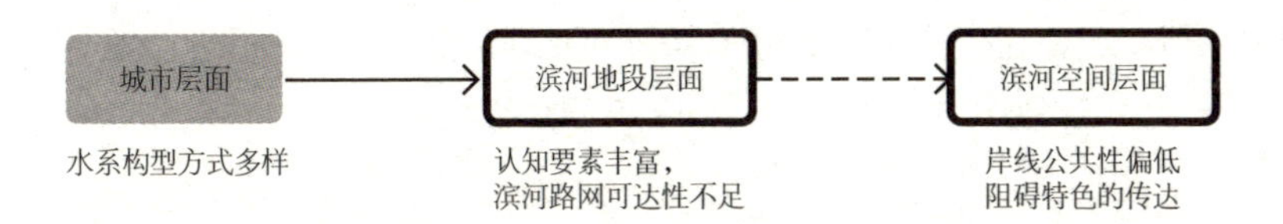

图 7-1 老城水系与物质空间形态关联性的关键问题

7.2.1 保护城河总体空间格局及水系结构完整性

在城河总体空间结构上，老城内河中的“十里秦淮”具有关键作用。中国传统城市认为山水是城市的“基底”，也是城市“构图”的重要组成部分。二者有机结合形成的格局特征蕴涵着丰富的营造观念和审美文化，同时反映出一种寓于理想图式的人居环境理念（图 7–2）[1]。这样的“构图”关系体现在内秦淮河的 V 字形水湾与城市主轴线、鸡鸣山—鼓楼岗一线山体、玄武湖之间的相互牵制中。如果聚焦于老城南，位于水系与城市轴线交汇处的中华门是构图关系的锚固点，并以环抱城南片区的明城墙及与水系交汇的两处水关（东水关、西水关）构成近乎对称的稳定图式（图 7–3）。

图 7–2 中国传统风水学中的“最佳城址选择”模式（左）

图 7–3 内秦淮河水湾与城市轴线及节点关系（右）

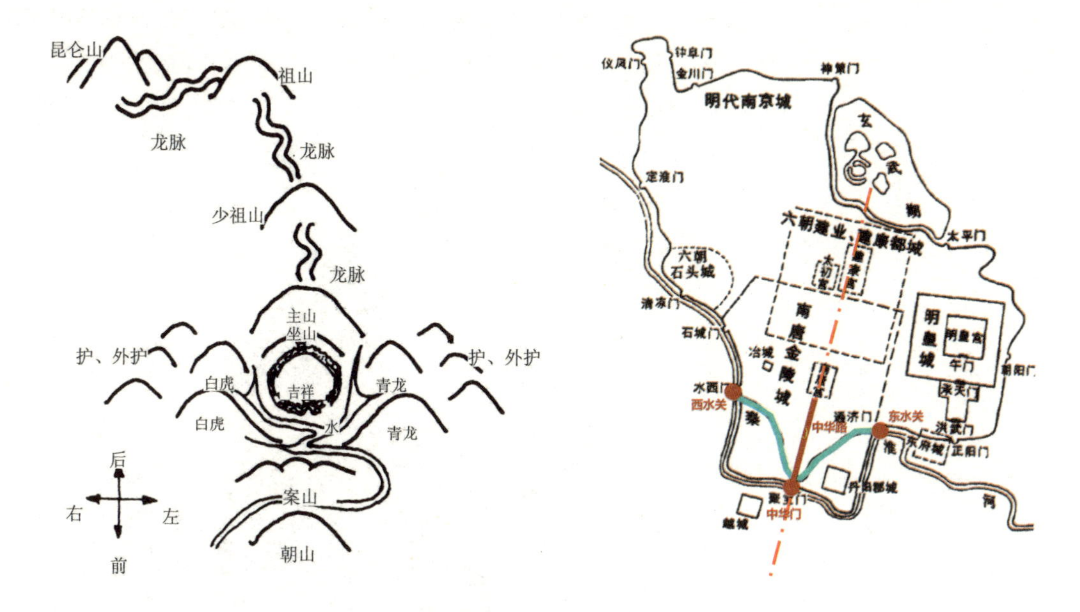

随着时代变迁，城市建筑道路与水系在尺度上的落差不断增大，人对“山—水—城”格局的感知相应弱化。在当代该如何保护并呈现秦淮水湾与城市空间格局的关联特征？其一，保护水湾的平面形态的原真性；其二，保护水系与其他格局相关要素间的相对关系，即使部分要素湮灭，也应保持其遗址与水系的相对关系；其三，增强对水系及其从属的格局关系的感知。如 1987 年在对中华路—雨花路改建详细规划中，提出控制

1. 陈宇琳．基于“山—水—城”理念的历史文化环境保护发展模式探索 [J]. 城市规划，2009,33(11): 58–64.

中华门周围的建筑高度和体量以突出城堡的策略，有效地提高了城堡、水湾、城市轴线三者形态关联在微观环境中的感知度。

在老城内河水系结构方面，老城目前可见的内河水系由历史水系的一些局部段落组合而成，结构不完整。图 7–4 标识出与城市历史形态格局有着密切关联的水系，包含已经被填盖或改道的重要河道。如果对这些有着较高历史形态价值的河道进行恢复，将有助于在微观视野下认知南京在古代都城时期的格局特征。如今天的内秦淮河北段自竺桥至洪武北路尚为可见，但其原有结构应向西延伸至与乌龙潭相接，这一河道实际是南唐都城的护城河（杨吴城壕）的北段。由于南唐都城城墙南段为明代继承利用，其他段落早已不存，因此这条河道可以成为辨识都城历史格局的最有效的物质依据。

当然，是否恢复以及何时恢复附带历史格局信息的河道，必然需要结合城市建设的其他方面综合考虑。客观地说，城市形态的演化是复杂的，其中必然涉及对既有形态的改写甚至颠覆。如果说河道形态的累积与并存是历史信息的表露，那么河道的局部填盖或改道也同样是城市建设留下的特有痕迹。

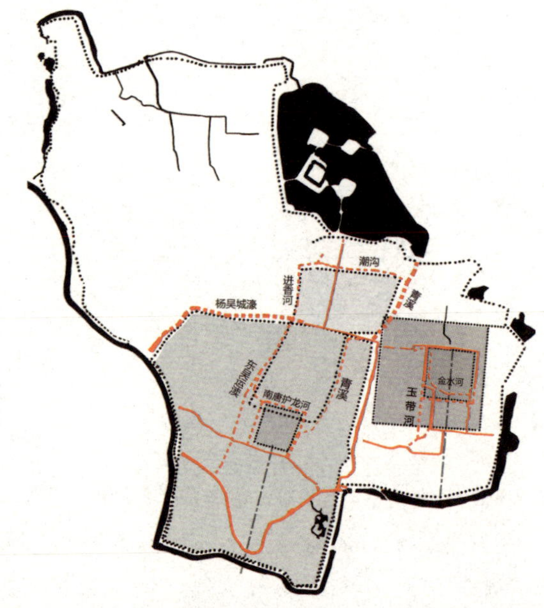

图 7–4 南京老城现状内河与城市空间格局关系的叠加

7.2.2 强化水系与滨河地段结构性要素的关联

滨河地段的重要道路、城市中心、绿地广场、形态标志、形态边界等结构性要素能够为地段建立起形态认知中的基本空间秩序。要素的空间分布和要素间的关联方式决定了城市居民对滨河地段的结构特征形成比较清晰的意象。从结构性要素的空间分布上看，目前以城北区域的滨河地段最为缺乏，这也是内金川河水系长久以来未能走进公众视野，在居民印象中比较模糊的重要原因之一；从结构性要素的联系上看，城东区域是明代的皇宫区，其中的环状水系与御道街、城门遗址及公园之间有着内在的图式联系。但目前这一区域中只有处于南北向轴线上的要素彼此连接，而其他要素之间联系薄弱，导致公众对明故宫地区的认知更多地聚焦于明故宫遗址公园所限定的局部范围，却很难将文献中的明代皇城与宫城的整体空间格局对应于实际的城市空间中。因此，对老城内河滨河地段的保护与更新，一方面应在滨河地段发掘和补充结构性要素，另一方面也应当加强要素间的视觉或步行联系，从而优化滨河区形态秩序并使之为公众感知。

在 2016 年开展的“南京市内秦淮河西五华里滨河地段城市设计”（简称“西五华里城市设计”）中，UAL 尝试强化水系与地段结构性要素间的关联。水系与街巷网络、功能业态、景观网络、关键节点分布的关联程度，根本上由水系职能决定，体现的是水系在物质空间形态结构体系中的地位，也影响着公众对水系的感知。图 7–5 所示，城市设计在街巷网络方面，严格保护并织补滨河地段传统街巷网络，维护街巷空间与河道的接驳关系；在功能业态布局方面，可以结合传统功能业态分布逻辑，组织当代

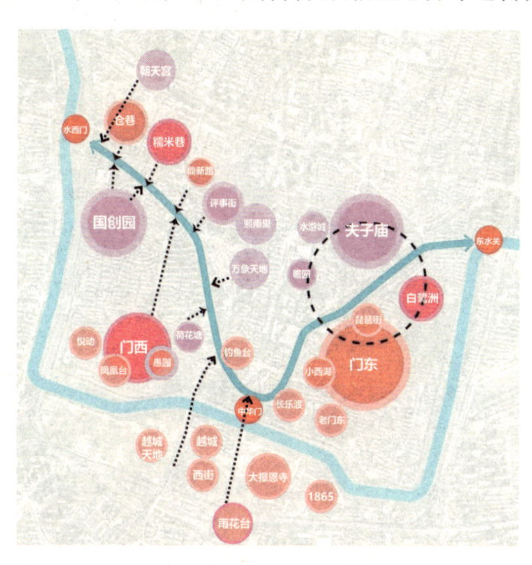

图 7–5 城市设计以河道串联周边重要历史文化资源

公共功能，如上浮桥上游是明清时期丝织业聚集地，工艺作坊文化浓郁，上浮桥下游北段各地会馆密集，用以接待全国各地赶考的考生与商人，具有成为城市客厅的潜质；在景观网络上，应加强河道与其他景观开敞空间的连续度；在节点空间方面，应建立公共空间节点与河道的水陆连接并强化空间引导。

滨河地段

在直接滨河的街区，城市设计基于历史街巷格局、景观视线、各类人群活动需求，布局街区及地块内部开敞空间。根据 1931 年《首都道路系统图》中的历史街巷信息、周边重要景观视线及重要公共建筑分布，确定街区及地块层面的视廊、广场等开敞空间位置（图 7–6）。如新桥—甘露桥段落中含有文保单位与现状小学，城市设计建议结合小学校园前空间需求，形成开放的滨河绿地广场及码头，为学生及其家长、本地居民、游客提供接送等待和游赏空间（图 7–7）。周边新建建筑可结合文保资源，提供文化展示和休闲服务。历史巷道与现状主要视廊、广场叠加，控制滨河建筑地块最长段落间距约 40 米。

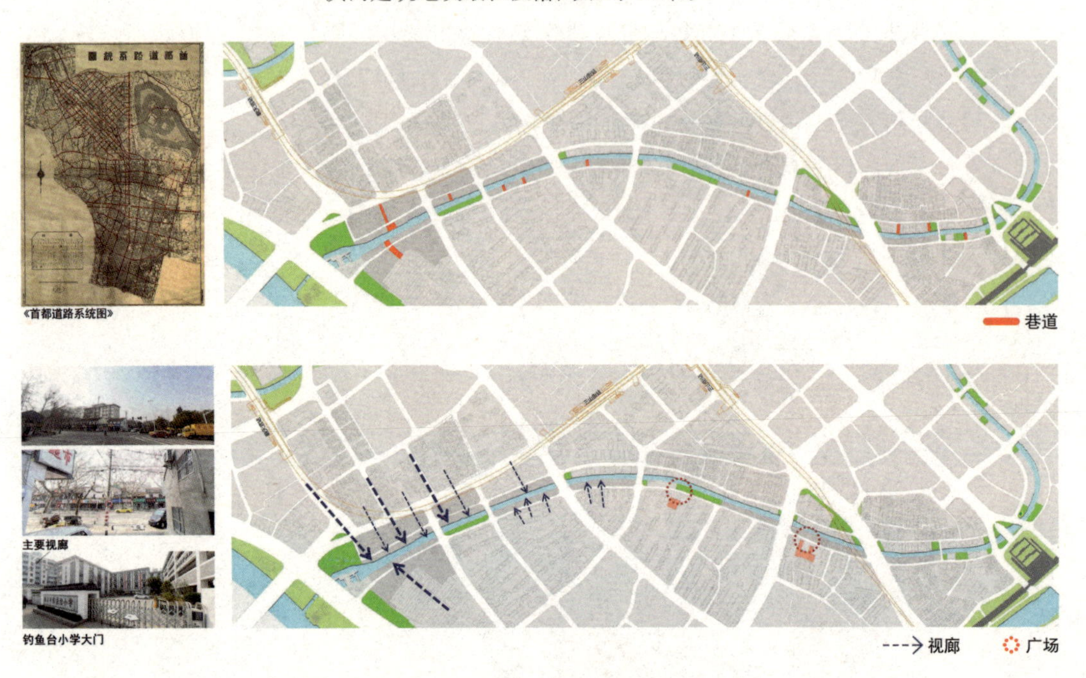

图 7–6 根据 1931 年《首都道路系统图》确定垂直河道方向的历史巷道（上）

图 7–7 根据周边场地条件，确定主要视廊和广场位置（下）

7.2.3 传承水系与地块格局的关联

在形态类型学视角下，地块是赋有产权的土地使用单元，地块格局是指一系列地块的组合方式。相比于建筑，地块格局对城市形态的演变具有更持久的影响力[1]。在中国传统城市中，与地块相对应的术语包括地籍、地界等。赵辰等陆续发现民国时期的南京、慈城等地籍图，认为“地界是决定中国城市发展演变的关键要素之一”，也是“控制传统肌理形态的内在秩序”[2]。

在民国时期老城南的航拍图中，可以看到地块形态及组织的一般规律：大部分区域被均匀的小型居住地块填充，其方位受到街道与河道的影响（图 7–8）。1949 年之前的中国实行土地私有制，此时的生产经营活动一般以家庭作坊为单位，随着临街商业活动的发展会向进深方向发展[3]。在内秦淮河西段沿岸，能看到沿河地块以短边朝向河道。由于河道线型弯曲，沿河地块的轮廓也随着河道方位拓扑变形（图 7–9）。这种地块格局与私有化土地制度、沿街 / 沿河地块价值、院落式建筑布局等因素有关，是构成传统城市空间形态和肌理的重要秩序性介质。

图 7–8　民国时期“十里秦淮”沿岸肌理航拍（左）

图 7–9　颜料坊街坊地块格局（右）

在“十里秦淮”西段沿岸，随着小宗地块的收储与整合，原本垂直于河岸方向排布的地块集合合并为平行于河岸方向展开的带状城市建设用地（图 7–10）。地块大小和方向的变化影响到新建建筑的尺度和布局模式，逐渐偏离传统建筑肌理特征，只能依靠粉墙黛瓦等形式元素展现传统意向。

地块格局是城市形态生成和演变的内隐逻辑，不同时期形成的地块及地块格局以其独特的量、形、性特征，自上而下地推动建筑物质空间的生产，隐性塑造城市形态与风貌；反之，建筑通过与地块的组合，自

1.CONZEN M R G. Alnwick, Northumberland：a study in town-plan analysis[M]. London: Institute of British Geographers, 1960.

2. 郭莉 . 基于地界的中国传统城市肌理认知与图示研究 [D]. 南京：南京大学，2020.

3. 梁江，孙晖 . 模式与动因：中国城市中心区的形态演变 [M]. 北京：中国建筑工业出版社，2007: 25.

1. 韩冬青，董亦楠，刘华，等 . 关于地块格局的机理认知与设计实践[J]. 时代建筑，2022(7): 30-37.

下而上地建构城市空间。对于已经发生合并的大地块，西五华里城市设计提出以“虚拟地块”延续老城南传统肌理。“虚拟地块”并非真实的土地权属，而是在历史地段对大宗地块进行二次划分的方法。通过“虚拟地块”将带状用地细化为符合传统地块组织模式的小地块序列，进一步对地块内建筑布局模式进行控制，从而实现南京老城南历史肌理的延续。新建建筑也可以结合实际功能需求，在多个虚拟地块中灵活组合。城市设计将虚拟地块编入城市设计图则，作为建筑设计的重要依据和控制指标，体现地块作为设计规则的工具意义（图 7-11）[1]。

图 7-10 内秦淮河西五华里生姜巷—徐家巷地段地块格局（A.1936 年地籍图，B.2016 年用地红线权属范围图，C. 现状）

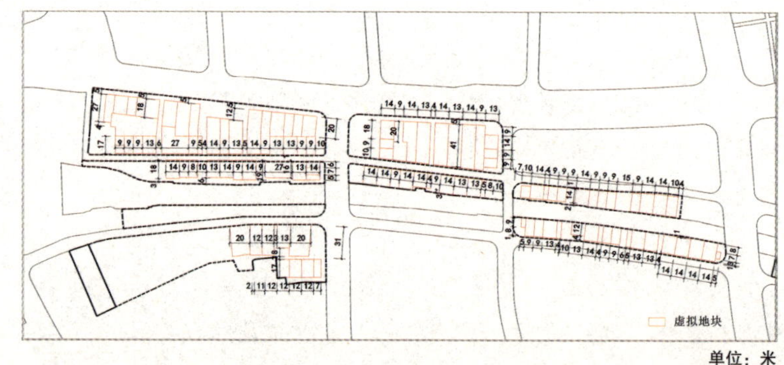

单位：米

图 7-11 “虚拟地块”划分并被纳入地块城市设计图则

7.2.4 重建水系与滨河建筑的关联

微观视角下，内河水系对滨河建筑的群组布局、界面类型、立面形式等方面产生影响。在内秦淮河沿岸，传统建筑因功能类型与内涵价值不同，可分为结构性和填充性两类。结构性建筑是地段形态框架中的重要节点，通常具有军事、文教、礼仪等方面的特殊功能，位于沿河水陆接驳的关键位置，在视觉上具有标志性；填充性建筑是形态框架之内延绵细密的填充组织，具有相似的内在组织秩序。结构性建筑能够投射出地段整体性的结构特征，填充性建筑呈现出局部片区中的纹理特征。

南京老城水系与滨河传统建筑之间的密切关联，表现为水系对建筑空间轴线定位、建筑与院落布局、界面类型方面的影响。西五华里城市设计在滨河建筑层面，侧重于对滨河建筑群组布局方式及滨河界面类型的控制与引导，而不仅仅止于关注建筑形式要素是否仿古。街区层面的地块格局与建筑层面的建筑形体唇齿相依。划分虚拟地块的目的是传承传统肌理，因此其划分方式需遵循传统建筑布局和尺度特征，兼顾新业态需求和地下停车空间使用效率。在南京内秦淮河西五华里滨河地段，城市设计根据《南京市老城南历史城区传统建筑保护修缮技术图集》，依循南京老城南地区传统建筑一般不超过三开间，开间尺寸为 2.1~4.2 米的尺度规则，设定虚拟地块主要宽度为 9 米和 13.5 米。新建建筑在虚拟地块内部，遵循南京老城南传统建筑构成逻辑，采用传统院落布局，檐墙面水并开窗，沿河界面以一至两层为主（图 7–12）。

图 7-12 虚拟地块对建筑类型的控制与引导

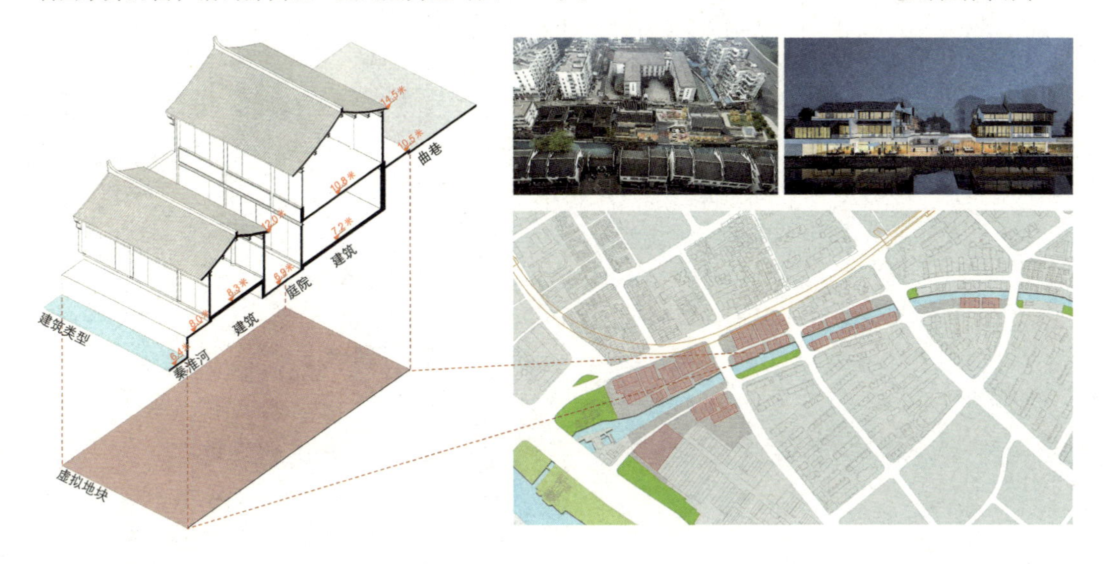

7.2.5 提升老城内河岸线公共性

岸线的公共性和开放性是公众认知水系形态价值和开展滨河活动的基础条件。目前老城内河两岸仍存在一些私有和封闭的岸线，公共绿地的插入、滨河城市道路的建设和滨河用地的更新置换都将有效改善这一现状。在《老城单元控制性详细规划》中，我们看到几乎在老城所有内河的沿岸都增设了宽度在 3 米以上的公共绿地，这将明显提升岸线的公共性。但是，通过对部分更新地区的实际调研，我们发现公共绿地的铺设和绿地景观的优化并不会等同于实现了水岸的活力。本书第五章对滨河空间活力的形成因素进行了探讨，结论是滨河空间活力的实现不仅在于微观环境品质的优化，还需要中观层面地段结构的支撑，如提高滨河地段道路网络的密度、引导滨河界面面向河道、增加建设用地在临河方向上的主要出入口等等。

从岸线优化的时序上看，可以优先选择目前河网中不能被公众感知的交汇点和尽端处（图 7–13）进行改造和优化；从岸线改造的控制原则上看，老城滨河空间利用的复杂性也带来了空间的多样性。在老城范围，可以根据滨河用地的现状和品质，将河道蓝线、绿线、建筑退让线等控制线综合考虑。例如，在滨河用地比较紧张的段落，可以允许局部建筑控制线与蓝线重合，但保障建筑底层沿水岸预留公共通道，同时限制滨河通道的长度。图 7–14 所示为德国汉堡老城滨河区局部的更新建设，建筑退让线与河道蓝线重合，但将建筑低层架空，沿河设公共步道，并与公共绿地相连。通过控制线的复合设置在保持汉堡老城传统滨河空间形态的同时优化其岸线的公共性。

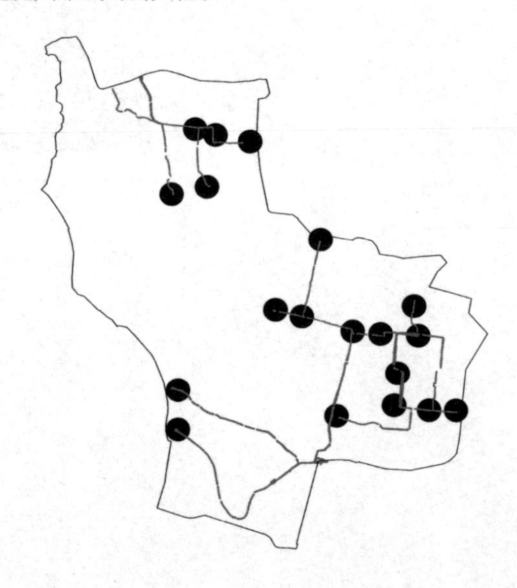

图 7–13 老城内河网络中不能被公众感知的重要节点示意图

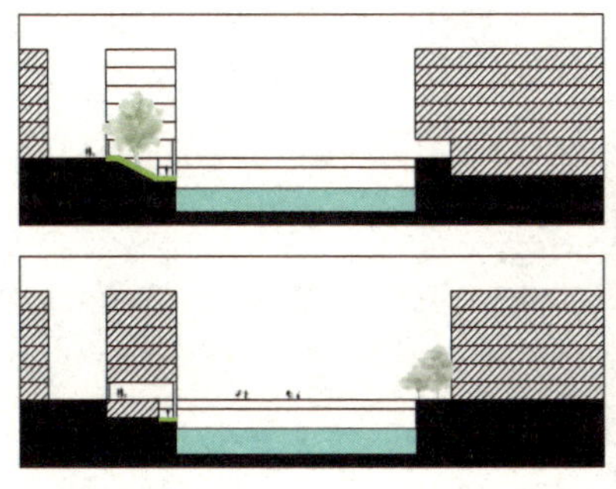

图 7-14 汉堡老城滨河建筑与公共慢行系统的结合

7.3 新城滨河形态的设计：特色与活力

在以南京河西新城为代表的新城建设中，内河水系多沿干道而设，两岸均设有宽展的公共绿带，在景观生态、城市排涝和“显山露水”等方面的积极作用都是显在的。但是，从水系与城市形态的关联方式上看，河道走势平直，宽度均一，滨河空间形态类型上整齐而单一，缺乏形态特色；从滨河空间的活动上看，高品质的滨河绿地并没有带来充满活力的滨河生活，大部分河岸绿地内空无一人。老城内河与城市形态的交互固然有特定的时代背景，但客观上在不同尺度层级下与其他要素关联紧密，从而以多种形式融入城市生活，提供了多样的认知体验，实现了城市的可读性（图 7-15）。面对“千城一面”的危机，对新城的规划设计不仅要提高景观品质，更重要的是立足于相对宏观的层面，探索如何塑造滨河形态特色和提高滨河空间的活力。

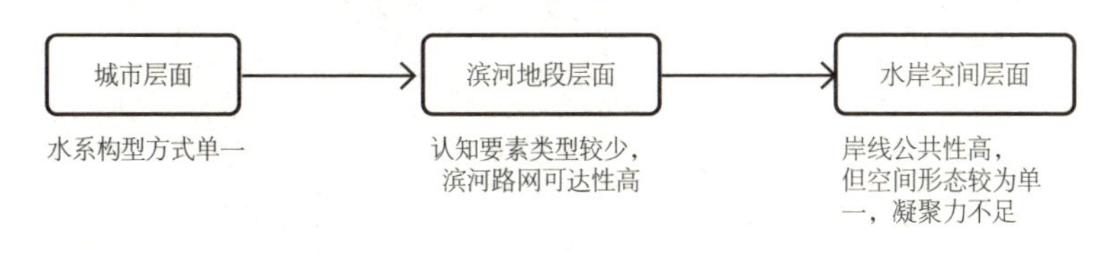

图 7-15 新城水系与物质空间形态关联性的关键问题

7.3.1 基于现状自然条件建立水系基本结构

古代南京城市水系参与形态构型的方式是多样而有特色的，但这与当时的社会背景及技术水平相关，而不是一种基于城市生活的形态设计。对当代新城而言，水系是人工环境中的自然要素，要尊重其自然结构，并将之与城市形态结构相融合，是在城市层面下增进城市特色的有效方法。

中国古代城市在选址和营建中，普遍重视基址内部和周边的山水地形条件，常常优先选择山环水绕的平坦之地。因此，当这些城市开始大规模营造新城时，新城的规划用地主要是老城区周边地形相对复杂的区域。对于拥有复杂水文条件的新城而言，自然水系结构为塑造独特的、可以识别的城市物质空间提供了很好的天然条件。但是，如果新城的建设仅以开发建设的效率为目标，那么在当代经济技术条件的支撑下，完全可以轻而易举地改造自然地形，创造出高效但忽略原有自然特征的人工建设区。

以笔者参与完成的“南京市河西新城区南部地区城市设计”为例，规划用地中的水域面积达到了规划用地总面积的四分之一。但细查该地区原有的控制性详细规划，可见规划水系结构对自然水系结构利用度不高。不仅水域面积由 25% 降至 4.8%，部分河湖也与现状水系不吻合。设计中将现状分解为密集型水域（连续的湖河）、用于农田灌溉的人工沟渠，以及均匀散落于场地中的小型孤立水塘，从中选取具有较强的脉络特征的水系，参考市政水系的合理部分，形成备选水系（图 7–16）。继而结合夏季季风方向、公共用地的布局、道路结构和土地的有效划分等多重因素，在水域上限面积之内尽可能优化水系结构。

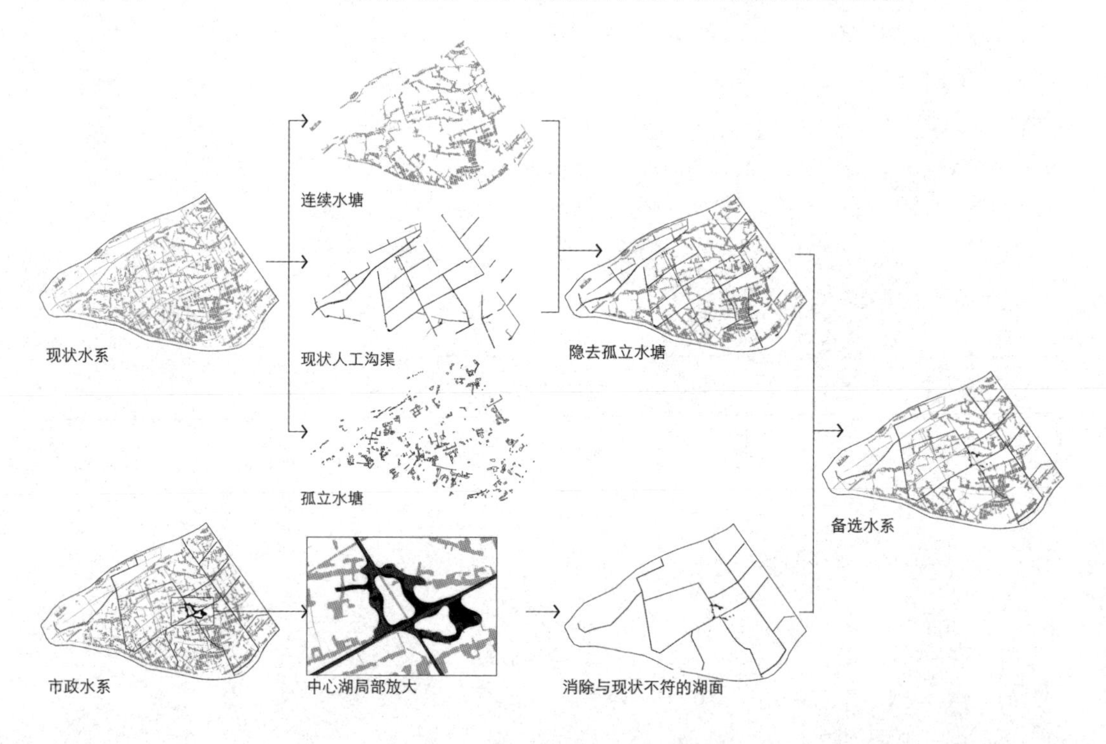

图 7-16 “南京市河西新城区南部地区城市设计”中水系形态设计过程

7.3.2 基于气候适应性优化新城水系结构

对场地现状备选水系的筛选和整合利用，是对新城整体生态、交通、产业、历史、景观等方面的约束与诉求进行平衡综合的过程。其中，物理环境方面的分析技术可以从一个方面辅助现状水系的筛选和结构优化。

热湿环境分析可通过卫星遥感、地表温度反演及微气候环境模拟等技术识别城市冷岛，从而鉴别出场地中的水系和植被对城市冷储可能具备的价值贡献，辅助判断自然生态要素的保留意义。UAL利用ENVI平台，提出冷岛价值评估方法，对法定规划中未明确是否保留的水体与植被进行价值判定，避免了在主观选择建设用地布局的过程中，因破坏冷岛价值较高的水系植被而影响地区冷岛效应，或因保留冷岛价值较低的水系植被而损失土地资源。这进一步形成了与冷岛价值评级相应的保护与利用策略：强约束保留区是冷岛核心区，需保留完整斑块；中等价值区可保留并整合，形成规模效应；中低价值区可适当保留面积较大的斑块；低价值斑块可以不予保留（图7-17、图7-18）。

图7-17 植被冷岛价值评级与利用（左）

图7-18 水体冷岛价值评级与利用（右）

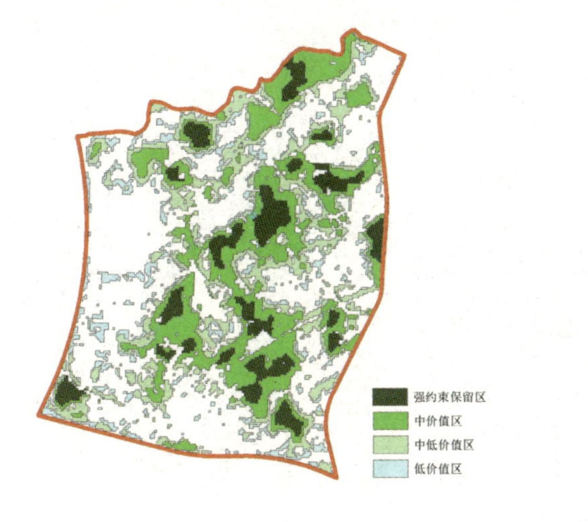

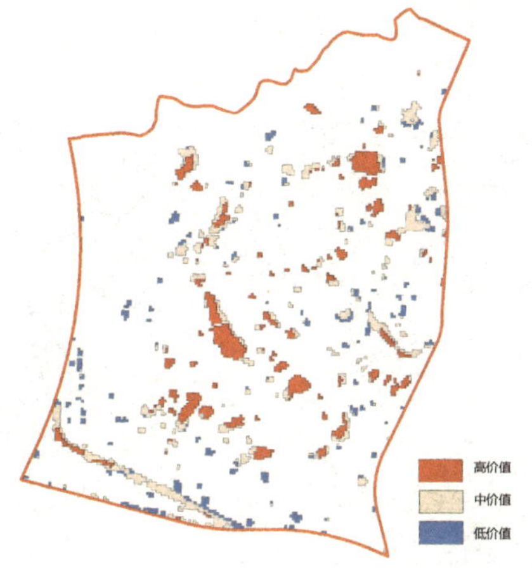

2019年，在“南京紫东地区核心区城市设计”国际方案征集中，UAL基于水系与植被冷岛价值评估，辅助判断场地复杂自然要素的筛选保留。在用地布局中，进一步将水系与夏季风廊结合，在此基础上划分规划建设组团（图7-19、图7-20）。

图 7-19 呼应气候的组团布局（左）

图 7-20 以主次风廊划分多层级规划建设组团（右）

图 7-21 热环境验核：模拟与比较

与气候相适应的冷岛保护及相应的组团布局策略，能够有效地发挥出场地现状水系在绿色低碳方面的效能。通过风热环境验核，可以透过城市物质空间预判城市微气候舒适度，也可以在此过程中反馈优化水系植被的保留利用方案。在紫东核心区城市设计过程中，通过夏季最热时期的地表温度模拟，验证了设计方案的热环境成效已达到设计预期，将明显优于同类地段的对比样本（图 7-21）。

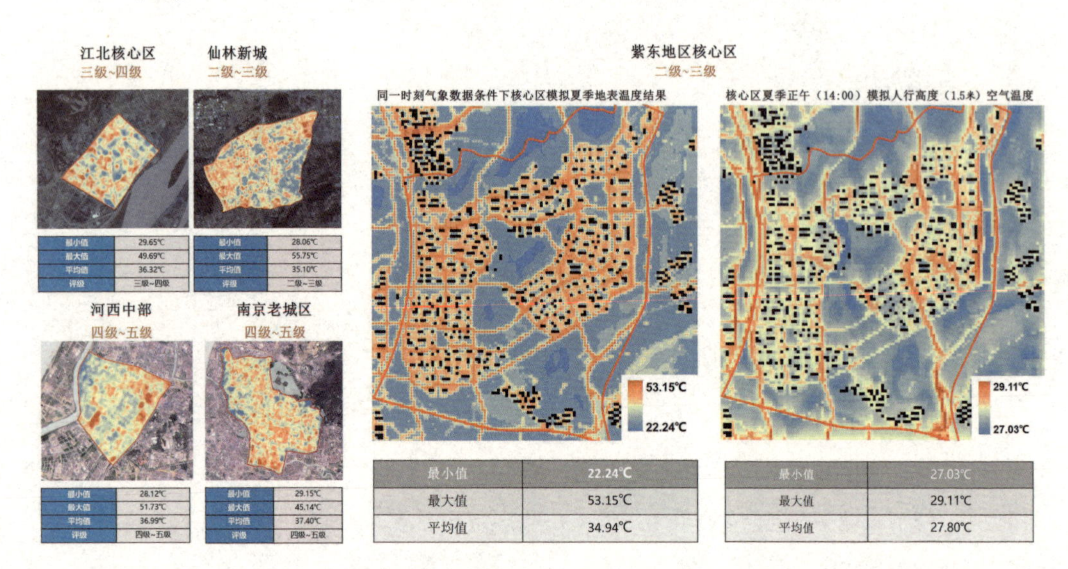

江北核心区

最小值	29.65℃
最大值	49.69℃
平均值	36.32℃
评级	三级~四级

仙林新城

最小值	28.06℃
最大值	55.75℃
平均值	35.10℃
评级	二级~三级

河西中部

最小值	28.12℃
最大值	51.73℃
平均值	36.99℃
评级	四级~五级

南京老城区

最小值	29.15℃
最大值	45.14℃
平均值	37.40℃
评级	四级~五级

紫东地区核心区（地表温度）

最小值	22.24℃
最大值	53.15℃
平均值	34.94℃

紫东地区核心区（空气温度）

最小值	27.03℃
最大值	29.11℃
平均值	27.80℃

7.3.3 强化水系与滨河地段形态要素的关联

与滨河地段结构性要素建立联系

在对老城滨河地段的解读中，我们发现内河水系如果能与滨河地段内的各类要素建立起可以感知的密切联系，就能比较自然地融入城市居民的意象结构，成为城市特色的一个方面。在河西新城中部地区，大部分内河水系与干道网络平行。由于网格状的新城干道原本就具有相似性，而水系与城市道路之间采用了统一的关联方式，因此滨河形态往往缺乏识别性，很多滨河地段在新城居民的印象中都呈现出类似的场景。因此，基于自然条件的新城水系如果能与不同层级的城市中心、绿地广场、形态标志、重要道路、形态边界等要素建立起多重联系，将在地段层面促进滨河形态特色的生成。

在笔者参与完成的“南京市河西新城区南部地区城市设计”中，我们关注了现状中那些已经形成良好生态环境的河湖资源，以之作为公共开敞空间和生态廊道的核心。同时，将一部分现状水系进行整理，融入商业、文化、休闲和办公设施聚集的公共街区，形成含有现状水系特征的公共服务设施带（图 7-22）。此外，城市设计在每一个居住区中尽可能根据现状水系的位置，结合等级较低的城市道路，形成中心街道。在这些街道上结合水岸布置社区中心、学校、居住区绿地和沿街商铺，营造尺度宜人、生活便利的滨河居住环境（图 7-23）。

图 7-22 “南京市河西新城区南部地区城市设计”中公共街区与河道的结合

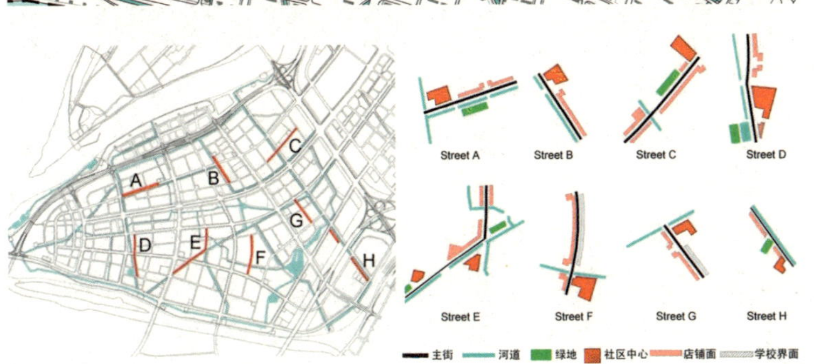

图 7-23 “南京市河西新城区南部地区城市设计”中主街与河道的结合

对新城的平面单元产生影响

在老城内秦淮河两岸，可以透过一些传统肌理相对密集的街区，看到明清时期的水系对平面单元的渗透作用。这一作用的本质是以水系为城市生活中最重要的公共资源，让大多数城市居民的日常生活能够面向水岸。表现出来的形态规则是以河道为核心，大量街巷向水岸延伸，地块垂直于河岸布局，建筑则以重要立面朝向河道。反观目前的河西新城中部地区，街道街区、地块划分与建筑占据方式实际上由道路结构决定。水系对平面单元并没有产生直接的影响，水系形态与城市肌理之间是相对独立的。

在很多以河流推动城市发展的国家和地区，都能看到水系对平面单元的强势作用。这当然与特定时期的生产生活方式相关，但也反映出水系与城市肌理建立密切关系的途径。例如，在以阿姆斯特丹为代表的荷兰运河城市中，运河两岸均与街道直接相邻，两条运河之间形成一个完整的街区（图 7-24），街区内部的划分规则是尽可能多地分出面向运河的地块，而建筑首先占据了临河且临街的一侧（图 7-25）。因此形成了荷兰运河城市普遍存在的，以大量连续小开间住宅主立面与运河及街道相邻的特点。

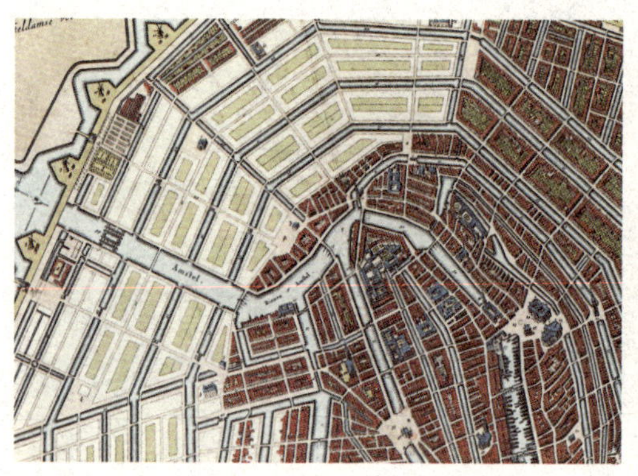

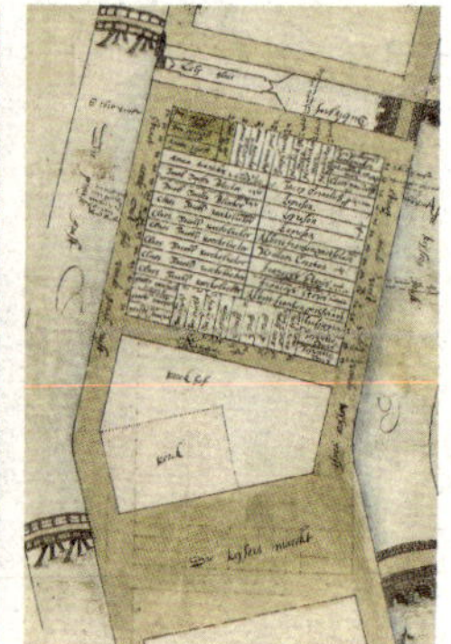

图 7-24 阿姆斯特丹老城肌理（左）

图 7-25 阿姆斯特丹滨河街区与地块划分（右）

7.3.4 提高滨河空间形态的多样性

中观层面的地段结构与微观层面的环境品质共同影响着新城滨河空间的活力。对于南京河西新城中部地区而言，水岸活力不足的主要原因在于城市干道红线与蓝线及绿线之间采用了过于统一的排布原则，以此生成了尺度巨大、形态单一的滨河空间。因此，对于新城滨河空间形态的控制与引导是提高水岸活力的基础。传统的规划方法对于滨河空间形态的引导主要依靠对案例的分析和意向的选取。这对于小尺度的城市滨河空间形态设计或许比较有效，但对于大规模的城市设计而言，以少量案例作为意向引导则缺乏系统性和控制力。滨河空间形态类型的梳理有助于从整体上把握城市不同区域滨河空间形态的基本特征，从而加以判断和调整，有效引导出具有多样性和适宜性的城市滨河空间。例如，在河西南部新城中梳理出 9 类滨河空间形态（图 7–26）。类型的数量显示出滨河空间形态的多样特征，而各类型滨河空间的分布范围则显示出区域中滨河形态的主导类型。

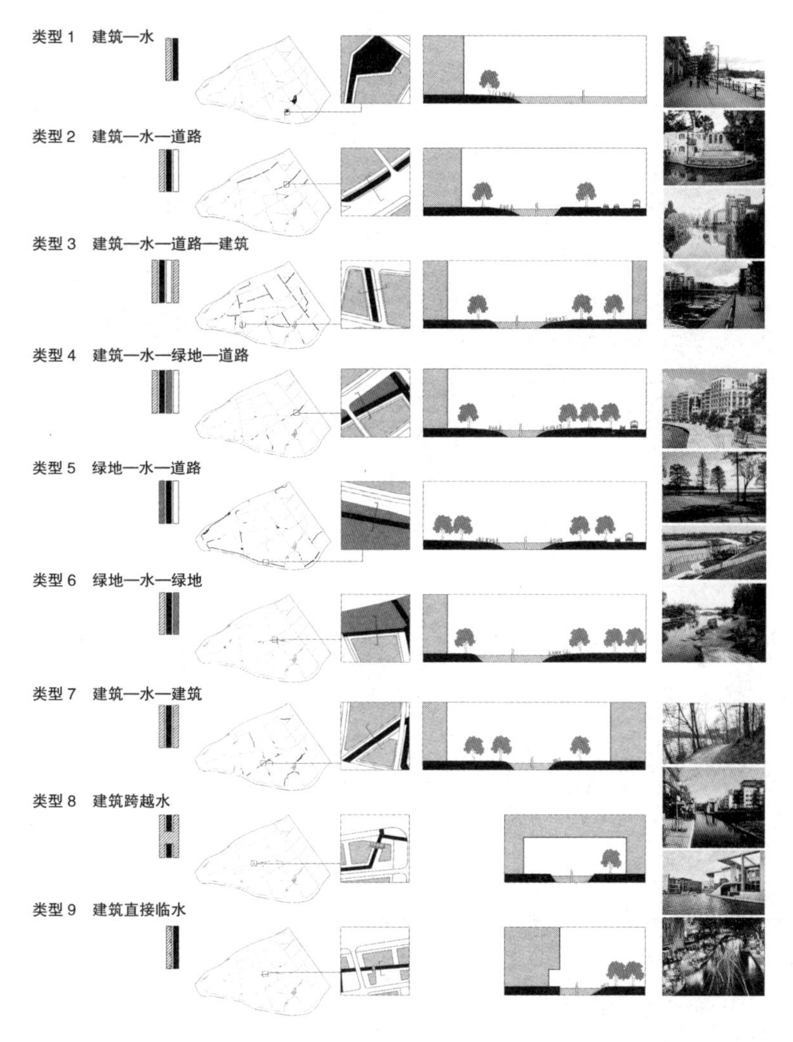

图 7–26　“南京市河西新城区南部地区城市设计”中滨河空间形态类型设计

参考文献

A 专著

城市形态与城市设计相关研究

[1] KOSTOF S. The city assembled: the elements of urban form through history[M]. North American ed. Boston: Little, Brown, 1992.

[2] KOSTOF S. The city shaped : urban patterns and meanings through history[M]. Boston:Little, Brown and Co., 1991.

[3] KRIER R. Urban Space = Stadtraum[M]. New York: Rizzoli International Publications, 1979.

[4] LYNCH K. A theory of good city form[M]. Cambridge: MIT Press, 1981.

[5] LYNCH K. The image of the city[M]. Cambridge: MIT Press, 1960.

[6] GEHL J. Life between buildings: using public space[M]. 3rd ed. Copenhagen: Arkitektens, 2008

[7] CONZEN M R G. Alnwick, Northumberland:a study in town–plan analysis. [M]. London: Institute of British Geographers, 1960.

[8] CANIGGIA G, MAFFEI G L. Composizione architettonica e tipologia edilizia vol.1: Lettura dell’ edilizia di base [M].Venezia:Marsilio,1979.

[9] VERNEZ M A. Built for change: neighborhood architecture in San Francisco[M]. Cambridge: MIT Press, 1986.

[10] PANERAI P, CASTEX J, et al. Urban forms : the death and life of the urban block[M]. Boston: Architectural Press, 2004.

[11] SITTE C. City planning according to artistic principles[M]. New York: Random House, 1965.

[12] JACOBS A B. Great streets[M]. Cambridge: MIT Press, 1993.

[13] HILLIER B. Space is the machine[M]. Cambridge, Britain： Cambridge University Press, 1996.

[14] RAPOPORT A. Human aspects of urban form: towards a man–environment approach to urban form and design[M]. New York: Pergamon Press, 1977.

[15] WHYTE W H. The social life of small urban spaces[M]. Washington, D.C.:Conservation Foundation, 1980.

[16] KAREN A, FRANK L H ,et al. Ordering space: types in architecture and design[M]. New York: Van Nostrand Reinbold,1994.

[17] NESBITT K. The orizing a new agenda for architecture: an anthology of architectural theory 1965–1995[M]. New York: Princeton Architecture,1996.

[18] BACON E N. Design of cities[M]. New York: Viking Press, 1974.

[19] MOUGHTIN C, CUESTA R, SARRIS C, et al. Urban design : method and techniques[M]. Boston: Architectural Press, 1999.

[20] CULLEN G. The concise townscape[M]. New York: Van Nostrand Reinhold Co., 1971.

[21] 盖尔，吉姆松 . 新城市空间 [M]. 何可人，等译 . 北京 : 中国建筑工业出版社 , 2003.

[22] 雅各布斯 . 美国大城市的死与生 [M]. 金衡山，译 . 南京 : 译林出版社 , 2005.

[23] 林奇 . 城市意向 [M]. 何晓军 , 方益萍，译 . 北京 : 华夏出版社 , 2001.

[24] 亚历山大 . 建筑模式语言 : 城镇・建筑・构造 [M]. 王听度 , 周序鸿，译 . 北京 : 知识产权出版社 , 2002.

[25] 罗西 . 城市建筑学 [M]. 黄士钧，译 . 北京 : 中国建筑工业出版社 , 2006.

[26] 康泽恩 . 城镇平面格局分析 : 诺森伯兰郡安尼克案例研究 [M]. 宋峰 , 等译 . 北京 : 中国建筑工业出版社 , 2011.

[27] 博里 , 米克洛尼 , 皮农 . 建筑与城市规划 : 形态与变形 [M]. 李婵，译 . 沈阳 : 辽宁科学技术出版社 , 2011.

[28]SALATS. 城市与形态 : 关于可持续城市化的研究 [M]. 北京 : 中国建筑工业出版社 , 2012.

[29] 巴内翰 , 卡斯泰 , 德保勒 . 城市街区的解体 [M]. 魏羽力 , 许昊城，译 . 北京 : 中国建筑工业出版社, 2012.

[30] 缪朴 . 亚太城市的公共空间 : 当前的问题与对策 [M]. 司玲，司然，译 . 北京 : 中国建筑工业出版社 , 2007.

[31] 希利尔 . 空间是机器：建筑组构理论 [M]. 北京 : 中国建筑工业出版社 , 2008

[32] 库德斯 . 城市形态结构设计 [M]. 杨枫，译 . 北京 : 中国建筑工业出版社 , 2008.

[33] 亚历山大 , 奈斯 , 安尼诺 , 等 . 城市设计新理论 [M]. 陈治业 , 童丽萍，译 . 北京 : 知识产权出版社 , 2002.

[34] 罗 , 科特 . 拼贴城市 [M]. 童明，译 . 北京 : 中国建筑工业出版社 , 2003.

[35] 格鲁特 , 王 . 建筑学研究方法 [M]. 王晓梅，译 . 北京 : 机械工业出版社 , 2004.

[36] 艾伦 . 点 + 线：关于城市的图解与设计 [M]. 任浩，译 . 北京 : 中国建筑工业出版社 , 2007.

[37] 克里尔 . 城镇空间 : 传统城市主义的当代诠释 [M]. 金秋野 , 王又佳，译 . 北京 : 中国建筑工业出版社 , 2007.

[38] 芦原义信 . 外部空间设计 [M]. 尹培桐，译 . 北京 : 中国建筑工业出版社 , 1985.

[39] 奥图 , 洛干 . 美国都市建筑：城市设计的触媒 [M]. 王劭方，译 . 台北 : 创兴出版社 , 1995.

[40] 奎斯塔 , 萨里斯 , 西格诺莱塔 . 城市设计方法与技术 [M]. 杨至德，译 . 北京 : 中国建筑工业出版社 , 2006.

[41] 韩冬青 , 冯金龙 . 城市・建筑一体化设计 [M]. 南京 : 东南大学出版社 , 1999.

[42] 王建国 . 城市设计 [M]. 南京 : 东南大学出版社 , 1999

[43] 沈克宁 . 建筑类型学与城市形态学 [M]. 北京 : 中国建筑工业出版社 , 2010

[44] 段进，邱国潮 . 国外城市形态学概论 [M]. 南京 : 东南大学出版社 , 2009.
[45] 段进，希列尔，等 . 空间句法与城市规划 [M]. 南京 : 东南大学出版社 , 2007.
[46] 胡俊 . 中国城市：模式与演进 [M]. 北京 : 中国建筑工业出版社 , 1995.
[47] 梁江，孙晖 . 模式与动因：中国城市中心区的形态演变 [M]. 北京 : 中国建筑工业出版社 , 2007.
[48] 武进 . 中国城市形态：结构、特征及其演变 [M]. 南京 : 江苏科学技术出版社 , 1990.
[49] 熊国平 . 当代中国城市形态演变 [M]. 北京 : 中国建筑工业出版社 , 2006.
[50] 阳建强，吴明伟 . 现代城市更新 [M]. 南京 : 东南大学出版社 , 1999.
[51] 陈泳 . 城市空间 : 形态、类型与意义：苏州古城结构形态演化研究 [M]. 南京 : 东南大学出版社 , 2006

南京城市形态相关研究

[52] 董鉴泓 . 中国城市建设史 [M]. 北京 : 中国建筑工业出版社 , 1999.
[53] 傅崇兰，白晨曦，曹文明，等 . 中国城市发展史 [M]. 北京 : 社会科学文献出版社 , 2009.
[54] 贺业钜 . 考工记营国制度研究 [M]. 北京 : 中国建筑工业出版社 , 1985.
[55] 王其亨 . 风水理论研究 [M]. 天津 : 天津大学出版社 , 2005.
[56] 薛冰 . 南京城市史 [M]. 南京 : 南京出版社 , 2008.
[57] 周应和 . 景定建康志・山川志三・沟渎 [M]// 永瑢，等 . 四库全书 . 上海 : 上海古籍出版社 , 1987.
[58] 夏仁虎 . 秦淮志 [M] 南京 : 南京出版社 , 2006.
[59] 朱偰 . 金陵古迹名胜影集 [M]. 北京 : 中华书局 , 2006.
[60] 陈作霖 . 凤麓小志 [M]// 陈作霖，陈治绂金陵琐志九种 : 上册 . 南京：南京出版社，2008.
[61] 蒋赞初 . 南京史话 [M]. 南京 : 南京人民出版社 , 1984.
[62] 南京市教学研究室 . 南京历史 [M]. 2 版 . 南京 : 江苏科学技术出版社 , 1991.
[63] 武廷海 . 六朝建康规画 [M]. 北京 : 清华大学出版社 , 2011.
[64]（民国）国都设计技术专员办事处 . 首都计划 [M]. 南京 : 南京出版社 , 2006.
[65] 南京市地方志编纂委员会 . 南京建置志 [M]. 深圳 : 海天出版社 , 1994.
[66] 南京市地方志编纂委员会 . 南京城市规划志 [M]. 南京 : 江苏人民出版社 , 2008.
[67] 南京市地方志编纂委员会 . 南京市志 ・城乡建设 [M]. 北京 : 方志出版社 , 2009.
[68] 南京市地方志编纂委员会 . 自然地理志 [M]. 南京 : 南京出版社 , 1992.
[69] 南京市地方志编纂委员会 . 南京市政建设志 [M]. 深圳 : 海天出版社 ,1994.
[70] 杨国庆，王志高 . 南京城墙志 [M]. 南京 : 凤凰出版社 ,2007.
[71] 苏则民 . 南京城市规划史稿 : 古代篇・近代篇 [M]. 北京 : 中国建筑工业出版社 , 2008.
[72] 周岚，童本勤，苏则民，等 . 快速现代化进程中的南京老城保护与更新 [M]. 南京 : 东南大学出版社 , 2004.

[73] 阳建强，吴明伟 . 现代城市更新 [M]. 南京：东南大学出版社，1999.
[74] 杨新华，王宝林 . 南京山水城林 [M]. 南京：南京大学出版社，2007.
[75] 姚亦锋 . 南京城市地理变迁及现代景观 [M]. 南京：南京大学出版社，2006.
[76] 贺云翱 . 六朝瓦当与六朝都城 [M]. 北京：文物出版社，2005.
[77] 卢海鸣 . 六朝都城 [M]. 南京：南京出版社，2004
[78] 杨怀仁，徐鑫，杨正源，等 . 长江中下游环境变迁与地生态系统 [M]. 南京：河海大学出版社，1995.
[79] 丁沃沃 . 南京城市空间形态及其塑造控制研究 [R]. 南京：南京大学建筑学院，2007.
[80] 丁沃沃 . 南京城市特色构成及表达策略研究 [R]. 南京：南京大学建筑研究所，2004.

城市滨河相关研究

[81] FEDDES F. A millennium of amsterdam: spatial history of a marvellous city[M]. Bussum：Thoth Publishers, 2012.
[82] HOOIMEIJER F, MEYER H, NIENHUIS A. Atlas of dutch water cities [M]. Seoul :SUN Publ., 2009.
[83] BREEN A, RIGBY D. Urban waterfronts: cities reclaim their edge [M]. New York : McGraw-Hill, Inc., 1994.
[84] BREEN A, RIGBY D. The new water front: a worldwide urban success story[M]. London: Thames and Huston, 1996.
[85] PROMINSKI M, STOKMAN A, ZELLER S, et al. River. Space. Design: planning strategies, methods and projects for urban rivers[M]. Switzerland:Birkhauser, 2012.
[86] LUND J K.City building:skidmore, owings and merrill's critical planning principles for the 21st[M]. New York: Princeton Architectural Press, 2010.
[87] MARSHALL R. Waterfronts in post-industrial cities[M]. New York: Spon Press,2001.
[88] BRUTTOMESSO R. Waterfronts : a new frontier for cities on water [M]. Venice: Internaitonal Centre Cities on Water, 1993
[89] 城市土地研究学会 . 都市滨河区规划 [M] 马青，马雪梅，李殿生，译 . 沈阳：辽宁科学技术出版社，2007.
[90] 吉川胜秀，伊藤一正 . 城市与河流：全球从河流再生开始的城市再生 [M]. 汤显强，吴遐，陈飞勇，译 . 北京：中国环境科学出版社，2011.
[91] 法雷尔 . 伦敦城市构型形成与发展 [M]. 杨至德，杨军，魏彤春，译 . 武汉：华中科技大学出版社，2010.
[92] 利特尔 . 美国绿道 [M]. 余青，莫雯静，陈海沐，译 . 北京：中国建筑工业出版社，2013.
[93] 麦克哈格 . 设计结合自然 [M]. 芮经纬，译 . 北京：中国建筑工业出版社，1992.
[94] 斯坦纳 . 生命的景观：景观规划的生态学途径 [M]. 周年兴，等译 . 北京：中国建筑工业出版社，2004.

[95] 张庭伟，冯晖，彭治权．城市滨河区设计与开发 [M]. 上海：同济大学出版社，2002.

[96] 杨春侠．城市跨河形态与设计 [M]. 南京：东南大学出版社，2006.

[97] 汪霞．城市理水：水域空间景观规划与建设 [M]. 郑州：郑州大学出版社，2009.

[98] 袁敬诚，张伶伶．欧洲城市滨河景观规划的生态思想与实践 [M]. 北京：中国建筑工业出版社，2013.

[99] 吴庆洲．中国古代城市防洪研究 [M]. 北京：中国建筑工业出版社，1995.

[100] 段进，季松，王海宁．城镇空间解析：太湖流域古镇空间结构与形态 [M]. 北京：中国建筑工业出版社，2002.

[101] 汪德华．中国山水文化与城市规划 [M]. 南京：东南大学出版社，2002

B 期刊文章

[102] VANNOTE R L, MINSHALL G W, CUMMINS K W, et al. The river continuum concept[J].Canadian journal of fisheries and aqutic sciences, 1980(37): 130–137.

[103] WARD J V. The four–dimensional nature of lotic ecosystems[J]. Journal of the north American benthological society, 1989(8):2–8.

[104] GAUTHIER P, GILLILAND J. Mapping urban morphology: a classification scheme for interpreting contributions to the study of urban form[J]. Urban morphology, 2006, 10(1): 41–50.

[105] MOUDON A V. Urban morphology as an emerging interdisciplinary field[J]. Urban morphology, 1997 (1): 3–10.

[106] WHITEH J W R, MORTON N J. Fringe belts and the recycling of urban land:an academic concept and planning practice[J].Environment and planning B,2003(30):824.

[107] WHITEHAND J W R. British urban morphology: the conzenian tradition[J]. Urban morphology,2001 (2): 103–109.

[108] WHITHAND J W R, MORTON N J . Urban morphology and planning[J].Cities,2004,21(4).275–289.

[109] VESELY D. From typology to hermeneutics in architectural design[J]. Contents,2007,12(1).

[110] CATALDi G, MAFFEI G I, VACCARO P. Saverio muratori and the Italian school of planning typology[J]. Urban morphology,2002,6(1).

[111] JACOBS A, APPLEYARD D. Toward an urban design manifesto[J]. Journal of the American planning association, 1982, 53(1): 112–120.

[112] KIANG H C. Learning from carvajal, an insignificant alley[J]. Urban design international,2001 (6): 191–200.

[113] 韩冬青．设计城市：从形态理解到形态设计 [J]. 建筑师，2013（4）: 60–65.

[114] 韩冬青，刘华．城市滨河区物质空间形态的分析与呈现 [J]. 城市建筑，2010(2): 12–14.

[115] 丁沃沃，刘青昊．城市物质空间形态的认知尺度解析 [J]. 现代城市研究，2007(8): 32–41.

[116] 丁沃沃．南京夫子庙东西市场的规划和设计 [J]. 建筑学报，1987(5): 56–61.

[117] 王建国，高源，胡明星．基于高层建筑管控的南京老城空间形态优化 [J]. 城市规划，2005(1): 45–51, 97–98.

[118] 段进 . 城市空间特色的认知规律与调研分析 [J]. 现代城市研究 ,2002(1): 59–62.

[119] 段进 . 城市空间特色的符号构成与认知：以南京市市民调查为实证 [J]. 规划师 ,2002，18(1): 73–75.

[120] 陈薇 . 历史城市保护方法二探 : 让地层说话：以扬州城址的保护范围和特色保护策略为例 [J]. 建筑师 ,2013(4): 66–74.

[121] 周岚 , 童本勤 . 老城保护与更新规划编制办法探讨：以南京老城为例 [J]. 规划师 ,2005，21(1): 40–42.

[122] 周岚 , 何流 . 中国城市规划的挑战和改革：探索国家规划体系下的地方特色之路 [J]. 城市规划 ,2005，29(3)：9–14.

[123] 周岚 , 叶斌 , 王芙蓉 , 等 . 基于 GIS 的城市历史空间格局数字复原研究：以南京市为例 [J]. 规划师 ,2011，27(4):63–68.

[124] 童本勤 , 魏羽力 . 发扬城市地方优势 塑造城市空间特色：以南京城市空间特色塑造为例 [J]. 城市规划 ,2004，28(2):74–76.

[125] 杨达源 , 徐永辉 , 和艳 . 南京主城区水系变迁研究 [J]. 人民长江 ,2007, 38(11):103–104

[126] 郭黎安 . 试论六朝建康的水陆交通 [J]. 江苏社会科学 ,1999(5):126–132.

[127] 石尚群 , 潘凤英 , 缪本正 . 南京市区古河道初步研究 [J]. 南京师大学报 (自然科学版),1990，13(3):74–79.

[128] 刘正平 , 宣莹 . 南京城南历史城区保护的回顾与反思：借鉴法国历史地段保护经验 [J]. 中国名城 ,2009, (11):11–15.

[129] 姚亦锋 . 从南京城市地理格局研究古都风貌规划 [J]. 人文地理 ,2007，22(3):92–97.

[130] 蒋斯善 , 昂潮海 , 杨惠成 , 等 . 南京市秦淮河古河道及沉积物时代的初步研究 [J]. 地质学报 ,1986，60(1):89–101.

[131] 郭黎安 . 秦淮河在南京历史上的地位和作用 [J]. 南京师大学报 (社会科学版),1984 (4):80–85.

[132] 沈旸 . 泮池：庙学理水的意义及表现形式 [J]. 园林历史 .2010，26(9):59–63.

[133] 谷凯 . 城市形态的理论与方法：探索全面与理性的研究框架 [J]. 城市规划 ,2001，25(12):36–42.

[134] 陈飞 . 一个新的研究框架 : 城市形态类型学在中国的应用 [J]. 建筑学报 ,2010(4):85–90.

[135] 王建国 , 吕志鹏 . 世界城市滨河区开发建设的历史进程及其经验 [J]. 城市规划 ,2001，25(7):41–46.

[136] 杨冬辉 . 城市空间扩展对河流自然演进的影响：因循自然的城市规划方法初探 [J]. 城市规划 ,2001，25(11):39–43.

[137] 方庆 , 卜菁华 . 城市滨河区游憩空间设计研究 [J]. 规划师 ,2003，19(9):46–49.

[138] 卢济威 , 杨春侠 , 陈泳 . 以水取向的城市形态：杭州滨江区江滨地区城市设计 [J]. 建筑学报 ,2003（4）:7–11.

[139] 沈陆澄 . 滨河地区开发的综合规划模式：以汕头市南滨—葛洲片区控制性详细规划为例 [J]. 规划师 ,2000（1）:32–35.

[140] 吴俊勤 , 何梅 . 城市滨河空间规划模式探析 [J]. 城市规划 ,1998，22(2):46–49.

[141] 吴雅萍 , 高峻 . 城市中心区滨河空间形态设计模式探讨 [J]. 规划师 ,2002, 18(12):21–25.

C 学位论文

[142] Lan-chih Po. Strategies of urban development in China's reforms: Nanjing, 1984—2000[D]. Berkeley: University of California, 2001.

[143] LIU W. Dream weaving: reconstruction of space and knowledge production: a research on the urban plan and construction in Nanjing 1927—1937[D]. Hong Kong: The Chinese University of Hong Kong, 2011.

[144] 莫修权. 滨河旧区更新设计 : 以漕运为切入点的人文理念探索 [D]. 北京：清华大学，2003.

[145] 方榕 . 生活性街道的形态及其生成机制研究：以南京为例 [D]. 南京：东南大学 , 2013.

[146] 朱蓉. 城市记忆与城市形态: 从心理学、社会学视角探讨城市历史文化的延续 [D]. 南京: 东南大学，2005.

[147] 张弓. 中国古代城市设计山水限定因素考量：以承德、南京为例 [D]. 北京：清华大学，2005.

[148] 权伟 . 明初南京山水形势与城市建设互动关系研究 [D]. 西安：陕西师范大学 , 2007.

[149] 蔡峰. 城市地图下的城市：由城市地图的比较探讨影响中国城市形态演变的观念因素 [D]. 上海：同济大学，2008.

[150] 杨凯 . 平原河网地区水系结构特征及城市化响应研究 [D]. 上海：华东师范大学 , 2006.

[151] 渝辉 . 城市滨河建筑界面与临水空间的视觉联系研究 [D]. 上海：同济大学 , 2008.

[152] 刘莹 . 城市滨河区空间形态分析 [D]. 天津：天津大学 , 2004.

[153] 胡文娜. 一河两岸滨河城市空间形态初探: 黄岐一河两岸区段控规及城市设计实例报告 [D]. 北京：清华大学，2004.

D 电子文献

[154] ISUF (International Seminar on Urban Form, 国际城市形态论坛) [DB/OL].
http://www.urbanmorphology.org/

图表来源

除以下注明来源的图片和表格外，其他图表均为笔者自绘或拍摄。

第一章　导论

本章图表均为笔者自绘。

第二章　城市滨河形态系统解析的基本架构

图 2–2 1955 年伯明翰 Edwardia 边缘带用地分布：WHITEHAND J W R, MORTON N J. Fringe belts and the recycling of urban land:an academic concept and planning practice[J].Environment and planning B,2003(30):824

图 2–3 乔凡尼 · 巴蒂斯塔 · 诺利的《罗马总体规划》局部：引自 https://pica.zhimg.com/50/v2–ae9567da613f09d8e452cf3045d51972_720w.jpg?source=2c26e567

图 2–4 城镇平面图三要素示意图（三种表达）：段进 , 邱国潮 . 国外城市形态学概论 [M]. 南京 : 东南大学出版社 , 2009:106

图 2–5 G. Canniggia 提出的城市形态中的“一般类型”与“特殊类型”：CANIGGIA G, MAFFEI G L. Composizione architettonica a tipologia edilizia:lettura dell’ edilizia di base[M]. Venezia: Marsilio,1979

图 2–6 G. Canniggia 提出的“主导类型”概念：SAMUELS I.Architecture practice and urban morphology[C]// SLATER T R.The built form of western cities. Leiceste:Leicester University Press,1990:419

图 2–7 城市街区的演变过程示意图：PANERAI P, CASTEX J, DEPAULE J C, et al. Urban forms : The death and life of the urban block[M]. Oxford: Architectural Press, 2004

图 2–8 河流四维模型示意：WARD J V. The four–dimensional nature of lotic ecosystems[J]. Journal of the north American benthological society, 1989(8):2–8

图 2–9 河流上、中、下游水体主要特征比较，图 2–10 水体流量引起水位变化，图 2–11 水体动力引起河床变化，图 2–12 水流动力引起的河床变化：PROMINSK M, STOKMAN A , ZELLER S, et al. River. Space. Design. Planning strategies, methods and projects for urban rivers[M]. Switzerland:Birkhauser, 2012:25–27

图 2-13 跨河城市形态演进模式：杨春侠 . 城市跨河形态与设计 [M]. 南京 : 东南大学出版社 ,2006. 28

图 2-14 汉代洛阳城主轴线与古洛水：引自 http://www.pro-classic.com/ethnicgv/emaps/cities/wzs07.htm

图 2-15 巴西利亚城市轴线与帕拉诺阿湖水湾：培根 . 城市设计 [M]. 黄富厢 , 朱琪，译 . 北京：中国建筑工业出版社 , 2003:235

图 2-16 堪培拉的"水轴"与"地轴"：KOSTOF S. The city shaped : urban patterns and meanings through History[M]. Boston:Little, Brown and Co., 1991

图 2-17 华盛顿城市轴线与波多马克河：培根 . 城市设计 [M]. 黄富厢 , 朱琪，译 . 北京：中国建筑工业出版社 , 2003. 223

图 2-18 阿姆斯特丹老城的运河网与路网：FEDDES F. A millennium of Amsterdam: spatial history of a marvellous city[M]. Bussum:Thoth Publishers, 2012. 99

图 2-19 宋代平江府城的运河网与路网：引自 http://5b0988e595225.cdn.sohucs.com/c_fill,w_846,h_1200,q_70/images/20190811/8fd938b9fa4a4949b1fc05cad9d5fc75.jpeg

图 2-20 慕尼黑伊萨尔河以恢复河流自然景观为目标的更新实践：引自 http://mt.sohu.com/20160606/n453139826.shtml

图 2-21 威尼斯城市局部平面：引自 https://bishdream.com/venice-travel-guide/

图 2-22 同里镇总平面：段进 , 季松 , 王海宁 . 城镇空间解析——太湖流域古镇空间结构与形态 [M]. 北京 : 中国建筑工业出版社 , 2002:121

图 2-23 港口城市的理想模式：FEDDES F. A millennium of Amsterdam: spatial history of a marvellous city[M]. Bussum:Thoth Publishers, 2012:97

图 2-24 中国传统风水学中的择水：王其亨 . 风水理论研究 [M]. 天津 : 天津大学出版社 , 2005:38

图 2-25 泰晤士河沿岸公园和村庄的分布规律，图 2-26 1994 年泰晤士河景观规划中的开放空间系统：法雷尔 . 伦敦城市构型形成与发展 [M]. 杨至德 , 杨军 , 魏彤春，译 . 武汉 : 华中科技大学出版社 , 2010: 24，30

第三章　南京老城内河水系与老城形态的交互与演化

图 3-2 南京市域范围山—水—城格局，图 3-3 不同空间范围内的山水要素：根据王建国教授主持并完成的《南京总体城市设计（2009）》改绘

图 3-4 南京城市山水格局：张弓 . 中国古代城市设计山水限定因素考量 [D]. 北京：清华大学 ,2006:58

图 3-5 长江走势与南京位置：武廷海 . 六朝建康规画 [M]. 北京 : 清华大学出版社 , 2011:54

图 3-6 南京市水系图 , 图 3-7 南京市水系航拍图：原南京市水务局《南京市水上保持规划（2016—2030 年）》（报批稿）

图 3-8 秦淮河流域示意图：武廷海 . 六朝建康规画 [M]. 北京 : 清华大学出版社 , 2011:62

图 3-9 老城现状内河及名称：依据《南京市水上保持规划（2016—2030 年）》（报批稿）和《南京老城控制性详细规划（2006 深化版）》自绘

图 3-10 史前时期长江三角洲演变示意图,图 3-11 距今五六千年前洪水时期古南京地区山水格局模拟图：武廷海 . 六朝建康规画 [M]. 北京 : 清华大学出版社 , 2011:60

图 3-12 秦淮河古河床古河滩分布图：蒋斯善 , 昂潮海 , 杨惠成 , 等 . 南京市秦淮河古河道及沉积物时代的初步研究 [J]. 地质学报 ,1986(1):89-101.

图 3-13 史前时期古河道位置示意图：缪正本，石尚英 . 南京城内古水道 [J]. 南京市政 .1986（2）

图 3-14 东吴时期南京地区山水形势分析：武廷海 . 六朝建康规画 [M]. 北京 : 清华大学出版社 , 2011:26

图 3-15 南朝都建康总图：引自《金陵古迹图考》

图 3-16 南京古迹图：南京市地方志编纂委员会 . 南京城市规划志 [M]. 南京 : 江苏人民出版社 , 2008:36

图 3-17 东晋建康城结构图：贺云翱 . 六朝瓦当与六朝都城 [M]. 北京 : 文物出版社 , 2005

图 3-18 南朝建康都城及台城位置示意图：杨国庆 , 王志高 . 南京城墙志 [M]. 南京 : 凤凰出版社 ,2007:35

图 3-19 六朝时期南京古河道图：同图 3-17

图 3-20 六朝时期南京山水结构：依据武廷海《六朝建康规画》改绘

图 3-21 东吴都城与水网关系示意图，图 3-22 东晋、南朝都城与水网关系示意图：主要依据原南京市规划局、南京大学文化与自然遗产研究所、南京市城市规划编制研究中心共同编制的《南京城市历史空间格局复原与推演研究》，并参考《南京六朝时期古河道图》和《金陵古迹图考》中的《金陵古水道图》自绘

图 3-23《清溪图》中青溪莲花盛开：引自《景定建康志》

图 3-24 六朝时期建康轴线位置示意图：卢海鸣 . 六朝都城 [M]. 南京 : 南京出版社 , 2004

图 3-26“牛首山—北湖”的自然轴线与东晋建康的空间关系示意图：武廷海 . 六朝建康规画 [M]. 北京 : 清华大学出版社 , 2011:138

图 3-27 南唐江宁府图（1）：引自《金陵古今图考》

图 3-28 南唐江宁府图（2）：引自《金陵古迹图考》

图 3-29 南唐江宁府城与水网关系示意图：依据原南京市规划局、南京大学文化与自然遗产研究所、南京市城市规划编制研究中心共同编制的《南京城市历史空间格局复原与推演研究》，并参考《南京建置志》中的《南唐江宁府城图》《金陵古迹图考》中的《金陵古水道图》自绘

图 3-30 南唐时期江宁府水系与城内主要道路关系示意图：依据《南京城市历史空间格局复原与推演研究》中的复原图绘制

图 3-31 明应天府城图：南京市地方志编纂委员会 . 南京建置志 [M]. 深圳 : 海天出版社 , 1994: 附图 1

图 3-32 明代南京四重城郭示意图：南京市地方志编纂委员会 . 南京城市规划志 [M]. 南京 : 江苏人民出版社 , 2008:87

图 3-33 明代应天府城与水网关系示意图：根据《南京建置志》附图 1《明应天府城图》，并参考 1948 年《民国南京市街道详图》绘制

图 3-34 明初南京主要商市位置与水系的关系：在图 3-33 的基础上，参考《洪武京城图志》中所载明初十三市的位置绘制

图 3-35 楼馆图：引自《洪武京城图志》

图 3-36《南都繁会景物图卷》局部：引自 https://www.sohu.com/a/241777808_166072

图 3-37 民国末期（1948 年）南京城与水网关系示意图：根据 1948 年《民国南京市街道详图》及《南京老城控制性详细规划（2006 深化版）》绘制

图 3-38《首都计划》中的《南京林荫大道系统图》：（民国）国都设计技术专员办事处 . 首都计划 [M]. 南京：南京出版社 , 2006:110

图 3-39 公园与林荫大道系统的空间分布：根据《首都计划》中的《首都城内分区图》自绘

图 3-40 林荫大道系统和 1936 年水系的叠合：在图 3-38 的基础上根据 1936 年《最新南京地图》中的水系分布绘制

图 3-41 明故宫飞机场的多次扩建对城东区域水系的影响：底图截取自 1936 年《最新南京地图》《首都道路图》《民国南京市街道详图》

图 3-42 南京城与水网关系现状（2010 年）示意图：根据 Google Earth 2010 年南京市区航拍图和《南京老城控制性详细规划（2006 深化版）》绘制

图 3-43 1954 年南京市区淹水区范围示意图：截取自《一九五四年七月南京市市局淹水情况示意图》

图 3-44 南京市城市总体规划调整——主城绿地系统规划图（2001 年）：南京市地方志编纂委员会 . 南京城市规划志 [M]. 南京 : 江苏人民出版社 , 2008:516

图 3-45 南京历史文化名城保护规划——老城历史文化保护规划图（2010 年）：引自《南京历史文化名城保护规划（2010—2020）》

图 3-46 金陵古水道图：引自《金陵古迹图考》

图 3-50 西周王城规划结构示意图：贺业钜 . 考工记营国制度研究 [M]. 北京 : 中国建筑工业出版社 , 1985:266

图 3-52 美国波士顿的“翡翠项链”公园系统：引自 http:// commons. wikimedia. org/wiki/File: Olmsted_historic_ map_Boston.png

表 3-1 老城内秦淮河水系河道基本情况表，表 3-2 老城金川河水系河道基本情况表：依据《南京市水系规划（2009）》和《南京老城控制性详细规划（2006 深化版）》整理

第四章　南京老城滨河地段的形态结构与类型

图 4-3 南京老城各历史时期建设范围的增长与演变：分别根据图 3-22、图 3-29、《明应天府城图》、1927 年《NANKING》、1948 年《民国南京市街道详图》、1976 年《南京市交通图》绘制

图 4-7 老城水系与现状（2006 年）路网：根据《南京老城控制性详细规划（2006 深化版）》中的《南京老城土地利用现状图》绘制

图 4-9 民国时期规划分区示意图：（民国）国都设计技术专员办事处 . 首都计划 [M]. 南京：南京出版社，2006:118

图 4-10 老城现状土地利用示意图：根据《南京老城控制性详细规划（2006 深化版）》中的《南京老城土地利用现状图》绘制

图 4-12 城市意象的五种要素 : LYNCH K. The image of the city[M]. Cambridge: MIT Press, 1982:46

图 4-13 平面单元的三个相关要素 : CONZEN M R G. The plan analysis of an English city Centre[C]// WHITEHAND J W R. The urban landscape: historical development and managemen. London: Academic Press,1981:26

图 4-14 滨河地段中结构性要素的空间分布：根据《南京老城控制性详细规划（2006 深化版）》中的《南京老城土地利用现状图》绘制

图 4-16 与水岸相平行的重要道路：同图 4-14

图 4-17 重要桥梁的分布：同图 4-14

图 4-18 老城水上游览线路示意：依据 http://news.sohu.com/20100123/n269780259.shtml 中水上巴士规划路线图绘制

图 4-20 1986 年编制的《夫子庙文化商业中心规划图》：南京市地方志编纂委员会 . 南京城市规划志 [M]. 南京 : 江苏人民出版社 , 2008:439

图 4-21 夫子庙泮池景观：引自 https://www.163.com/dy/article/HEOBLPLT05199GUB.html

图 4-22 老城公共绿地的分布：根据《南京老城控制性详细规划（2006 深化版）》中的《南京老城土地利用现状图》绘制

图 4-25 中华门瓮城与内外秦淮河、城墙、入城道路的组合关系：根据杨国庆，王志高《南京城墙志》绘制

图 4-26《明应天府城图》中西安门、玄津桥与周边道路水系的关系：根据《南京建置志》附图 1《明应天府城图》绘制

图 4-28《明应天府城图》中东华门、西华门与水系的关系：根据《南京建置志》附图 1《明应天府城图》绘制

图 4-29 1962 年《南京市市区图》中东华门、西华门与水系的关系：根据 1962 年《南京市市区图》绘制

图 4-30 江宁府儒学图：引自《金陵古迹图考》

图 4-31 2010 年航拍中的滨河地段肌理：截取自 Google Earth 2010 年南京市区航拍图

图 4-35 城南区域滨河地段样本演化过程：根据《明应天府城图》、《清江宁省城图》、1936 年《最新南京地图》、1948 年《民国南京市街道详图》、1951 年《南京市城区详图》、1962 年《南京市市区图》、1988 年《南京市城区图》、2008 年《南京老城土地利用现状图》绘制

图 4-36 清末城南区域的街巷肌理：截取自 1908《测绘金陵城内地名坐向清查荒基全图》

图 4-37 金陵城西南隅街道图：陈作霖 . 凤麓小志 [M]// 金陵琐志九种 : 上册 . 南京：南京出版社，2008:38

图 4-38 城南区域滨河地段典型地块组织方式：根据《南京老城控制性详细规划（2006 深化版）》中的《南京老城土地利用现状图》绘制

图 4-39 城南区域滨河地段典型建筑肌理：根据 Google Earth 2006 年南京市区航拍图绘制

图 4-41 城中区域滨河地段样本演化过程：同图 4-35

图 4-42 城中区域滨河地段典型地块组织方式：同图 4-38

图 4-43 城中区域滨河地段典型建筑肌理：同图 4-39

图 4-45 城东滨河地段样本演化过程：同图 4-35

图 4-46 城东区域滨河地段典型地块组织方式：同图 4-38

图 4-47 城东区域滨河地段典型建筑肌理：同图 4-39

图 4-49 城北区域滨河地段样本演化过程：同图 4-35

图 4-50 1975 年老城淹水情况图：原南京市规划局

图 4-51 内金川河滨河地段淹水范围：同 4-50

图 4-52 城北区域滨河地段典型地块组织方式：同图 4-38

图 4-53 城北区域滨河地段典型建筑肌理：同图 4-39

图 4-54 1986 年《秦淮风光带规划设想》中对沿秦淮河两岸旅游路径的设想：南京市地方志编纂委员会 . 南京城市规划志 [M]. 南京 : 江苏人民出版社 , 2008:441

第五章　南京老城的滨河空间与场所

图 5-5 沿河用地性质构成及各类用地规模统计，图 5-6 老城滨河道路分布情况，图 5-7 老城内河桥梁分布情况，图 5-8 老城内河滨河绿地与广场总体分布：根据《南京老城控制性详细规划（2006 深化版）》中的《南京老城土地利用现状图》绘制

图 5-13《金陵图咏》中对明代内秦淮河两岸生活场景的描绘：朱之蕃 . 金陵四十景图像诗咏 [M] 陆寿柏，绘 . 南京：南京出版社，2012

图 5-14 新中国成立初期秦淮河景观：引自 http://nj.focus.cn/zixun/67094a321ce0b0b3.html

图 5-15 牛市新民居规划设计图（1991 年）：南京市地方志编纂委员会 . 南京城市规划志 [M]. 南京 : 江苏人民出版社 , 2008:447

图 5-18《首都计划》中的《整顿秦淮河横断面草图》，图 5-19《首都计划》中的《秦淮河河岸林荫大道鸟瞰图》：（民国）国都设计技术专员办事处 . 首都计划 [M]. 南京：南京出版社，2006:101,100

图 5-20 1946 年《首都道路图》：https://weibo.com/1080201461/JAillFyej

图 5-21 1946 年与河道相邻干道建设情况：根据 1946《首都道路图》和《南京老城控制性详细规划（2006 深化版）》绘制

图 5-26 1953 年芦席营工人新村总平面图：根据南京市地方志编纂委员会《南京城市规划志》改绘

图 5-27 2013 年工人新村总平面图：根据 Google Earth 2013 年南京市区航拍图和《南京老城土地利用现状图》绘制

图 5-30 奥体大街南侧河道滨河空间断面示意图：依据《河西新城中部地区控制性详细规划》绘制

图 5-38 水域活动类型：PROMINSKI M, STOKMAN A, ZELLER S, et al. River. Space. Design. Planning strategies, methods and projects for urban rivers[M].Switzerland:Birkhauser, 2012.

表 5-2《南京市内秦淮河管理条例》中对三类老城内秦淮水系的管理办法：参考南京市人大常委会颁布的《南京市内秦淮河管理条例》

表 5-3《南京市城市规划条例实施细则》中对建筑退让道路红线距离的规定，表 5-4《南京市城市规划条例实施细则》中对建筑退让用地红线距离的规定，表 5-5《南京市城市规划条例实施细则》中对建筑退让城市绿线与河道保护线距离的规定：参考《南京市城市规划条例实施细则》

第六章　时空维度下的城水关联

图 6-2 中华门对历史空间形态格局认知的价值中 左图来源：南京市地方志编纂委员会 . 南京城市规划志 [M]. 南京 : 江苏人民出版社 , 2008:444，右图来源：引自 http://you.hualongxiang.com/jd_detail.php?fid=676

图 6-4 南京历代都城相互关系图：蒋赞初 . 南京史话 [M]. 南京 : 南京人民出版社 , 1984.

第七章　设计实践

图 7-2 中国传统风水学中的“最佳城址选择”模式：引自 https://www.sohu.com/a/228893872_100132429

图 7-6 根据 1931 年《首都道路系统图》确定垂直河道方向的历史巷道：东南大学建筑设计研究院有限公司 UAL 工作室《南京内秦淮河西五华里滨河地段城市设计》

图 7-7 根据周边场地条件，确定主要视廊和广场位置：同图 7-6

图 7-8 民国时期“十里秦淮”沿岸肌理航拍：引自 http://iculture.fltrp.com/c/2018-12-14/517405.shtml

图 7-9 颜料坊街坊地块格局：中山南路颜料坊地块复兴项目可行性研究

图 7-10 内秦淮河西五华里生姜巷——徐家巷地段地块格局：同图 7-6

图 7-11“虚拟地块”划分并被纳入地块城市设计图则：同图 7-6

图 7-12 虚拟地块对建筑类型的控制与引导：同图 7-6

图 7-16“南京市河西新城区南部地区城市设计”中水系形态设计过程：东南大学建筑设计研究院 UAL 工作室“南京市河西新城区南部地区城市设计”

图 7-17 植被冷岛价值评级与利用：东南大学建筑设计研究院有限公司 UAL 工作室“南京紫东地区核心区城市设计”

图 7-18 水体冷岛价值评级与利用：同图 7-17

图 7-19 呼应气候的组团布局：同图 7-17

图 7-20 以主次风廊划分多层级规划建设组团：同图 7-17

图 7-21 热环境验核：模拟与比较：同图 7-17

图 7-22 “南京市河西新城区南部地区城市设计”中公共街区与河道的结合：同图 7-16

图 7-23 “南京市河西新城区南部地区城市设计”中主街与河道的结合：同图 7-16

图 7-24 阿姆斯特丹老城肌理：FEDDES F. A millennium of Amsterdam: spatial history of a marvellous city[M]. Bussum Thoth Publishers, 2012: 91-92

图 7-25 阿姆斯特丹滨河街区与地块划分：同图 7-24

图 7-26 “南京市河西新城区南部地区城市设计”中滨河空间形态类型设计：同图 7-16

致谢

本书是在我的博士学位论文基础上形成。感谢东南大学陈薇教授、张彤教授、冷嘉伟教授、郑炘教授、南京大学赵辰教授、南京工业大学赵和生教授在作者研究过程中给予的指导。感谢东南大学建筑设计研究院有限公司对本书的出版资助。

感谢韩冬青教授在我多年求学和从业过程中的栽培与引领。感谢方榕、李晨、王恩琪、宋亚程、董亦楠、葛欣、韩雨晨、董嘉等同门好友的支持。感谢谭亮、孟媛、孙菲、陆垠等东南大学建筑设计研究院有限公司城市建筑工作室（UAL）工作伙伴们的实践合作。感谢桂鹏在我长期调研与思辨过程中的陪伴。感谢南京市规划和自然资源局在基础信息资料方面给予的诸多帮助。

感谢东南大学出版社对本书的出版予以大力协助。

刘　华

2023 年 10 月